吴　科
王梓涵
徐一冉 / 编著

# AI + SketchUp 2024
# 完全实训手册

清华大学出版社
北京

## 内 容 简 介

本书系统地介绍了 SketchUp 2024 版本的基本操作和高级应用技巧，并详细探讨了如何将 AI 技术融入设计工作中，从而实现"以人为本"的智能设计。通过本书的学习，希望帮助读者掌握 SketchUp 的核心技能，并学会运用 AI 工具提升设计能力，开启全新的设计思路和创意灵感。

全书共 9 章，遵循由浅入深的原则，从软件建模到 AI 的应用，由基础知识过渡到实战案例，同时每章都包含丰富的实例，供读者练习和巩固所学知识。本书配备大量精美图片和详细步骤，直观展示各种操作和应用技巧，读者可全面、系统地理解并掌握 SketchUp 2024 软件的使用。

本书可以作为各高校建筑学、城市规划、环境艺术、园林景观等专业的学生学习 SketchUp 的专业教材，也可以作为建筑设计、园林设计、规划设计等行业从业人员的自学参考书。

**图书在版编目（CIP）数据**

AI+SketchUp 2024 完全实训手册 / 吴科，王梓菡，徐一冉编著 .

北京：清华大学出版社，2025. 6.-- ISBN 978-7-302-69417-5

Ⅰ . TU201.4

中国国家版本馆 CIP 数据核字第 2025AQ0031 号

责任编辑：陈绿春
封面设计：潘国文
责任校对：胡伟民
责任印制：刘海龙

出版发行：清华大学出版社

网　　址：https://www.tup.com.cn，https://www.wqxuetang.com
地　　址：北京清华大学学研大厦 A 座　　　　　　　　邮　　编：100084
社 总 机：010-83470000　　　　　　　　　　　　　　邮　　购：010-62786544
投稿与读者服务：010-62776969，c-service@tup.tsinghua.edu.cn
质 量 反 馈：010-62772015，zhiliang@tup.tsinghua.edu.cn

印 装 者：三河市东方印刷有限公司

经　　销：全国新华书店

开　　本：188mm×260mm　　　　　印　　张：11.25　　　　字　　数：385 千字
版　　次：2025 年 8 月第 1 版　　　　印　　次：2025 年 8 月第 1 次印刷
定　　价：69.00 元

产品编号：108401-01

# 前　言

SketchUp是一款专为设计流程优化的三维建模软件，它巧妙地结合了传统手绘草图的直观性与自由度，以及现代计算机技术的高效性和精确性，被赞誉为数字设计领域中的"虚拟铅笔"。在实际的设计实践中，设计师经常遭遇的一个挑战是难以通过现有的复杂3D软件迅速捕捉并实时与客户分享设计灵感，往往依赖于初期的手绘概念设计。而SketchUp正填补了这一空白，它的核心优势在于快速的建模能力，能够紧跟甚至超越设计师的思维速度，使得构思阶段的设计工作变得更为流畅。

## 本书内容

- ■ 第1章：主要介绍SketchUp与AI（人工智能）辅助设计的基本概念、发展现状、结合前景，以及SketchUp的基础操作入门，初步探讨了AI辅助设计在SketchUp中的一些应用场景和案例。
- ■ 第2章：主要介绍如何利用绘图工具绘制图形，如何利用编辑工具编辑模型等。
- ■ 第3章：主要介绍SketchUp生成式AI模型设计方法。
- ■ 第4章：深入探讨AI在建筑模型设计中的辅助作用，研究如何利用AI技术改进和优化建筑设计流程，以及这些技术如何帮助建筑师和设计师提高效率和创新性。
- ■ 第5章：通过两种不同的建筑设计与室内装饰设计方案，详解SketchUp建模流程与效果表现。
- ■ 第6章：学习如何利用SketchUp的插件库管理器——SUAPP进行建筑外观造型和基于BIM的建筑设计。
- ■ 第7章：深入探讨AI在建筑方案设计中的辅助作用。
- ■ 第8章：深入学习AI在建筑模型设计中的辅助作用，以及如何利用AI技术改进和优化建筑设计流程，以及这些技术如何帮助建筑师和设计师提高效率和创新性。
- ■ 第9章：探讨AI技术在场景渲染领域的应用。

## 本书特色

本书从软件的基本应用及行业知识入手，以SketchUp 2024软件的模块指令和作图技巧的应用为主线，以范例为引导，按照由浅入深、循序渐进的方式，讲解软件的新特性和软件操作方法，使读者能快速掌握SketchUp Pro 2024的软件设计技巧。

本书包含以下特色。

- ■ 功能和指令齐全。
- ■ 穿插海量范例且典型丰富。
- ■ 配备视频教学，结合书中内容介绍，使所学知识更好融入、贯通。
- ■ 网络下载素材中包含大量有价值的学习资料及练习内容，能使读者充分利用软件功能进行相关设计。

## 配套资源

本书的配套资源包括配套素材和视频教学文件，请用微信扫描下面的二维码进行下载。如果在下载过程中碰到问题，请联系陈老师，联系邮箱为chenlch@tup.tsinghua.edu.cn。如果有技术性的问题，请扫描下面的技术支持二维码，联系相关技术人员进行处理。

配套资源

技术支持

## 作者信息

本书由吴科、王梓涵、徐一冉编写。

感谢您选择了本书，希望我们的努力对您的工作和学习有所帮助，也希望您把对本书的意见和建议告诉我们。

编者

2025年6月

# 目　录

# 第1章
# AI辅助SketchUp建筑设计入门

本章主要介绍人工智能（AI）与SketchUp 2024协同完成建筑设计的一些基本概念、发展现状、结合前景，以及SketchUp 2024软件的常规基础操作和入门知识。

## 1.1　SketchUp 2024软件介绍

在20多年的发展历程中，SketchUp不断完善功能，提升性能，改善用户体验，已经成长为全球范围内最受欢迎的3D建模软件之一。它以简单易用、直观高效的特点赢得了众多用户的青睐，被广泛应用于建筑设计、室内设计、游戏开发、电影制作等领域。

### 1.1.1　SketchUp 2024特点和优势

SketchUp 2024作为一款全球知名的三维建模软件，凭借其独特的特点和优势，在建筑设计、城市规划、游戏开发等多个领域得到了广泛应用。以下是SketchUp 2024的主要特点和优势。

#### 1. 直观易用的界面

SketchUp 2024拥有直观易用的界面设计，无论是初学者还是经验丰富的设计师，都能快速上手。界面简洁明了，提供了丰富的工具和选项，使用户能够轻松地进行三维建模、渲染和编辑。此外，软件还支持自定义界面设置，用户可以根据自己的使用习惯进行调整，进一步提高工作效率。

#### 2. 强大的建模工具

SketchUp 2024提供了强大的建模工具，包括线条、形状、曲线、文本和图像等多种建模元素。用户可以根据需要创建各种复杂的3D模型，满足不同的设计需求。同时，软件还支持智能标注和尺寸功能，帮助用户更精确地确定对象的大小和位置，提高建模的精确度。

#### 3. 出色的渲染功能

SketchUp 2024具有出色的渲染功能，能够呈现出逼真的细节和光影效果。这使得设计师能够更好地可视化他们的设计，无论是建筑外观、室内设计还是景观设计，都能得到高质量的渲染效果。此外，软件还支持多种渲染模式和效果，让用户能够根据需要选择合适的渲染方案。

#### 4. 云端存储和共享功能

SketchUp 2024支持云端存储和共享功能，用户可以将自己的模型保存在云端，实现多设备之间的同步和备份。同时，多个用户还可以在不同地点协同工作，实时查看和编辑同一个项目，提高团队协作的效率。通过Trimble Connect的链接地址共享模型，Web端、iPad端、PC端均可打开共享的模型链接，无须订阅SketchUp即可查看模型。

#### 5. 丰富的插件和扩展程序

SketchUp 2024提供了丰富的插件和扩展程序，这些插件可以帮助用户进一步扩展软件的功能和应用范围，满足更多行业的需求。无论是建筑、城市规划、园林还是室内设计等领域，用户都能通过安装相应的插件来提高工作效率和设计质量。

#### 6. 性能升级和图形引擎更新

SketchUp 2024还进行了性能升级和图形引擎更新。全新的图形引擎利用新兴的硬件和软件技术，显著改善了文件导航和响应性能，使得大模型浏览和运行操作更加流畅。同时，软件还支持显卡加速功能，调整场景模型更加顺畅。

#### 7. 环境光遮蔽等新功能

SketchUp 2024引入了环境光遮蔽（Ambient Occlusion）等新功能，为模型边缘增加视觉重点和深度感知，可用于生成类似黏土或白模的风格化视觉效果。这一功能使得模型看起来更加逼真和生动，有助于设计师更好地展示他们的创意和想法。

## 1.1.2　SketchUp 2024在行业中的应用

SketchUp 2024凭借其易用性、灵活性和强大的功能，在诸多行业中得到了广泛应用。以下是SketchUp在各领域的典型应用案例。

■　建筑设计：SketchUp 2024可以用于建筑物的概念设计、方案设计和施工图设计，帮助建筑师快速创建和评估设计方案，如图1-1所示。

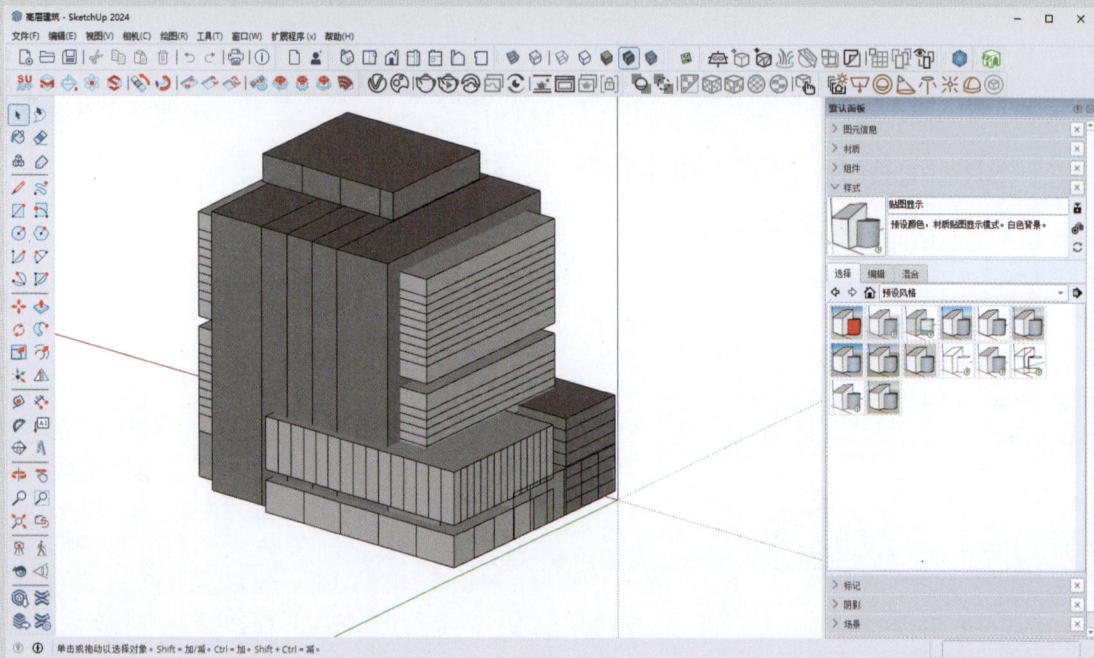

图1-1

■　室内设计：室内设计师可以使用SketchUp 2024进行空间布局、家具摆放、材质选择等设计工作，并制作逼真的效果图，如图1-2所示。

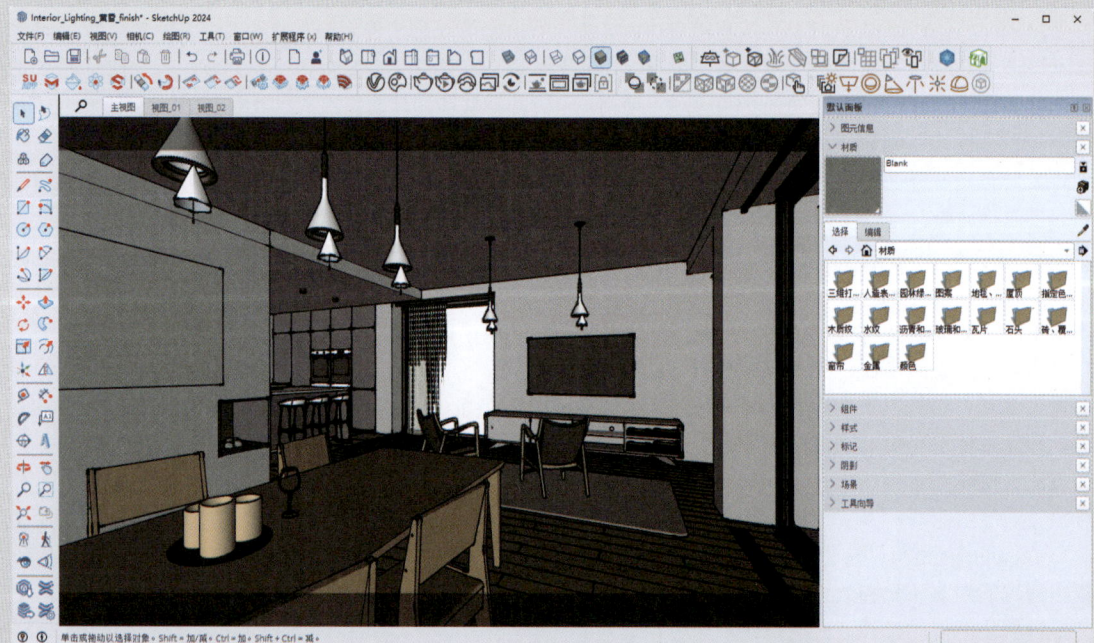

图1-2

景观设计：SketchUp 2024可以用于园林景观、城市规划等领域的设计，帮助设计师规划空间布局，模拟植被生长等，如图1-3所示。

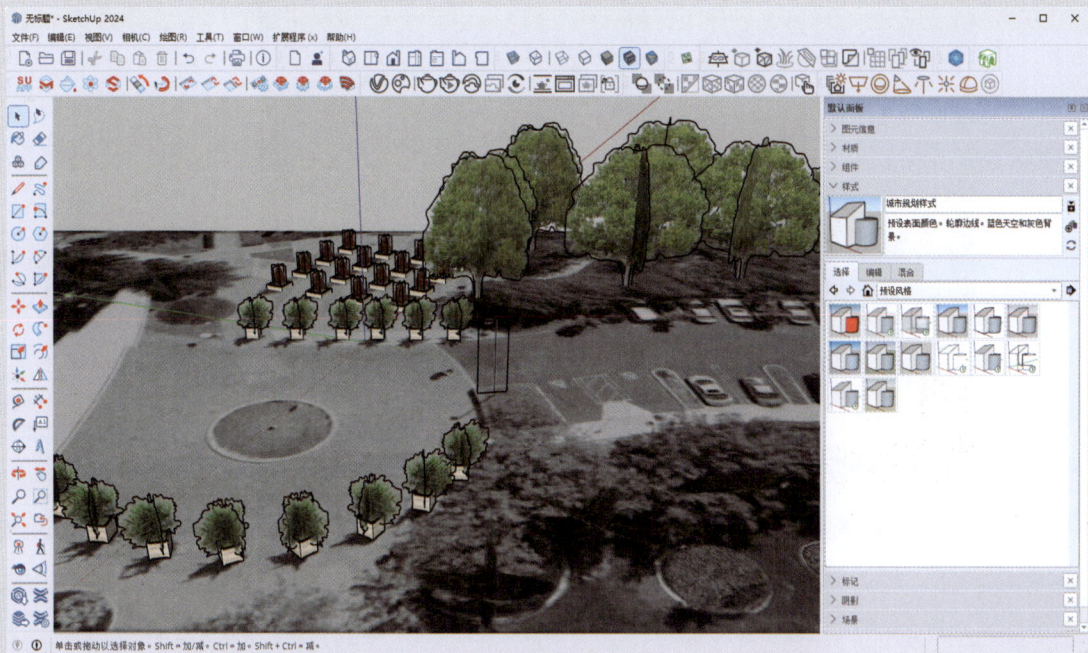

图1-3

工业设计：工业设计师可以使用SketchUp 2024进行产品设计、结构设计和外观设计，并与其他软件进行数据交换和协同工作，如图1-4所示。

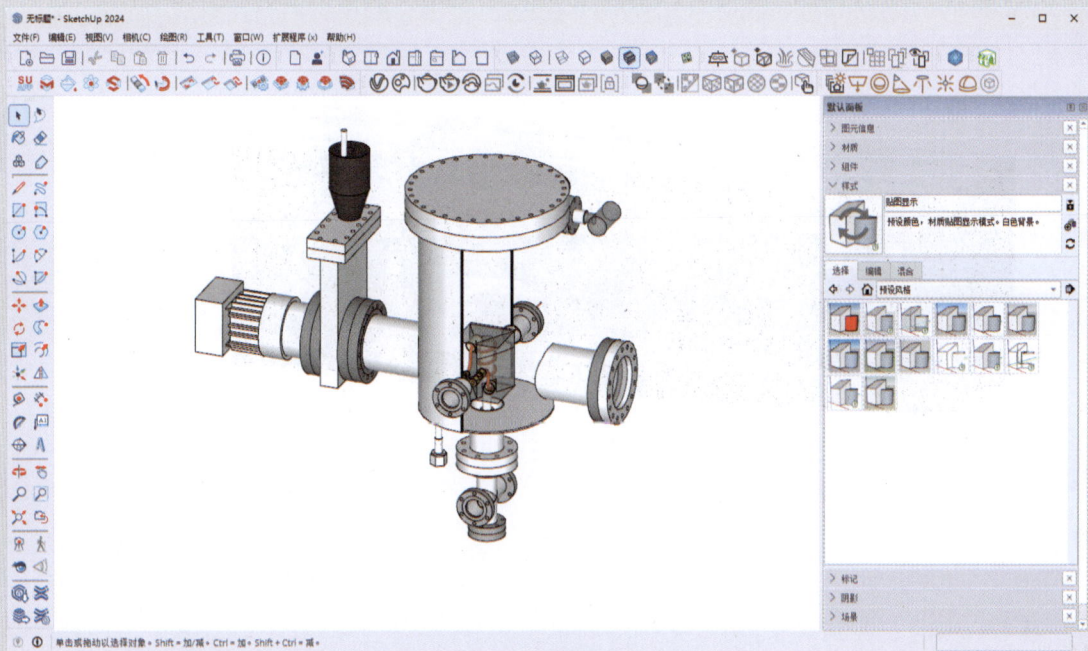

图1-4

游戏开发：游戏开发者可以使用SketchUp 2024快速创建游戏场景和物体模型，并导入游戏引擎中进行开发，如图1-5所示。

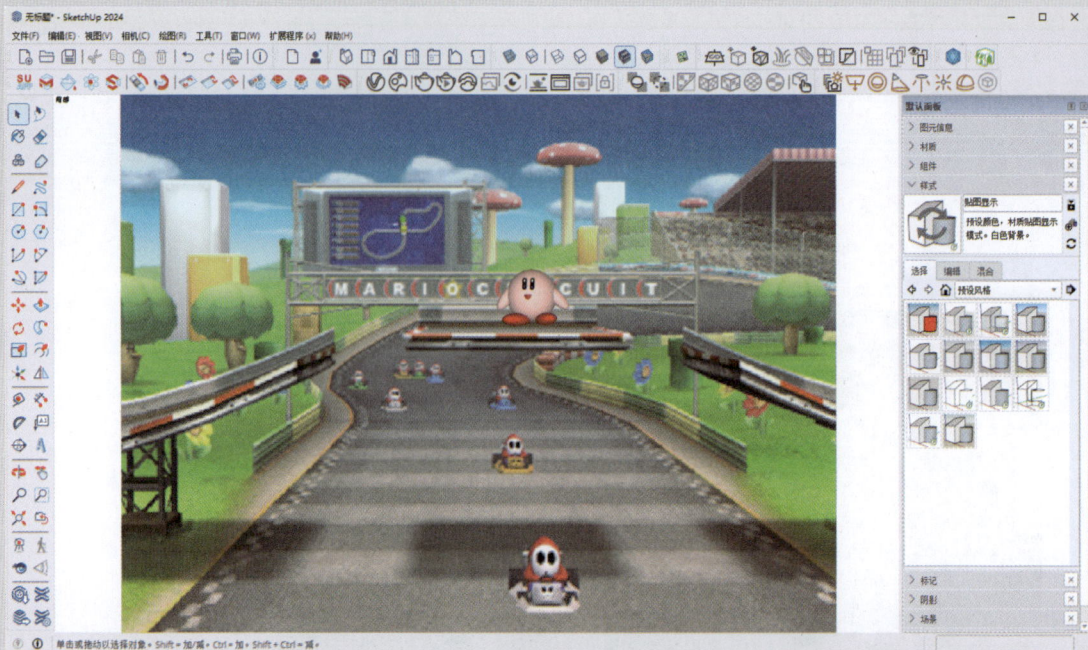

图1-5

■  电影和动画制作：SketchUp 2024可以用于电影和动画的前期概念设计、场景搭建和道具模型制作，提高制作效率，如图1-6所示。

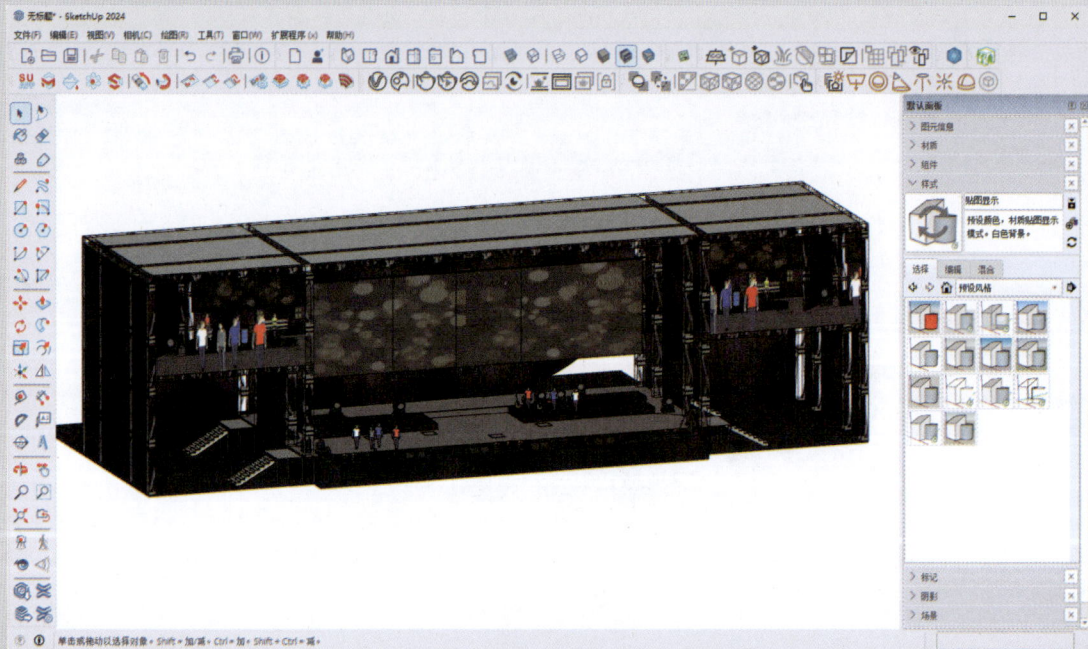

图1-6

■  展览展示设计：展览展示设计师可以使用SketchUp 2024规划展厅布局，设计展台和展品，并制作逼真的效果图，如图1-7所示。

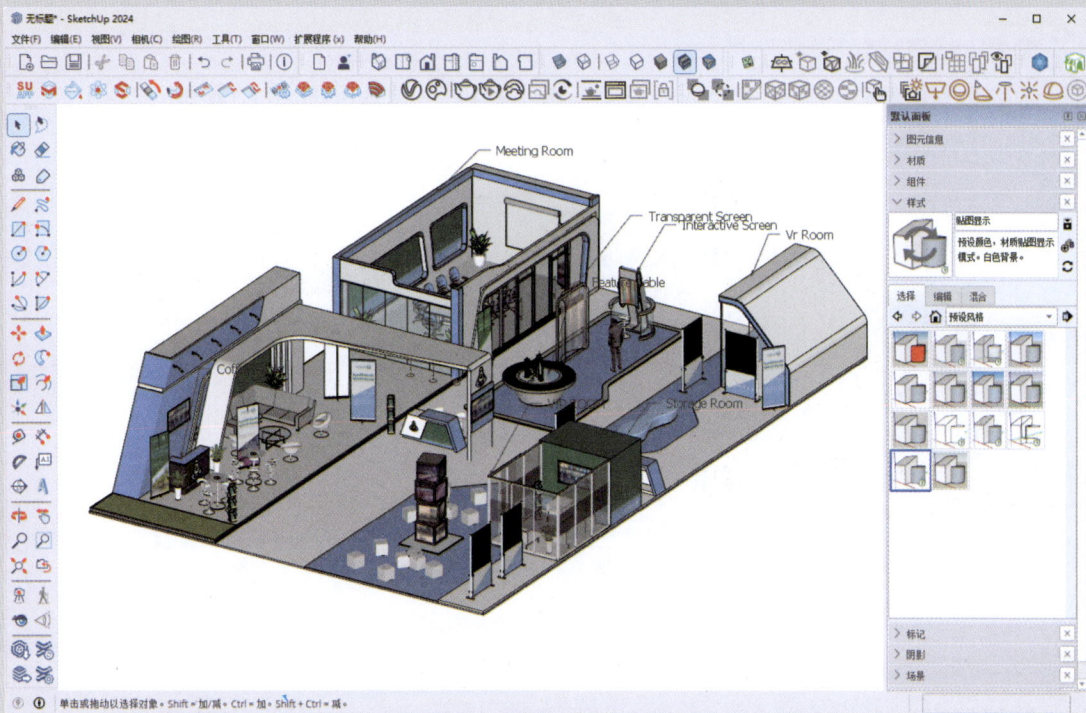

图1-7

- 网页3D展示：SketchUp 2024可以将3D模型导出为网页兼容的格式，用于产品展示、虚拟展厅等网页3D交互应用，如图1-8所示。

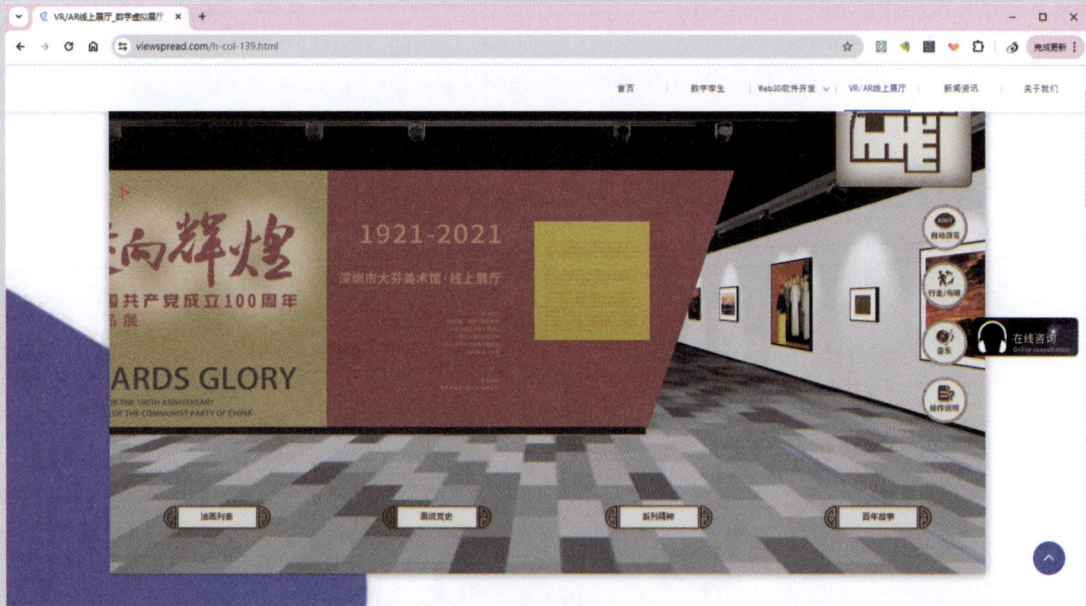

图1-8

- 教育和培训：SketchUp 2024可以用于建筑、设计等专业的教学和培训，帮助学生理解和掌握设计原理和方法。
- 数字化文物保护：SketchUp 2024可以用于历史建筑、文物的数字化建模和重建，助力文化遗产的保护和传承，如重庆大剧院的模型重建，如图1-9所示。

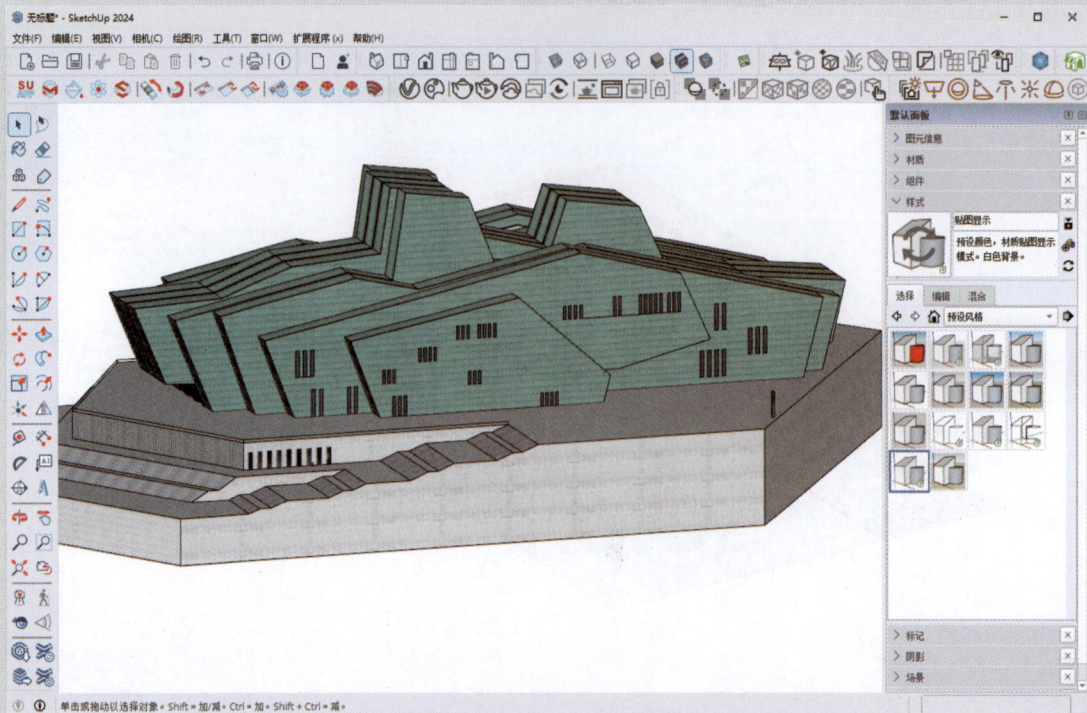

图1-9

### 1.1.3　SketchUp 2024的工作界面

　　启动SketchUp 2024，首先弹出的是【欢迎使用SketchUp】对话框，在对话框中选择"建筑-毫米"模板（也可选择通用模板"简单-米"），即可进入SketchUp 2024的工作界面，如图1-10所示。

图1-10

> ◎提示·
>
> 　　【欢迎使用SketchUp】对话框是默认启动SketchUp 2024时自动显示的，也可在SketchUp 2024中执行【帮助】|【欢迎使用SketchUp】命令启动该对话框。

SketchUp 2024的工作界面如图1-11所示。

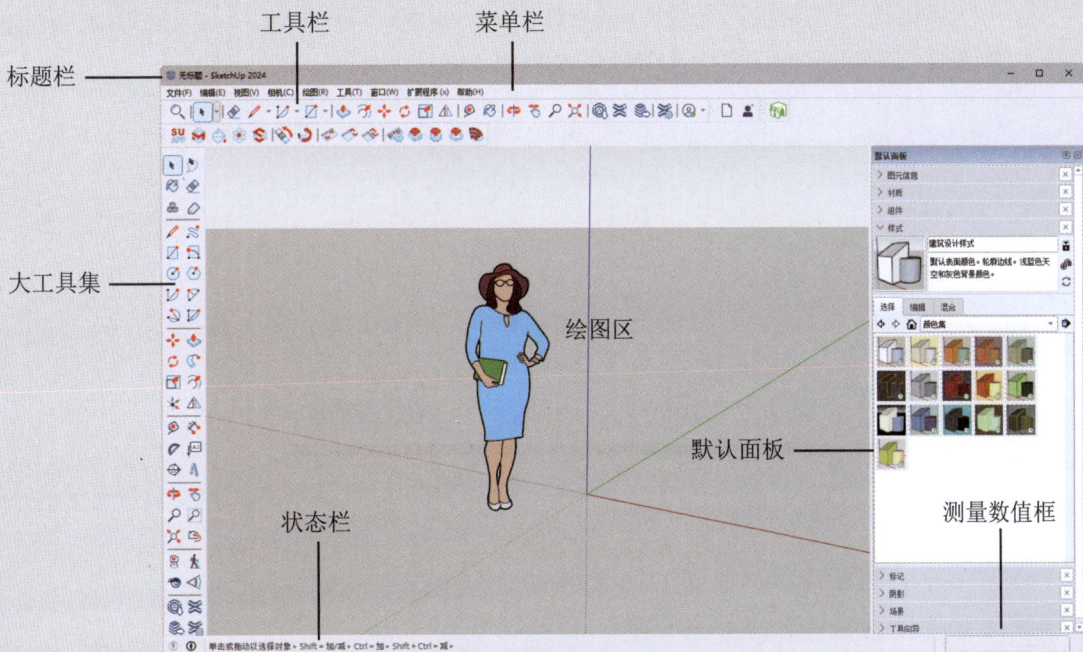

图1-11

工作界面主要由标题栏、菜单栏、工具栏、绘图区、状态栏、测量数值框、大工具集和默认面板等组成。

- 标题栏：位于工作界面的顶部，左边显示当前文件的名称（"无标题"说明当前文件还没有命名），右边是最小化、最大化和关闭按钮。
- 菜单栏：位于标题栏的下面，默认菜单包括【文件】【编辑】【视图】【相机】【绘图】【工具】【窗口】【扩展程序】【帮助】。
- 工具栏：位于菜单栏的下面，左边是标准工具栏，包括【新建】【打开】【保存】【剪切】等，右边属于自选工具，可以根据需要自行设置。
- 绘图区：是创建模型的区域，绘图区的3D空间通过绘图轴标识，绘图轴是3条互相垂直且带有颜色的直线。
- 状态栏：位于绘图区左下面，左端是命令提示和SketchUp的状态信息，这些信息会随绘制对象的改变而改变，主要是对命令的描述。
- 测量数值框：位于绘图区右下面，可以显示对象的尺寸信息，也可以输入相应对象的数值。
- 大工具集：集中放置建模时所需的其他工具。执行【视图】|【工具栏】命令，打开【工具栏】对话框，在【工具栏】选项卡中勾选所需的工具栏选项，再单击【关闭】按钮即可在大工具集中添加所需的工具栏。
- 默认面板：也叫属性面板，位于绘图区右侧，用来显示各种属性卷展栏。SketchUp中场景和模型对象的属性设置包括图元信息、材质、组件、样式、图层、阴影及场景等。

## 1.2 AI在SketchUp中的应用

随着人工智能技术的发展，AI辅助设计逐渐成为设计软件的重要发展方向。以下是AI在SketchUp中的一些应用场景和案例。

### 1. 利用AI自动生成建筑平面图

AI可以根据用户输入的建筑设计要求，如建筑面积、房间数量、功能分区等，自动生成符合要求的建筑平面图。用户可以在此基础上进行修改和优化，大大提高建筑设计的效率。

应用案例：Finch 3D（该AI插件还在测试阶段，未开放）是一款基于AI的SketchUp插件，它可以根据用户的输入自动生成住宅、办公楼等建筑的平面图和3D模型，并支持用户进行编辑和自定义，如图1-12所示。

图1-12

### 2. AI辅助家具与室内设计

AI可以根据室内空间的尺寸、风格、功能等要求，自动推荐合适的家具摆放方案和装修材料，帮助室内设计师快速完成设计方案。

应用案例：SketchUp的插件SUAPP AIR灵感渲染利用AI算法，可以根据SketchUp提供的模型，选择对应的建筑风格与设计，自动生成建筑方案，并提供逼真的3D渲染效果，如图1-13所示。

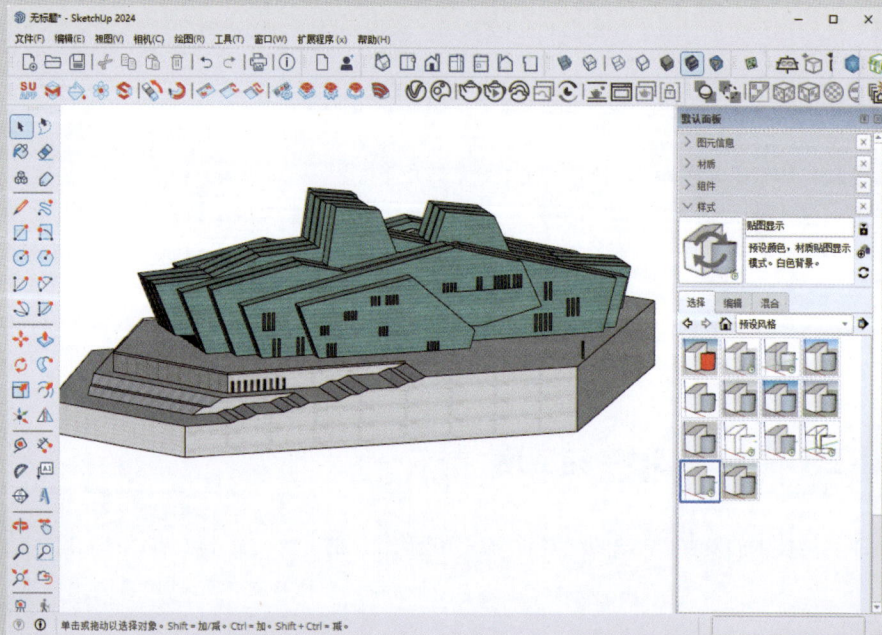

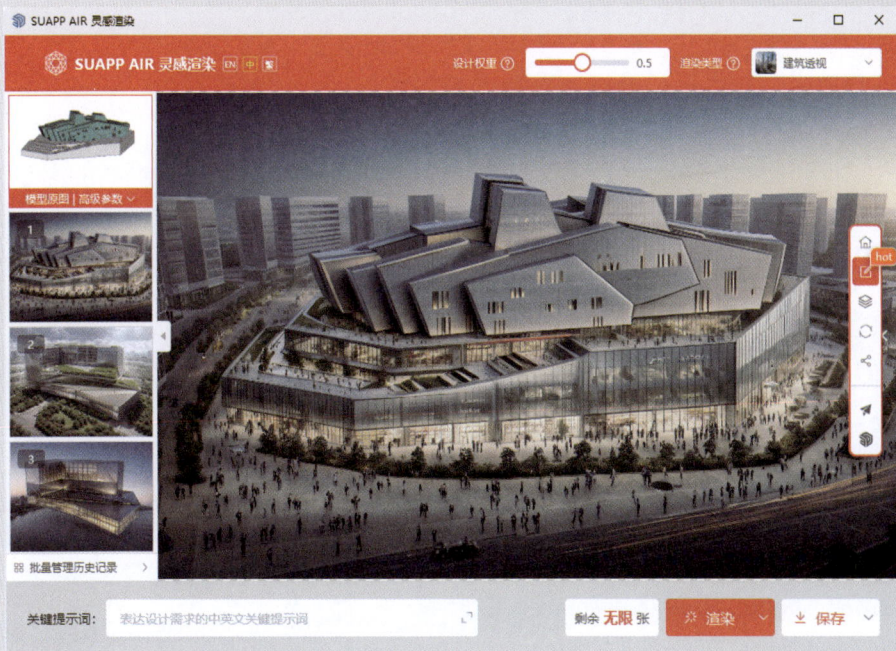

图1-13

### 3. 运用AI优化场景布局与空间利用

AI可以分析场景中的物体布局和空间利用情况，并给出优化建议，如调整停车位摆放、优化动线、提高空间利用率等，帮助设计师创造更加合理和高效的空间布局。

应用案例：TestFit利用机器学习算法，可以分析模型中的空间布局，生成理想的建筑方案并提供优化建议，如调整房间尺寸、优化家具布局等，帮助设计师提升空间利用效率，如图1-14所示。

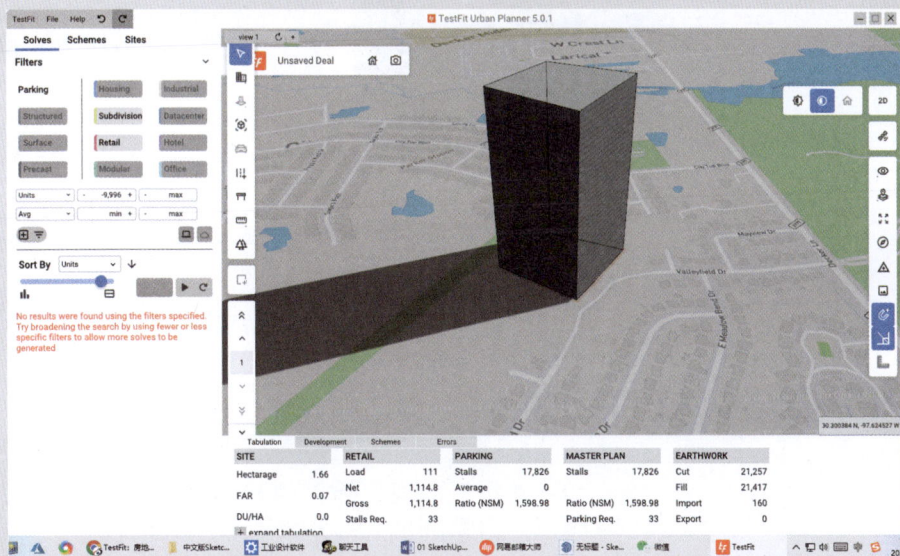

图1-14

### 4. 借助AI进行设计方案评估和选择

AI可以根据设计目标和评估标准，对多个设计方案进行综合评估和打分，并给出优化建议，帮助设计师选择最优方案。

应用案例：SketchUp的Sefaira插件可以对建筑设计方案进行能耗分析、日照分析、通风分析等，并给出优化建议，帮助设计师选择性能最优的方案，如图1-15所示。

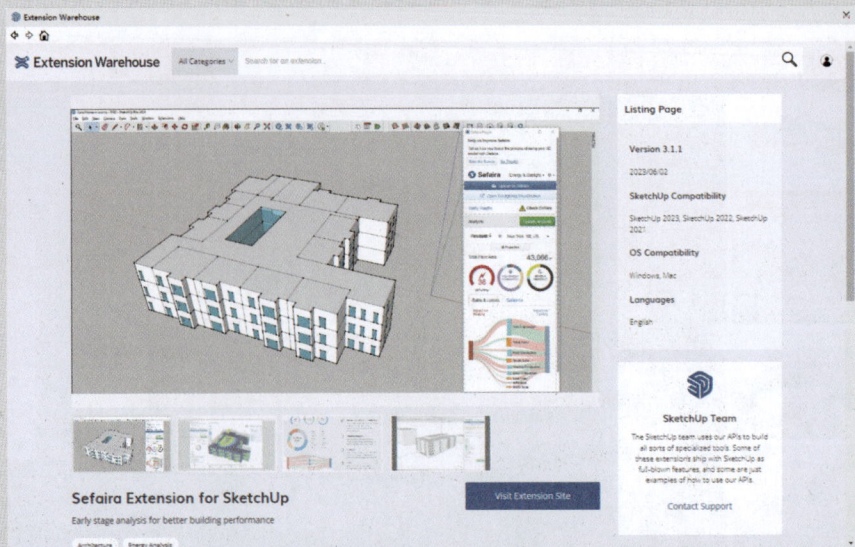

图1-15

### 5. 利用AI辅助建筑规划及建筑设计

Hypar、Architechtures等AI插件是参数化城市设计插件。用户可以输入城市设计的关键参数（如街区尺寸、建筑高度、密度等），利用AI算法自动生成相应的城市建筑模型，用户可以实时调整参数，生成多个方案，如图1-16所示。

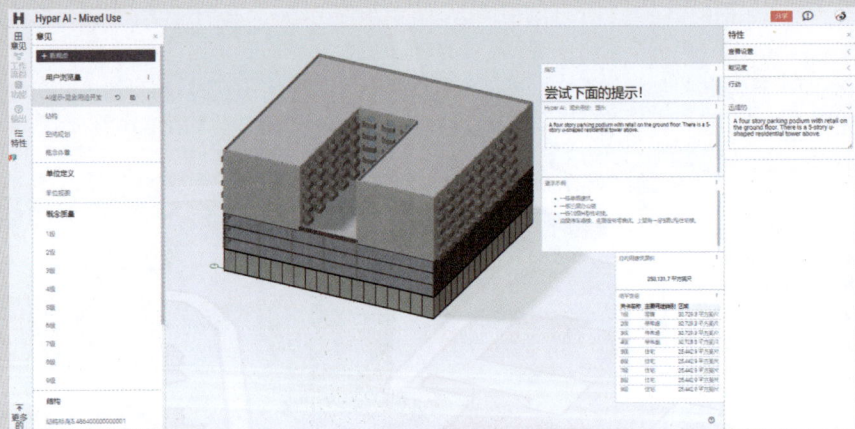

图1-16

## 1.3 文件数据与模型管理

对于初次使用SketchUp的用户来说，如何构建合理的绘图环境、如何导入或导出数据文件、如何获取外部数据及模型是相当重要的步骤，这些功能都是帮助用户成为优秀设计师的先决条件。

### 1.3.1 文件模板

SketchUp的文件模板指的是包含完整图形信息的模型文件，文件中包含许多信息，如图层、页面视图、尺寸标注及文字、单位、地理位置信息、动画设置、统计信息、文件设置、渲染设置及组件设置等方面的综合信息。

在【欢迎使用SketchUp】对话框中单击【更多模板】按钮，会展开SketchUp的所有模板。也可以在SketchUp工作界面执行【从模板新建】命令，打开【选择模板】对话框，从中选择合适的模板。

SketchUp的模板包括简单模板、建筑模板、平面图模板、城市规划模板、横向（景观设计）模板、木工模板、内部（室内和产品设计）模板、3D打印模板等，如图1-17所示。

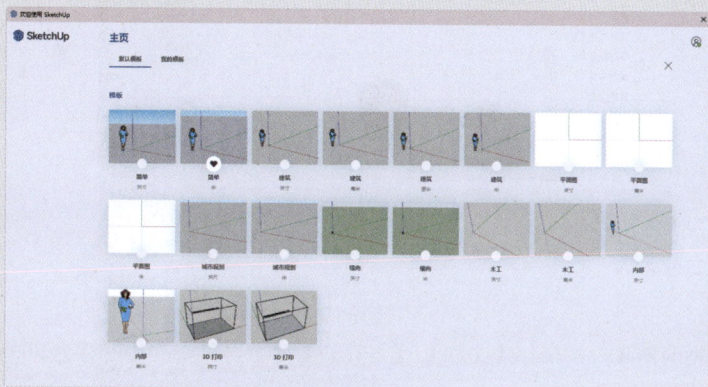

图1-17

做什么样的项目设计就选择对应的模板，否则任意选择一个模板后进入工作界面中，用户必须重新进行模型信息的更改及系统配置，以便于符合用户的项目设计要求。

合理选择模板后，如果要重新创建一个文件，可执行【文件】|【新建】命令，新建的模型文件中所包含的图形信息会延续用户在欢迎窗口中所选模板的信息。

用户完成模型后，可以将当前的模型文件保存为模板，供后续工作时调取使用。

### 1.3.2 文件的打开/保存与导入/导出

当需要打开已有的SketchUp文件时，可以执行【文件】|【打开】命令，通过弹出的【打开】对话框找到文件存储的路径，即可打开所需的文件，如图1-18所示。这里仅能打开.skp格式的文件，其他格式文件则需要通过导入打开。

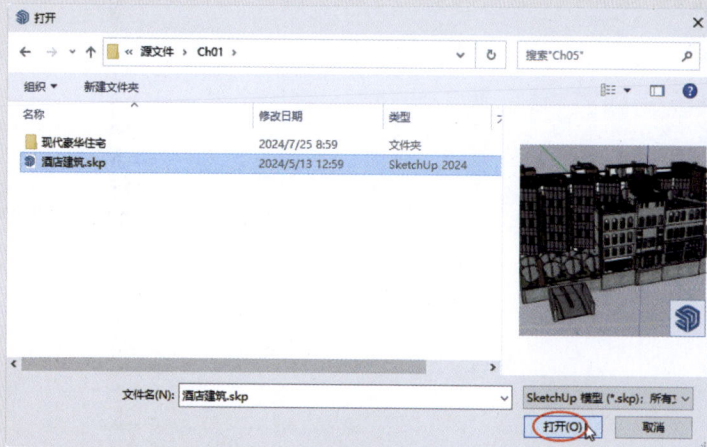

图1-18

执行【文件】|【导入】命令，在弹出的【导入】对话框右下角的文件类型列表中选择一种文件格式，即可将其他格式文件（其他平面及三维软件生成的文件）导入当前的工作场景中，如图1-19所示。这样的导入称为"数据转换"。如果在导入文件的类型列表中没有要打开文件的格式，也可以在其他软件中导出为SketchUp能导入的文件格式类型。总之，文件数据的转换方式是多种多样的，这也为BIM建筑项目设计创造了良好的条件。

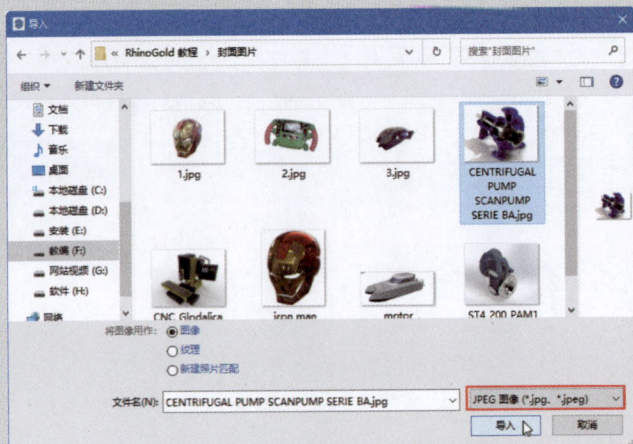

图1-19

同理，完成模型的创建后，执行【文件】|【另存为】命令，可将文件保存为2024版本文件或旧版本文件。

有时为了能够在其他三维软件中打开SketchUp模型，可对文件数据进行转换，此时可执行【文件】|【导出】命令将SketchUp模型导出为其他三维软件格式或二维软件格式。

### 1.3.3　获取与共享模型

SketchUp为用户提供免费的3D模型库——3D Warehouse，3D Warehouse是世界上最大的免费3D模型资源库。任何人都可以使用3D Warehouse来存储和分享模型。

3D Warehouse分网页版和SketchUp客户端。网页版如图1-20所示。

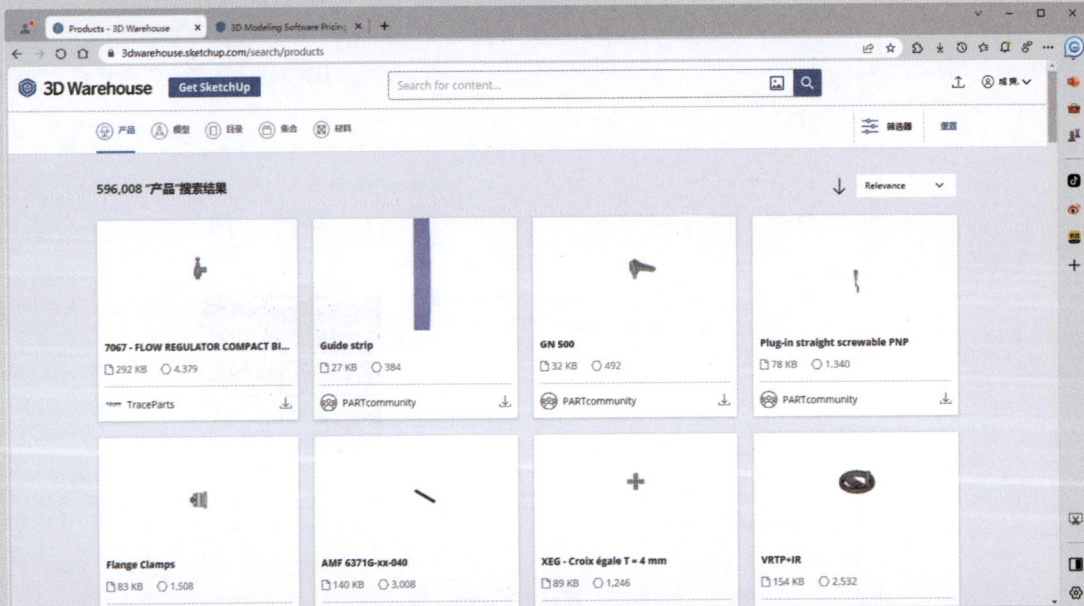

图1-20

3D模型库的SketchUp客户端可以执行【窗口】|【3D模型库】命令打开，3D模型库客户端的模型下载界面如图1-21所示。

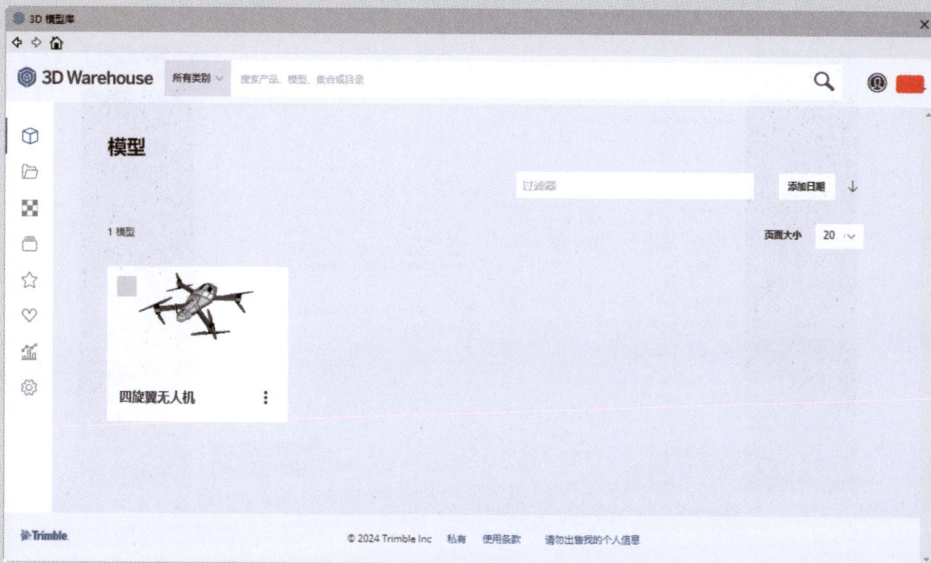

图1-21

要使用3D Warehouse模型库，必须注册一个账号。3D模型库中的模型种类繁多，包括各行各业的专业模型。SketchUp软件与BIM其他软件的联系，可以通过3D模型库来传达模型信息。例如，3D模型库可以安装在Revit中，也可以安装在AutoCAD软件中使用，然后将3D模型库中的SKP模型下载并导入Revit或AutoCAD中，随即完成模型数据的转换。在其他BIM软件中要使用3D模型库插件，可以到Autodesk APP Store应用商店中搜索下载。

当用户想把自己的模型通过网络共享给其他设计师时，先保存当前模型文件，然后执行【文件】|【3D Warehouse】|【共享模型】命令，弹出【3D模型库】窗口，输入模型文件的标题及说明后，单击【Publish Model（上传模型）】按钮，即可完成模型的共享，如图1-22所示。

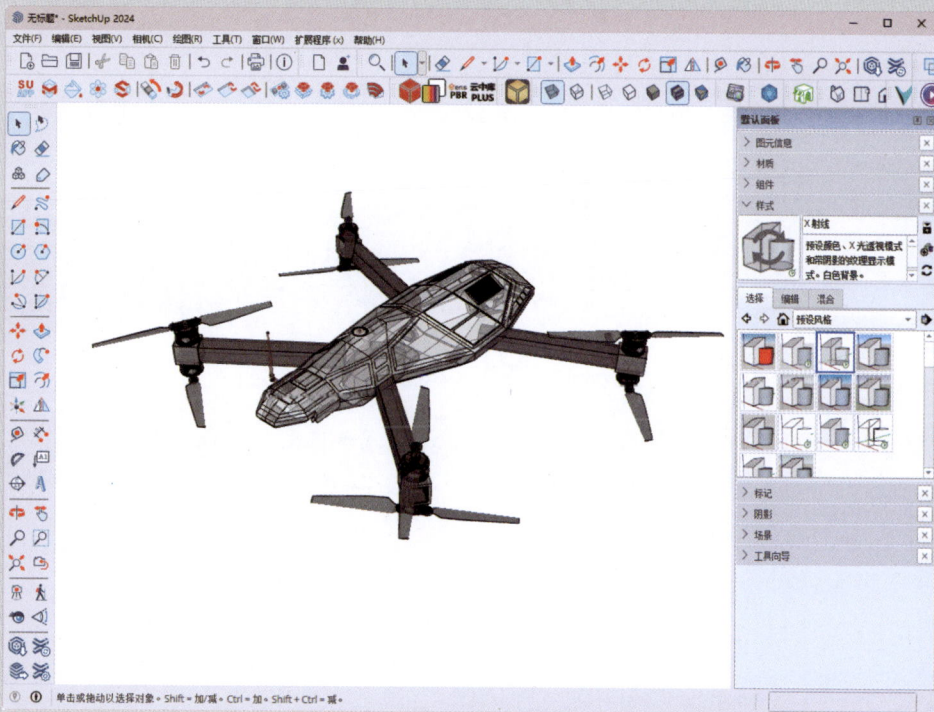

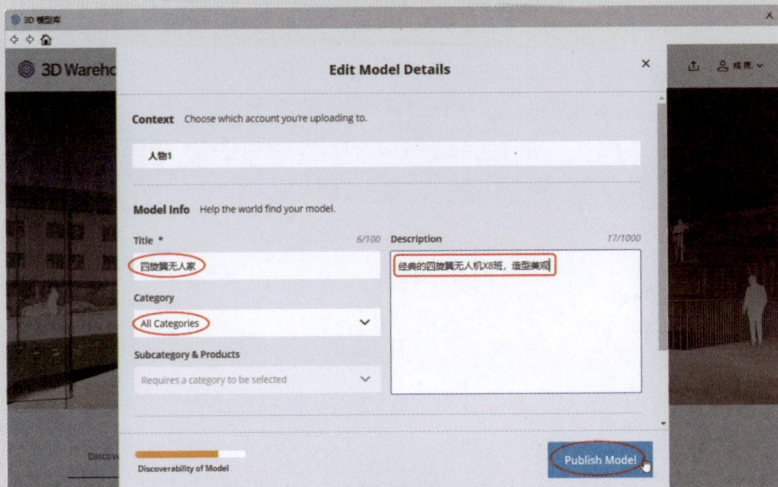

图1-22

## 1.4 软件设置

如果在欢迎界面窗口中选错了模板文件，用户还可以通过设置模型信息和系统配置来满足自己的项目设计要求。

### 1.4.1 模型信息设置

通过对SketchUp的模型信息进行设置，可以对当前项目模型进行个性化定义，以符合设计要求，这些设置包括尺寸、单位、地理位置、动画、统计信息、文字、文件、信用、渲染、组件等。

执行【窗口】|【模型信息】命令，弹出【模型信息】对话框，其左侧选项的作用解释如下。

■ 版权信息：显示当前模型的作者和组件作者信息，如图1-23所示。

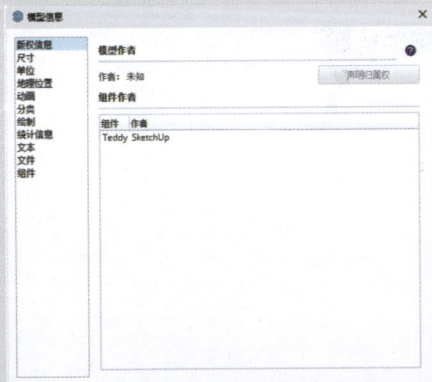

图1-23

■ 尺寸：主要用于设置模型尺寸、文字大小、字体样式、颜色、文字标注引线等，如图1-24所示。

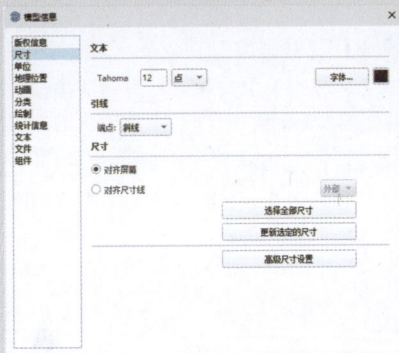

图1-24

■ 单位：主要用于设置文件默认的绘图单位和角度单位，如图1-25所示。

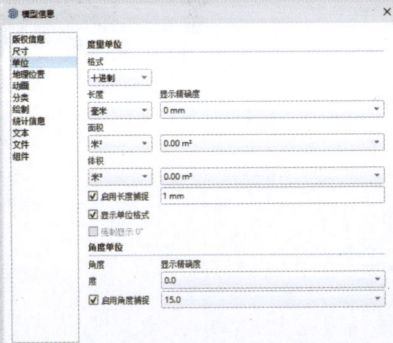

图1-25

- 地理位置：主要用于设置模型所处地理位置和太阳方位，如图1-26所示。

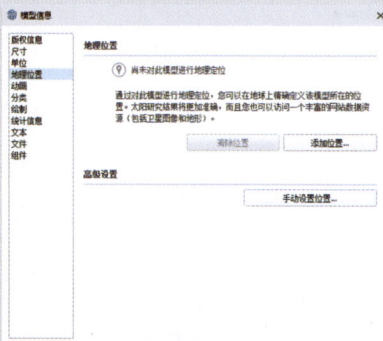

图1-26

- 动画：主要用于设置"场景动画"转换时间和延迟时间，如图1-27所示。

图1-27

- 分类：如果在SketchUp中对数据进行分类，可以使用BIM软件创建外观逼真的模型，其中包含有关所有需要组装的对象的实用数据。如果选择的是英制模板创建模型，可以使用默认的IFC分类系统；如果是公制，则需要导入用户创建的SKC分类文件，如图1-28所示。

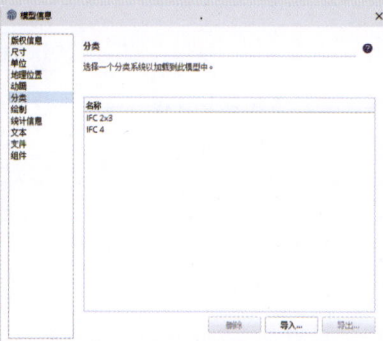

图1-28

- 绘制：消除锯齿以提高渲染质量，如图1-29所示。
- 统计信息：用于统计当前模型的边线、面、组件等一系列数值，如图1-30所示。

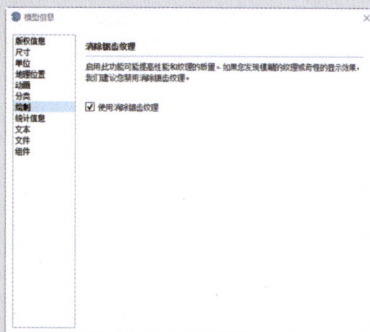

图1-29

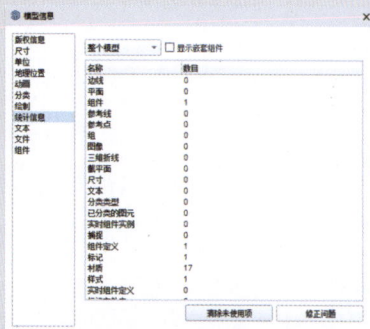

图1-30

- 文本：用于设置屏幕文字、引线文字、引线，如图1-31所示。

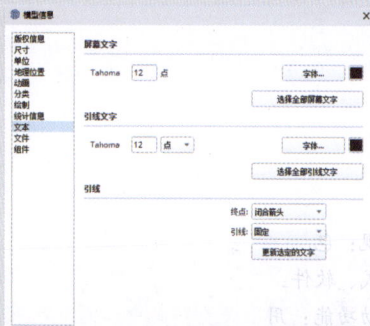

图1-31

- 文件：用于显示当前文件的存储位置、使用版本等，如图1-32所示。

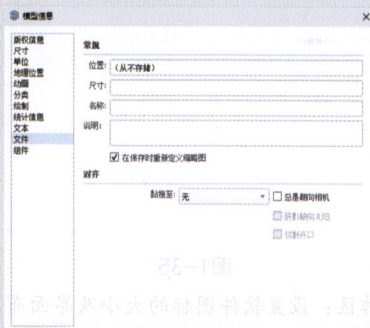

图1-32

■ 组件：可以控制相似组件或其他模型的显隐效果，如图1-33所示。

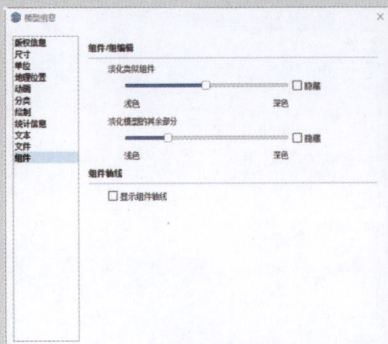

图1-33

## 1.4.2  系统设置

执行【窗口】|【系统设置】命令，弹出【SketchUp系统设置】对话框，如图1-34所示。其中各选项设置解释如下。

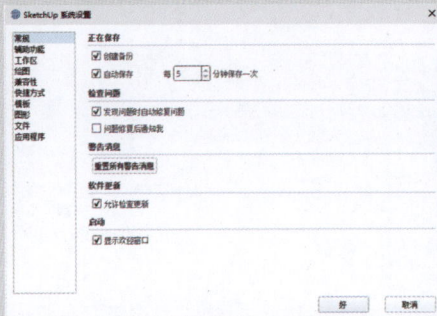

图1-34

■ 常规：包括文件保存设置、模型检查、场景和样式、软件更新等。

■ 辅助功能：用于设置界面中各元素的颜色，如图1-35所示。

图1-35

■ 工作区：设置软件图标的大小及界面布局等，如图1-36所示。

■ 绘图：设置绘图时鼠标使用功能及是否显示绘图十字线等，如图1-37所示。

图1-36

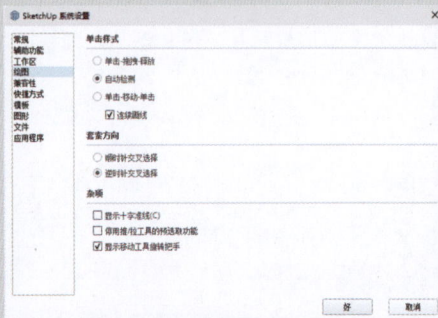

图1-37

■ 兼容性：设置鼠标滚轮方向在视图缩放中的作用，如图1-38所示。

图1-38

■ 快捷方式：用于设置建模及视图操控时的快捷键命令，如图1-39所示。

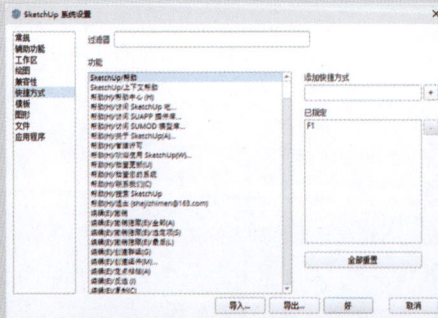

图1-39

■ 模板：用于设置新建模型文件时采用的默认模板，如图1-40所示。

图1-40

■ 图形：用于设置用户计算机显卡的图形处理能力。一般设置为"4x"，如果觉得显示效果不好，可以设置为"16x"。设置得越高，对计算机性能要求就越高，特别是做场景比较大的模型时可能会"卡"，如图1-41所示。

图1-41

■ 文件：设置软件各元素的默认保存及启用文件位置，如图1-42所示。

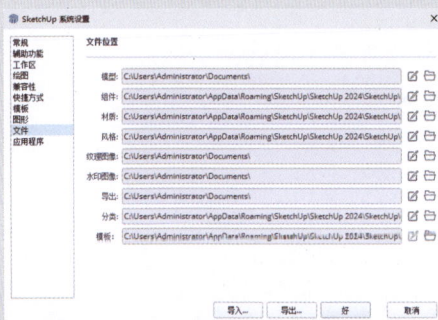

图1-42

■ 应用程序：此功能是用户在为材质及贴图进行编辑时，可以使用外部的图像编辑器来编辑材质或贴图，如图1-43所示。例如，在Photoshop图像软件的安装路径中选择Photoshop.exe启动程序，接着在【材料】对话框中【编辑】标签下单击【在外部编辑器中编辑纹理图像】按钮

，即可启动Photoshop软件并进行图像的编辑，如图1-44所示。

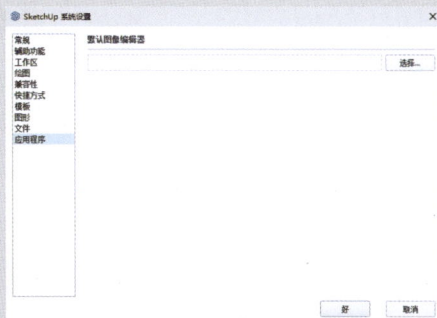

图1-43

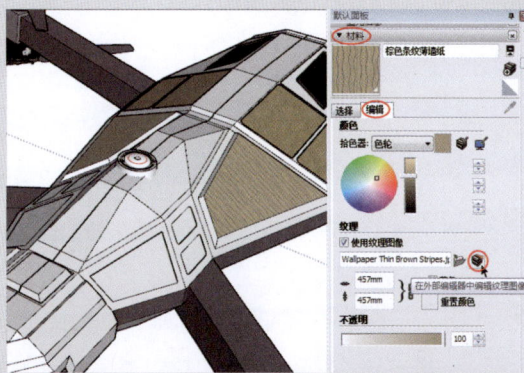

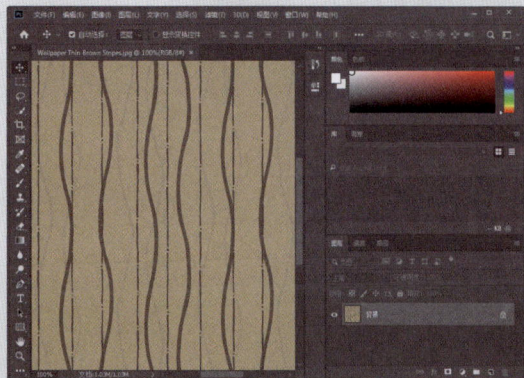

图1-44

## 1.5　标记（图层）的应用

在SketchUp中，标记也称为"图层"。这一工具在所有三维建模软件及平面图形软件中都有使用。图层的概念类似于幻灯片播放，每张幻灯片上都可以绘制部分图像，通过不断叠加这些幻灯片，最终呈现出完整的图像。在SketchUp中，图层用于存储几何元素、图像、颜色和材质等信息。

在SketchUp中，面和边线是两种独立的实体，它们可以分配到不同的标记上。然而，面和边线之间存在依赖关系，删除部分边线会使面因缺乏限制条件而被清除，移动边线则会导致面变形或重新分割。因此，如果按照AutoCAD的方式组织模型，关闭某些标记时删除或移动边线可能会导致关闭图层中的面被意外清除或变化，而这些变化仅在重新打开标记时才能发现，这会给习惯于AutoCAD或Photoshop的用户带来困扰。实际上，SketchUp中传统图层的功能可以通过其他工具来实现，因此许多用户在使用SketchUp时很少使用图层工具。

可以在图形区（视图窗口）右侧的【默认面板】面板中的【标记】卷展栏进行图层的创建、删除等操作，如图1-45所示。

图1-45

# 第2章
# SketchUp绘图与建模

本章主要介绍如何利用绘图工具绘制二维平面图形，再利用建模和编辑工具创建、编辑模型。

## 2.1 绘制二维图形

在SketchUp 2024中，可以使用直线工具绘制直线，使用矩形工具绘制矩形，或使用圆工具绘制圆形。此外，还可以使用多边形工具绘制多边形，使用手绘线工具绘制自定义形状。这些工具允许用户在模型的平面上创建和编辑二维几何形状，这些形状可以用来构建更复杂的三维模型。

绘图工具主要集中在【绘图】工具栏（或大工具集）中，如图2-1所示。

图2-1

### 2.1.1 绘制直线

利用【直线】工具可以绘制单一或连续的直线段，连续直线段若封闭，则系统会自动形成一个面。还可以利用【直线】工具分割已有面及填充面。

【例2-1】绘制直线段

利用【直线】工具绘制一条简单的直线。

**01** 在【绘图】工具栏或大工具集中单击【直线】按钮✐，此时光标变成铅笔形状，在绘图区中单击以确定直线的起点，拖动光标在其他位置单击以确定直线的第二点，如图2-2所示。

图2-2

**02** 如果想精确绘制直线，确保直线方向后可在测量数值框中输入数值，这时测量数值框以"长度"名称显示，如输入300，按Enter键结束操作，如图2-3所示。

图2-3

> **◎ 注意·•**
>
> 默认情况下，如果不结束绘制操作，将继续绘制连续不断的直线。

**03** 单击【直线】按钮✐，绘制一个任意尺寸的矩形。由于矩形是封闭形状，将自动填充封闭区域而形成矩形面。再单击【直线】按钮✐，过矩形边的中点绘制一条直线，此时矩形面被分割，如图2-4所示。

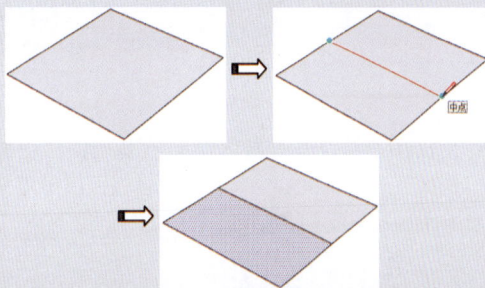

图2-4

**04** 删除矩形面仅保留矩形，如图2-5所示。

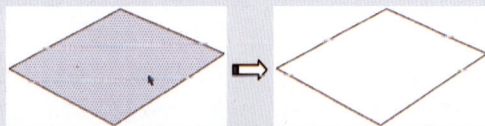

图2-5

**05** 单击【直线】按钮✐，在矩形的任意两条边上绘制一条直线，随后自动填充矩形面，如图2-6所示。

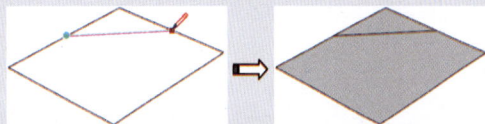

图2-6

## 【例2-2】分割直线段

利用【分割】工具可以将一条直线段分割成多段直线。

**01** 单击【直线】按钮✏️，画出一条直线。选中直线，右击并在弹出的快捷菜单中执行【拆分】命令，如图2-7所示。

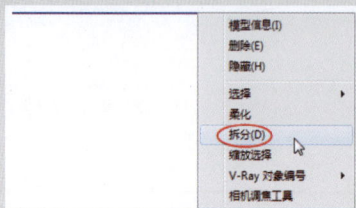

图2-7

**02** 此时直线中会预览显示分段点，如果光标在直线中间，仅将产生一个分段点，若是移动光标，会产生多个分段点，如图2-8所示。

图2-8

**03** 还可以在绘图区底部的测量数值框中输入数值来精确控制分段。如输入5，则直接被分割成5段，按Enter键结束操作，如图2-9所示。

图2-9

## 2.1.2　手绘线

使用【手绘线】工具可绘制不规则的自由曲线，包括平面曲线和3D空间曲线。自由曲线可用来表示等高线地图或其他有机形状中的等高线。

### 【例2-3】绘制自由曲线

**01** 单击【手绘线】按钮✍️，在绘图区中任意位置单击确定自由曲线起点，按住鼠标左键不放拖动光标，即可绘制出自由曲线，如图2-10所示。

**02** 当绘制起点与终点重合或者绘制的线路交叉时，即可绘制出一个封闭的面，如图2-11所示。

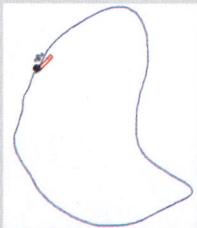

图2-10

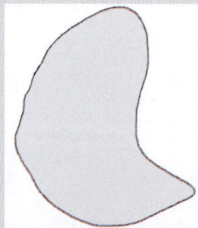

图2-11

## 2.1.3　绘制矩形和旋转长方形

利用【矩形】工具或【旋转长方形】工具，可绘制平面矩形，还可以绘制倾斜矩形。矩形曲线本身就是封闭的，所以绘制矩形后将会自动填充矩形区域形成面。

> **提示**
>
> 本章及后面章节中，有时将"绘制矩形"描述为"绘制矩形面"，或者将"绘制圆"描述为"绘制圆形"或"绘制圆形面"，这也是考虑到各自案例中的实际需要。

### 【例2-4】绘制矩形

利用【矩形】工具绘制一个矩形，操作步骤如下。

**01** 单击【矩形】按钮▱，光标变成一支带矩形的笔。在绘图区中确定矩形的两个对角点位置，即可完成矩形的绘制，如图2-12所示。

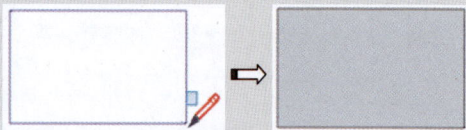

图2-12

**02** 在绘制矩形过程中若出现"黄金分割"的提示，说明绘制的是黄金分割比例（长:宽=1.618:1）的矩形，如图2-13所示。

**03** 在测量数值框中输入（500,300），可以精确绘制矩形，按Enter键结束操作，如图2-14所示。

尺寸 500,300

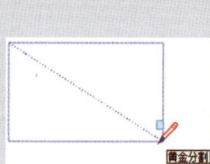

图2-13

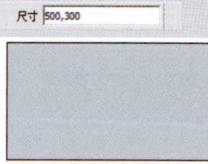

图2-14

> **提示**
>
> 如果输入负值（-100,-100），SketchUp将把负值应用到与绘图方向相反的方向。

**04** 在确定矩形的第二对角点过程中，若出现一条对角虚线并在光标位置显示"正方形"，那么所绘制的矩形就是正方形，如图2-15所示。

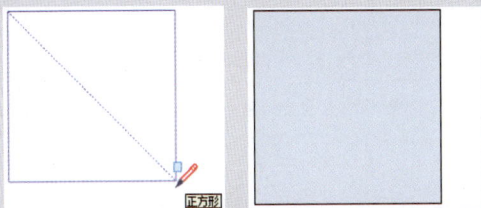

图2-15

**05** 绘制的矩形自动填充面域后，将面删除仅保留矩形框，如图2-16所示。

> ◎提示 - ○
>
> 　　如果删除一条矩形上的线，那么矩形面就不存在了，因为封闭曲线变成了开放曲线。

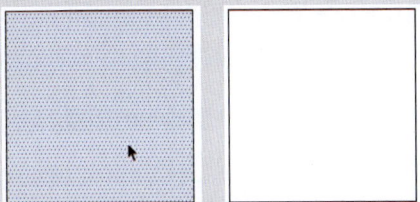

图2-16

**【例2-5】绘制旋转长方形**

利用【旋转长方形】工具 🔲 ，可以绘制倾斜矩形。

**01** 单击【旋转长方形】按钮 🔲 ，光标位置显示量角器，用以确定倾斜角度，如图2-17所示。

**02** 在绘图区中任意位置单击确定矩形第一角点，接着绘制一条斜线以确定矩形的一条边，如图2-18所示。

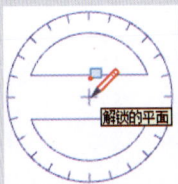
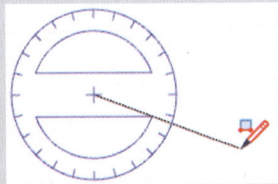

图2-17　　　　　　图2-18

**03** 沿着斜线的垂直方向拖动，以确定矩形的垂直边长度，单击即可完成倾斜矩形的绘制，如图2-19所示。按Enter键结束操作。

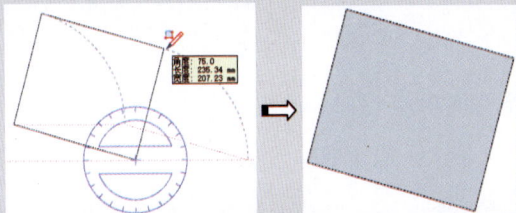

图2-19

## 2.1.4　绘制圆

　　圆可以看成是由无数条边构成的多边形。在SketchUp中绘制圆，默认的边数为24边，可以通过修改边数来绘制正多边形。

**【例2-6】绘制圆**

**01** 单击【圆】按钮 ⊙ ，这时光标变成圆笔势，如图2-20所示。

**02** 在绘图区坐标轴原点的位置单击以确定圆心，拖动光标并在任意位置单击即可画出一个任意半径值的圆，如图2-21所示。

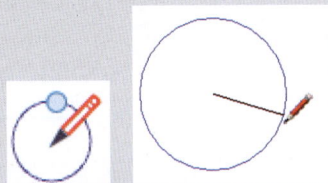

图2-20　　　　　　图2-21

**03** 若要精确绘制圆，可在测量数值框中输入半径值。如输入3000并按Enter键确认，则可画出半径为3000mm的圆，如图2-22所示。

**04** 默认的圆边数为24边，减少边数可以变成多边形。执行【圆】命令后，在测量数值框中输入"边数"为8并按Enter键确认，可绘制出正八边形，如图2-23所示。

> ◎提示 - ○
>
> 　　在测量数值框中输入数值时，并不需要光标在框内单击以激活文本框，实际上执行【圆】命令并利用键盘输入数值后，系统会自动将这个数值显示在测量数值框中。

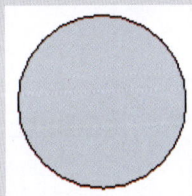
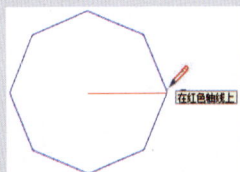

图2-22　　　　　　图2-23

## 2.1.5　绘制多边形

　　使用【多边形】工具可绘制正多边形。前面介绍了将圆变成正多边形的方法。下面介绍外接圆多边形的绘制方法。系统默认的多边形为六边形。

### 【例2-7】绘制正多边形

**01** 单击【多边形】按钮 ⊙，光标变成多边形笔势。在绘图区中单击确定多边形的中心点。

**02** 按住鼠标左键向外拖动以确定多边形大小，如图2-24所示。

**03** 或者在测量数值框中输入精确数值来确定多边形的外接圆半径，按Enter键确认后完成多边形的绘制，如图2-25所示。

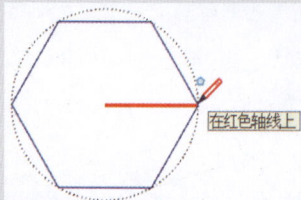 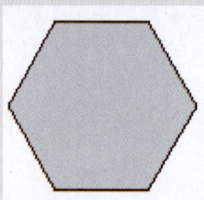

图2-24　　　　　　　　　图2-25

## 2.1.6　绘制圆弧

圆弧是圆的一部分，圆弧工具主要用于绘制实体圆弧。SketchUp中提供了4种圆弧绘制方式，下面详解。

### 【例2-8】"从中心和两点"绘制圆弧

这种方式是以圆弧中心及圆弧的两个端点来确定圆弧位置和大小。

**01** 单击【圆弧】按钮 ⊘，这时光标变成量角器笔势。在任意位置单击以确定圆弧圆心。

**02** 拖动光标拉长虚线以指定圆弧半径，或者在测量数值框中输入长度值（即半径值）为2000并按Enter键确认，确定圆弧起点，如图2-26所示。

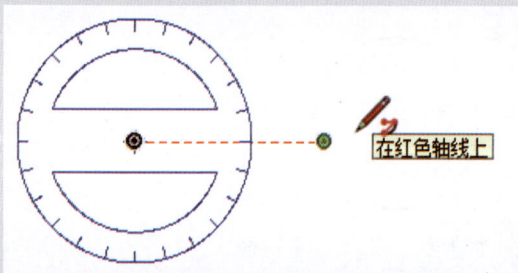

图2-26

**03** 拖动光标可绘制任意角度的圆弧，也可通过输入值来精确控制圆弧角度。例如在测量数值框中输入角度值为90（确定终点）并按Enter键确认，完成90°角圆弧的绘制，如图2-27所示。

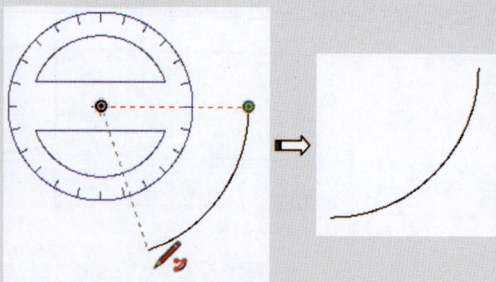

图2-27

### 【例2-9】以"两点圆弧"绘制相切圆弧

根据起点、终点和凸起部分来绘制两段圆弧相切的效果。

**01** 单击【圆弧】按钮 ⊘，先任意绘制一段圆弧作为相切弧的约束参考。

**02** 接着单击【两点圆弧】按钮 ⊘，指定第一段圆弧的终点为现圆弧的起点，向上拖动光标，当预览显示为一条浅蓝色圆弧时，说明两圆弧已相切，再单击确定圆弧终点，如图2-28和图2-29所示。

图2-28

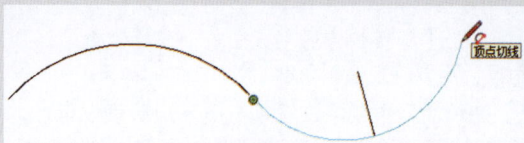

图2-29

**03** 然后拖动光标，当圆弧再次显示为浅蓝色时，说明已经捕捉到圆弧中点的位置，单击即可完成相切圆弧的绘制，如图2-30所示。

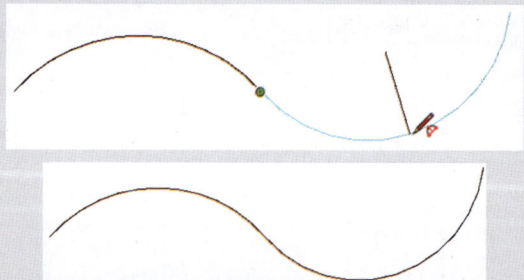

图2-30

### 【例2-10】"以3点画弧"绘制圆弧

【以3点画弧】工具 ⊘ 是依次确定圆弧起点、中点（圆弧上一点）和终点的方式来绘制圆弧，如图2-31所示。

## 【例2-11】绘制扇形

单击【扇形】按钮 ⚲，可以"以圆心和圆弧起点及终点"的方式来绘制扇形面，如图2-32所示。绘制方法与"从中心和两点"绘制圆弧的方法相同。

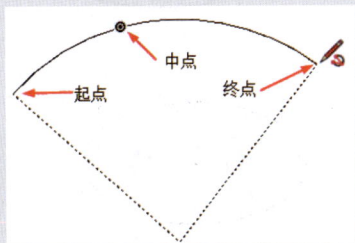

图2-31

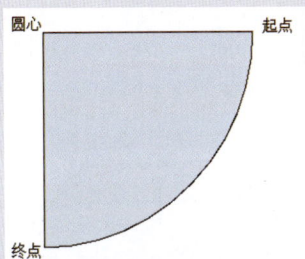

图2-32

## 2.2 三维模型构建与变换操作

SketchUp的建模与编辑工具包括【移动】工具、【推/拉】工具、【旋转】工具、【路径跟随】工具、【比例】工具、【镜像】工具和【偏移】工具。图2-33所示为包含建模与编辑工具的【编辑】工具栏。也可在大工具集中调用三维建模与编辑工具。

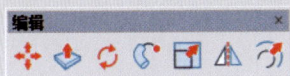

图2-33

### 2.2.1 构建基础三维模型

在SketchUp中通过拉伸（使用【推/拉】工具）、旋转（使用【旋转】工具）及扫描（使用【路径跟随】工具）等方法，由二维平面图形构成三维模型。

**1. 使用【推/拉】工具构建模型**

利用【推/拉】工具，可以将不同形状的二维平面（圆、矩形、抽象平面）推或拉成三维几何体模型。值得注意的是，这个三维几何体并非实体，内部无填充物，仅仅是封闭的曲面而已。一般来说，"推"能完成布尔减运算并创建出凹槽，"拉"可创建出凸台。

## 【例2-12】推/拉出几何体

下面以创建一个园林景观中的石阶模型为例，详细讲解如何推拉出三维模型。

**01** 单击【矩形】按钮 ▱，在绘图区中绘制一个矩形面（在测量数值框中输入（2400,1200）后按Enter键确认），如图2-34所示。

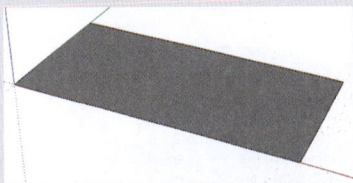

图2-34

**02** 单击【直线】按钮 ✏，然后以捕捉中心点的方式分割矩形面，如图2-35所示。

图2-35

**03** 单击【推/拉】按钮 ⬆，选取分割后的一个面，向上拉出150mm的距离（在测量数值框中输入150并按Enter键确认），得到第一步石阶，如图2-36所示。

◎提示·◦

将一个面推拉一定的高度后，如果在另一个面上双击，则该面将推拉出同样的高度。

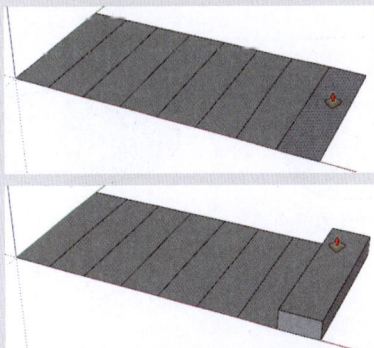

图2-36

**04** 同理，再选择其他分割的矩形面依次进行推拉操作，每一步的高度差为150mm，拉出所有石阶，创建石阶后将侧面的直线删除，如图2-37所示。

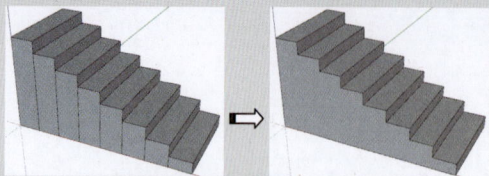

图2-37

**05** 单击【颜料桶】按钮 ☜ ，为石阶填充合适的材质，效果如图2-38所示。

图2-38

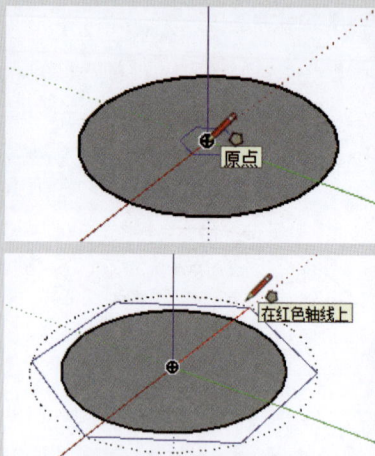

图2-41

**03** 选中正六边形（不要选择正六边形面），然后单击【移动】按钮 ✛ ，并捕捉到其圆心作为移动起点，如图2-42所示。

◎提示·°

> 【推/拉】工具只能在平面上使用。

**【例2-13】创建放样模型**

　　由于SketchUp中没有"放样"工具来创建出如图2-39所示放样的几何体，因此我们可以利用"【移动】命令+Alt键"的方式来创建放样几何体。

　　下面利用【推/拉】工具和【移动】工具，创建一个放样模型。

**01** 单击【圆】按钮 ⊙ ，绘制一个半径为5000mm的圆面，如图2-40所示。

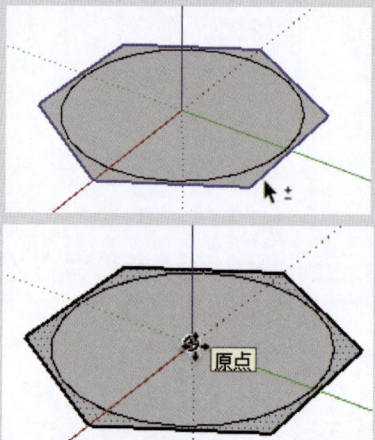

图2-42

**04** 按住Alt键沿Z轴拖动光标，可以创建如图2-43所示的放样几何体形状。

**05** 单击【直线】按钮 ✐ ，绘制多边形面将上方的洞口封闭，形成完整的几何体模型，如图2-44所示。

图2-39

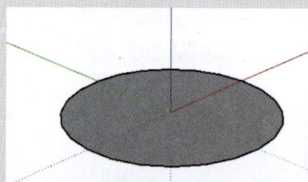
图2-40

**02** 单击【多边形】按钮 ⊙ ，捕捉到圆面的中心点作为圆心，绘制出半径为6000mm的正六边形，如图2-41所示。

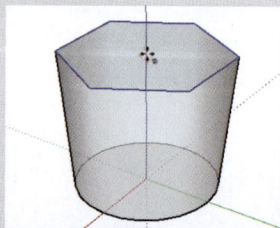
图2-43

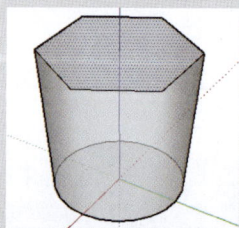
图2-44

**2.使用【路径跟随】工具创建扫描体**

　　使用【路径跟随】工具，可以沿一条曲线路径扫描截面，从而创建出扫描模型。

AI+SketchUp 2024完全实训手册

【例2-14】创建圆环体

**01** 单击【圆】按钮 ⊙，绘制一个半径为1000mm的圆面，如图2-45所示。

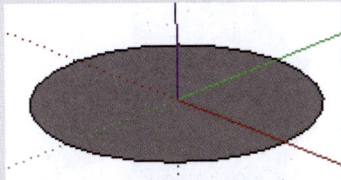

图2-45

**02** 单击【视图】工具栏中的【前部】按钮切换视图到前视图。单击【圆】按钮 ⊙，在圆的象限点上绘制一个半径为200mm的小圆面，形成扫描截面，如图2-46所示。

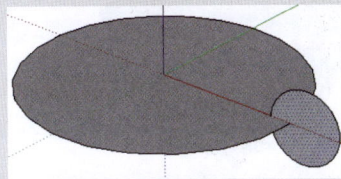

图2-46

◎提示·。

目前SketchUp中没有切换视图的快捷键，确实绘图时会有不便之处。我们可以自定义快捷键，方法是，执行【窗口】|【系统设置】命令，打开【SketchUp系统设置】对话框。进入【快捷方式】设置选项页面，在【功能】下拉列表中找到【相机（C）|标准视图（S）|等轴视图（I）】选项，并在【添加快捷方式】文字框中输入"F2"或者按下F2键后，单击 按钮添加快捷方式，如图2-47所示。其余视图也按此方法依次设定为F3、F4、F5、F6、F7和F8。可以将设置的结果导出，便于重启软件后再次打开设置文件。最后单击【好】按钮完成快捷方式的定义。

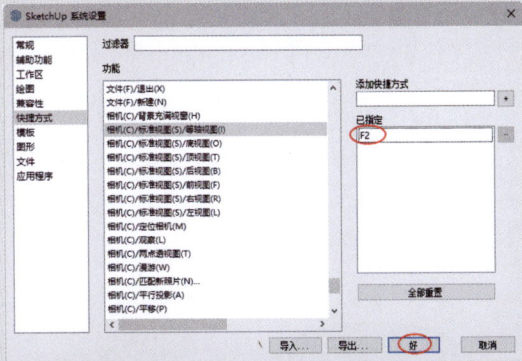

图2-47

**03** 先选择大圆面或选取大圆的边线（作为扫描路径），如图2-48所示。

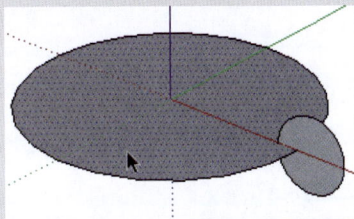

图2-48

**04** 单击【路径跟随】按钮 ⊙，选择小圆面作为扫描截面，如图2-49所示。

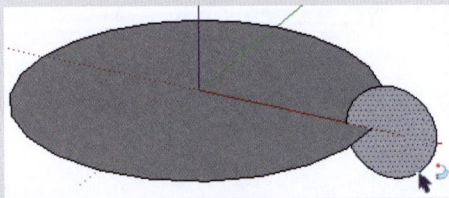

图2-49

**05** 随后系统自动创建出扫描几何体，然后将中间的面删除得到圆环体，如图2-50所示。

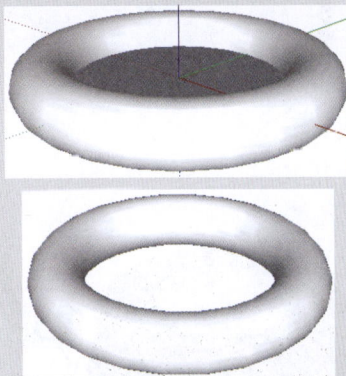

图2-50

【例2-15】创建球体

下面利用【路径跟随】工具创建一个球体。

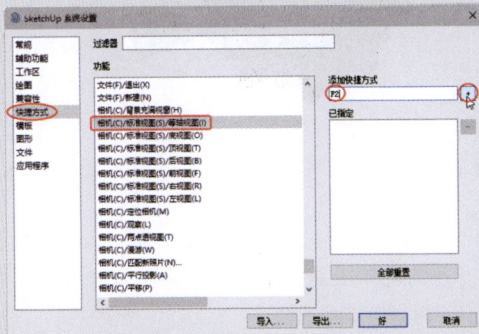

**01** 单击【圆】按钮 ⊙，在默认的等轴视图中的坐标系中心点绘制一个半径为500mm的圆面，如图2-51所示。

**02** 按F4键切换到前视图（注意，按照前面介绍的快捷方式设置方法先设置好才能有此功能），然后再绘制一个半径为500mm的圆面，此圆与第一个圆的圆心重合，如图2-52所示。

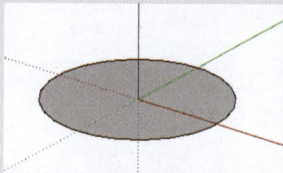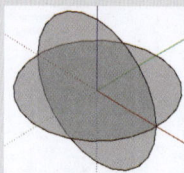

图2-51　　　　　　图2-52

**03** 先选择第一个圆面作为扫描路径，单击【路径跟随】按钮 ⊙，接着选择第二个圆面作为扫描截面，随后系统自动创建一个球体，如图2-53所示。

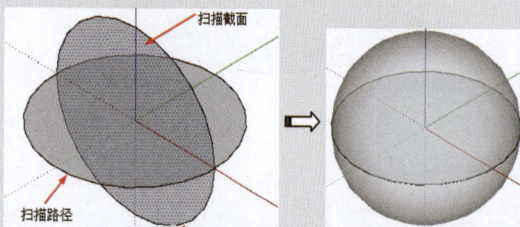

图2-53

### 2.2.2　模型变换操作

通过将简单模型进行移动、比例缩放、镜像及偏移等操作，可获得结构更为复杂的三维模型。

**1.【旋转】变换操作**

使用【旋转】工具，可以任意角度旋转几何体对象，在旋转时若按下Ctrl键还可创建出几何体对象的副本。

**【例2-16】创建模型的旋转复制**

**01** 打开本例源文件"中式餐桌.skp"，几何体模型如图2-54所示。

图2-54

**02** 选中要旋转的餐椅模型，如图2-55所示。然后单击【旋转】按钮 ⊙，将量角器放置在餐桌中心点上（即确定旋转中心点），如图2-56所示。

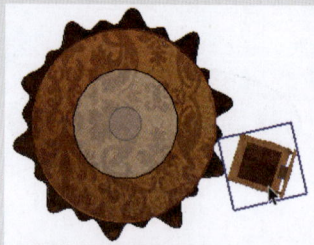

图2-55

图2-56

**03** 放置量角器后向右水平拖出一条角度测量线，在合适位置单击确定测量起点，如图2-57所示。

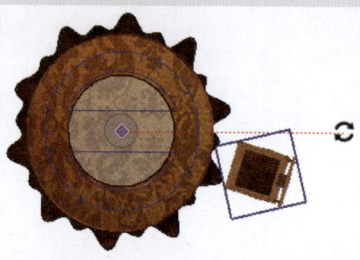

图2-57

**04** 再按住Ctrl键进行旋转，可以看到即将旋转复制的对象，如图2-58所示。

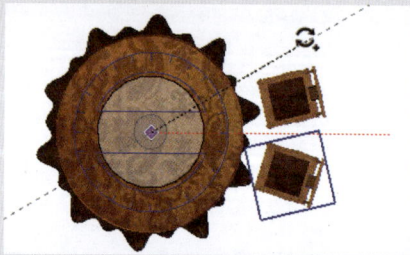

图2-58

**05** 在测量数值框中输入角度值为30并按Enter键确认，如图2-59所示。

**06** 接着再输入"*12"并按Enter键确认，则表示以当前角度作为参考来复制出相等角度的12个模型，结果如图2-60所示。

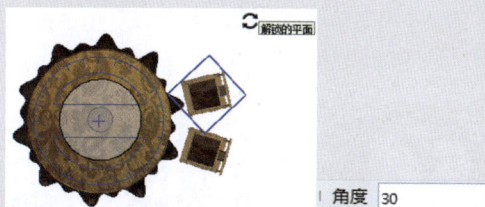

图2-59

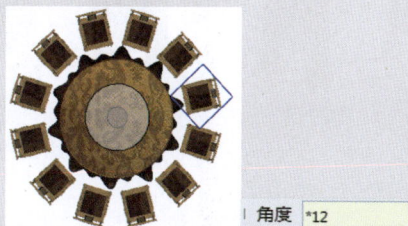

图2-60

## 2.【移动】变换操作

【移动】工具通常用来创建对象的移动和复制。

### 【例2-17】利用移动工具复制模型

使用【移动】工具可以复制出单个或者多个模型，操作步骤如下。

01 打开本例源文件"树.skp"。

02 选中树模型，如图2-61所示。在大工具集中单击【移动】按钮❖，同时按住Ctrl键，这时多了一个"+"号，拖动树模型复制出副本对象，如图2-62所示。

图2-61

图2-62

03 继续选中模型并按住Ctrl键拖动，复制出多个副本对象，如图2-63所示。

05 按Enter键完成移动复制操作，复制效果如图2-64所示。

图2-63

图2-64

### 【例2-18】复制等距模型

主要是利用测量数值框精确复制出等距模型。

01 复制好一个模型后，在测量数值框中输入"/10"，按Enter键结束操作，即可在源模型和副本模型之间复制出相等距离的10个模型，如图2-65所示。

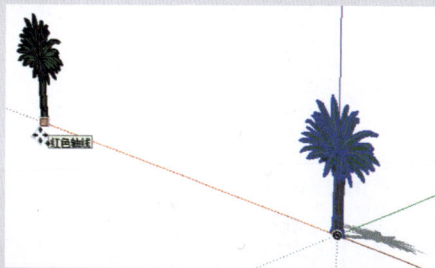

图2-65

02 如果在测量数值框中输入"*10"，按Enter键结束操作，即可复制出同等距离的10个副本模型，如图2-66所示。

在绿色轴线上

图2-66

> ◎提示••
>
> 复制同等比例模型，在创建包含多个相同项目的模型（如栅栏、桥梁和书架）时特别有用，因为柱子或横梁以等距离间隔排列。

### 3.【比例】变换操作

使用【比例】工具，可以对组件模型（或群组模型）进行等比例或非等比例缩放，配合Shift键可以切换等比例缩放，配合Ctrl键将以中心为轴进行非等比例缩放。

### 【例2-19】模型的缩放

对一个凉亭模型进行缩放操作，可以自由缩放，也可按比例进行缩放，从而改变当前模型的结构。

① 打开本例源文件"凉亭.skp"。

② 框选选中全部的凉亭所属组件对象，单击【比例】按钮 🔳，显示缩放控制框，如图2-67所示。

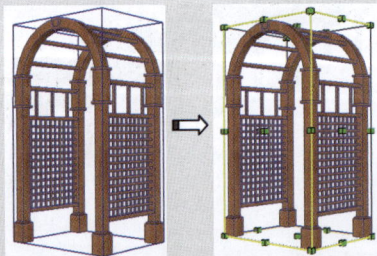

图2-67

③ 在缩放控制框中任意选取一个控制点（绿色立方体块），沿轴线拖动光标进行缩放操作，如图2-68所示。

④ 缩放至合适状态并按Enter键确认，完成模型缩放，结果如图2-69所示。

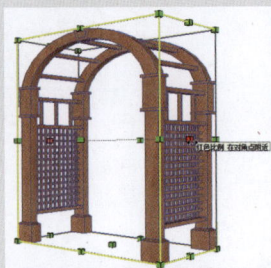
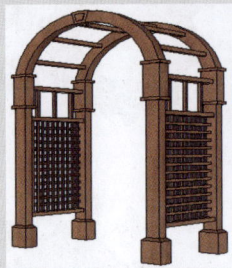

图2-68　　　　　　　　图2-69

⑤ 利用同样的方法拖动其他控制点来缩放对象，最后的缩放效果如图2-70所示。

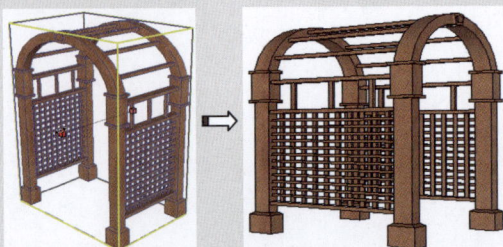

图2-70

### 4.【镜像】变换操作

【镜像】工具可以帮助用户快速镜像对象并创建出对象在对称方向上的副本。

### 【例2-20】创建镜像对象

① 打开本例源文件"床.skp"，打开的床模型如图2-71所示。

图2-71

② 在【视图】工具栏中单击【右视图】按钮 🔲，切换至右视图。再单击【矩形】按钮 🔲，绘制一个任意大小的矩形面，如图2-72所示。

③ 单击【轴测图】按钮 🔲 切换至轴侧视图。单击【镜像】按钮 ⚠，先选择床左侧的床头柜组件模型，接着按住Ctrl键，并选择02步骤绘制的矩形面作为镜像平面，如图2-73所示。

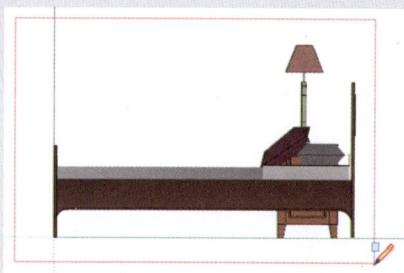

图2-72

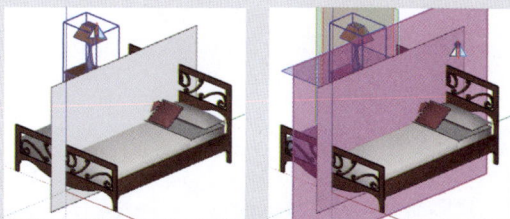

图2-73

**04** 随后在床的另一侧自动创建出镜像的床头柜，删除矩形面，结果如图2-74所示。

图2-74

### 5.【偏移】变换操作

创建3D模型时，通常需要参考一个模型形状来绘制稍大或稍小的形状，并使两个形状保持等距，这称为"偏移"。【偏移】工具就是用来创建偏移对象的工具。

**【例2-21】创建模型的偏移**

**01** 打开本例源文件"花坛模型.skp"。打开的花坛模型如图2-75所示。

**02** 单击【偏移】按钮，选择要偏移的边线，如图2-76所示。

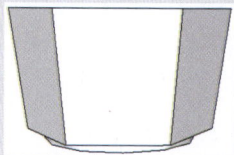

图2-75

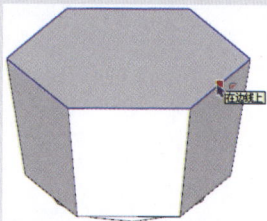

图2-76

**03** 拖动光标，向里偏移复制出一个面，如图2-77所示。

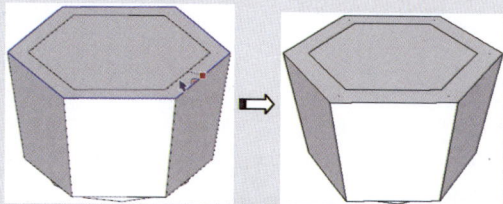

图2-77

**04** 单击【推/拉】按钮，对偏移复制的面进行推拉操作，推出一个凹槽，如图2-78所示。

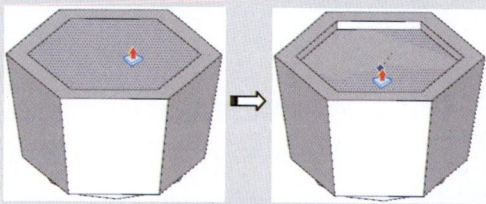

图2-78

**05** 单击【颜料桶】按钮，对创建的花坛填充适合的材质，如图2-79所示。

图2-79

## 2.3 组织模型

在SketchUp中经常会出现这个几何体对象与那个几何体之间粘黏到一起的现象。为了避免这种情况发生，方法就是创建组件或群组。而且创建了组件或群组后，SketchUp图层系统能有更近似AutoCAD的图层功能，提高重新作图与模型变换操作的效率。

默认情况下，利用【绘图】工具栏和【编辑】工具栏中的命令来建立的几何体对象，仅仅是一个封闭的面组，还不算实体。例如，利用【圆】命令和【推/拉】命令建立的圆柱体，实际上是由3个面组连接而成的模型，每个面都是独立的，也是可以单独删除的。若要变成实体，只需要将这些面合并成组件或者群组，如图2-80所示。

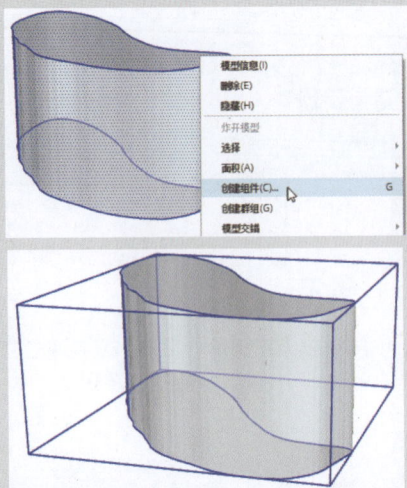

图2-80

## 2.3.1 创建组件

组件就是将场景中的多个几何体对象（点、线、面）组合成类似于"实体"的集合。组件类似于AutoCAD中的图块。使用组件可以方便地重复使用既有图面中的部分文件。它们也具有关联功能，在绘图区中放置组件后，其中一个组件如被修改，其它相同组件的所有副本都会同步更新，如此一来，模型内标准单元的编辑就变得简单了。

> ◎提示·。
>
> 实体内部是有填充物的，而组件只是一个包含许多几何对象的集合，其内部没有填充物。也可将单个几何体对象与组件一起再组合成新的组件。

将几何对象转为组件时，集合对象具有以下行为与功能。

■ 组件是可重用的。

■ 组件几何体与其当前连接的任何几何体是分离的（这类似于群组）。

■ 无论何时编辑组件，都可以编辑组件实例或定义。

■ 如果愿意，可以使组件粘贴到特定平面（通过设置其黏合平面）或在面上切割一个孔（通过设置其切割平面）。

■ 可以将元数据（例如高级属性和IFC分类类型）与组件相关联。对象分类引入了分类系统以及如何将它们与SketchUp组件一起使用。

> ◎提示·。
>
> 在开始创建组件之前，应确保几何体对象与绘图轴对齐，并且打算以组件的方式将它们连接到其他几何体上。这一步骤尤为重要，特别是当用户希望组件具有粘贴平面或切割平面时，这样的对齐操作可以确保组件按照期望的方式与平面或切割面连接。例如要在地板上放置沙发腿，需确保几何体对象与水平面对齐。再如在墙上设置窗户或门，需确保几何体对象与蓝色轴（通常是垂直轴）对齐。

### 【例2-22】创建组件

01 打开本例源文件"盆栽.skp"，打开的盆栽模型如图2-81所示。

02 单击【选择】按钮，框选模型中所有对象，如图2-82所示。

03 在大工具集中单击【创建组件】按钮，弹出【创建组件】对话框，如图2-83所示。

图2-81

图2-82

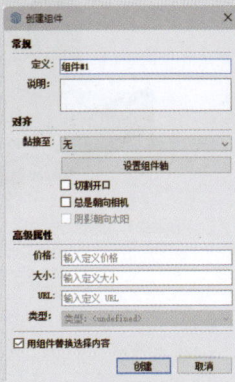
图2-83

04 在【创建组件】对话框中输入组件名称"盆栽"，单击【创建】按钮，创建一个盆栽组件，如图2-84所示。

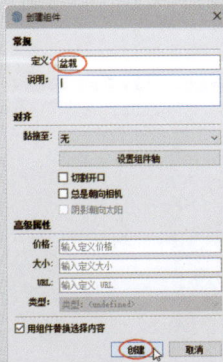

图2-84

当场景中没有选中的模型时，制作组件工具呈灰色状态，即不可使用。必须是场景中有模型需要操作，制作组件工具才会被启用。

### 2.3.2 创建群组

群组是多个组件的集合体，等同于"部件"或"零件"。使用【创建群组】工具可将多个组件或者组件与几何体组织成一个整体。

群组可以迅速创建，并且能够内部编辑。群组也可以嵌套，更可以在其他的群组或组件内进行编辑。

群组有以下优点：

■ 快速选择：选择一个群组时，群组内所有的元素都将被选中。

■ 几何体隔离：编组可以使群组内的几何体和模型的其他几何体分隔开来，这意味着不会被其他几何体修改。

■ 再次编组：可以把几个群组再编为一个组，创建一个分层级的群组。

■ 改善性能：用群组来划分模型，可以使SketchUp更有效地利用计算机资源更快地绘图和显示操作。

■ 组的材质：分配给群组的材质会由群组内使用默认材质的几何体继承，而指定了其他材质的几何体则保持不变。这样就可以快速地给某些特定的表面上色（炸开群组，可以保留替换了的材质）。

创建群组的过程非常简单，在图形区内将要创建群组的对象（包括组件、群组或几何体）框选选中，再执行【编辑】|【创建群组】命令，或者在图形区右击，在弹出的快捷菜单中执行【创建群组】命令，即可创建群组。

### 2.3.3 组件、群组的编辑和操作

创建组件或群组后，可以进行编辑、炸开、分离等操作。

#### 1.编辑组件或群组

当集合对象为组件时，可以选中该对象并执行右键快捷菜单中的【编辑组件】命令，或者直接双击组件，即可进入组件编辑状态，如图2-85所示。

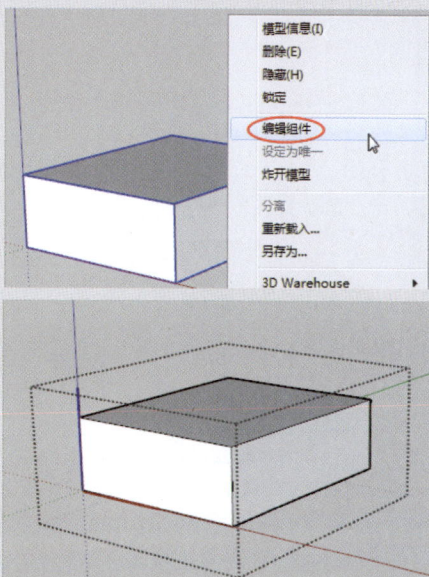

图2-85

在编辑状态下，可以对几何体对象进行变换操作、应用材质、贴图及模型编辑等，这与创建组件之前的操作是完全相同的。

同理，当集合对象为群组时，也可以编辑群组对象，操作过程和结果与组件是完全相同的，如图2-86所示。

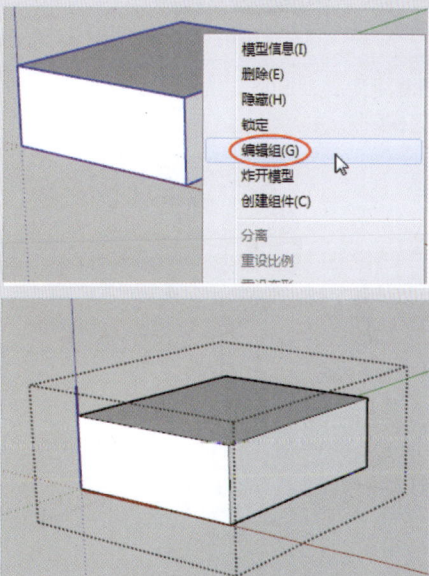

图2-86

#### 2.炸开与分离

如果不需要组件或群组了，可以右击组件或群组对象，在弹出的快捷菜单中执行【炸开模型】命令，可撤销组件或群组。

解除黏接是针对组件而言的，当对一个几何体

进行操作时会影响其内部的组件时，将内部的这个组件分离出去。

**【例2-23】炸开与解除黏接操作**

01 单击【圆】按钮 ⊘，绘制一个圆，接着在其内部绘制一个小圆，如图2-87所示。

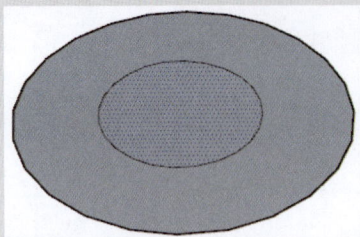

图2-87

02 双击（注意不是单击）内部的小圆，然后右击并在弹出的快捷菜单中执行【创建组件】命令，将小圆单独创建为组件（实际上包含了此圆及其内部圆面），如图2-88所示。

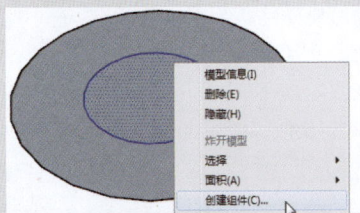

图2-88

03 创建组件后会发现，当移动大圆时，小圆会一起移动，如图2-89所示。

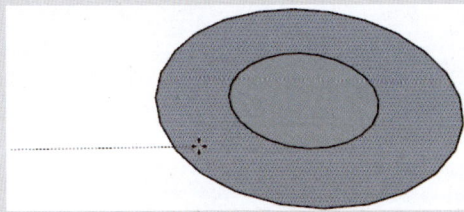

图2-89

04 此时右击选中小圆组件并在弹出的快捷菜单中执行【炸开模型】命令或者是【解除黏接】命令，移除组件关系，如图2-90所示。

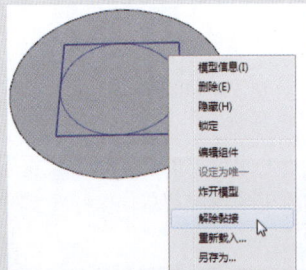

图2-90

05 此时移动小圆，大圆就不会跟随，如图2-91所示。

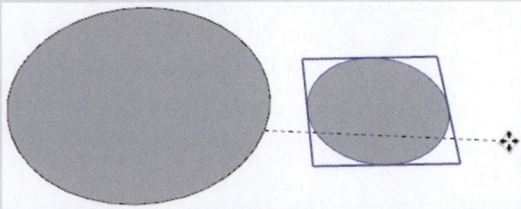

图2-91

## 2.4 模型的布尔运算

SketchUp 的布尔运算工具仅用于实体，SketchUp的实体指的是任何具有有限封闭体积的3D模型（组件或组），实体不能有任何裂缝（平面缺失或平面间存在缝隙）。

实体工具是用于实体之间的布尔运算工具。实体工具包括【实体外壳】工具、【交集】工具、【并集】工具、【差集】工具、【修剪】工具和【分割】工具。图2-92所示为【实体工具】工具栏。

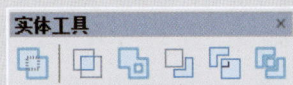

图2-92

### 2.4.1 布尔加运算操作

可以利用【实体工具】工具栏中的布尔加运算工具将组件或群组模型进行布尔运算，得到新的几何模型。

#### 1.【实体外壳】工具

【实体外壳】工具用于删除和清除位于交叠组件或组件内部的几何图形（保留所有外表面）。

**【例2-24】创建实体外壳**

01 利用【矩形】命令和【推/拉】命令绘制两个矩形体，并分别将它们创建为组件，如图2-93所示。

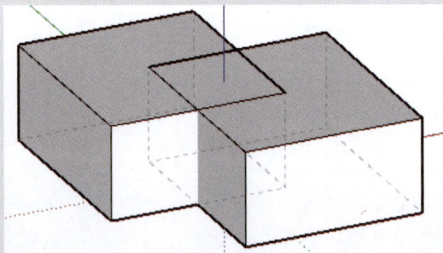

图2-93

**02** 单击【实体外壳】按钮 ⬚，选择第一个组件实体，接着再选择第二个组件实体，如图2-94所示。

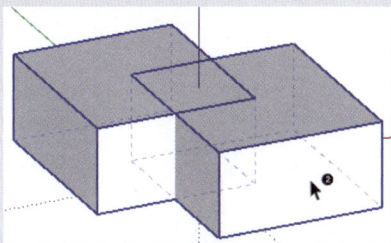

图2-94

**03** 随后系统将自动创建包容两个实体的外壳，如图2-95所示。

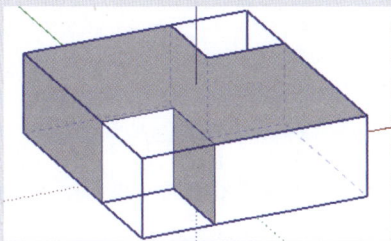

图2-95

◎提示·。

如果将光标放在组之外，光标会变成 ▲◎ 形状；如果将光标放在组内，光标则会变成 ▲① 形状。

#### 2. 【并集】工具

并集是指将两个或多个实体体积合并为一个实体体积。并集的结果类似于实体外壳的结果，不过，并集的结果可以包含内部几何对象，而外壳的结果只能包含外部表面。

【例2-25】创建并集

**01** 同样以两个矩形实体组件为例，在"后边线"样式下进行操作，如图2-96所示。

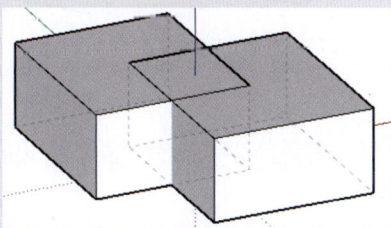

图2-96

**02** 单击【并集】按钮 ⬚，选择第一个组件实体，接着再选择第二个组件实体，随后两个实体组件自动合并为一个完整实体组件，如图2-97所示。

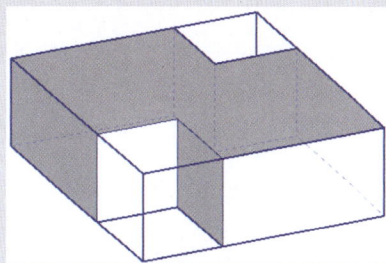

图2-97

### 2.4.2 布尔交集运算操作

交集是指在几何空间中，两个或多个群组或组件相交或重叠的部分形成的图形。通过对这些群组或组件进行交集运算，可以得到仅包含它们共同部分的几何图形。

【例2-26】实体组件的交集运算

**01** 同样以两个矩形实体组件为例，在"后边线"样式下进行操作，如图2-98所示。

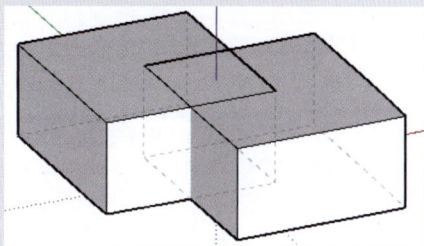

图2-98

**02** 单击【交集】按钮 ⬚，选择第一个组件实体，接着再选择第二个组件实体，随后自动创建交集部分实体，如图2-99所示。

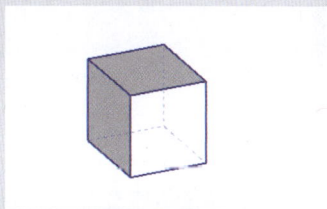

图2-99

### 2.4.3 布尔减运算操作

布尔减运算工具包括差集、修剪和分割，介绍如下。

#### 1. 【差集】工具

【差集】工具用于将一个组或组件的几何图形与另一个组或组件的几何图形进行合并，然后从结果中移除第一个组或组件。只有当两个组或组件彼此交叠时才能执行差集操作，并且差集的效果也取决于选择组或组件的顺序。

【例2-27】创建差集

01 同样以两个矩形实体组件为例，在"后边线"样式下进行操作，如图2-100所示。

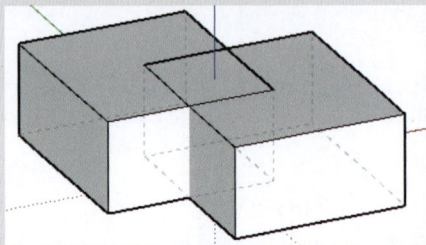

图2-100

02 单击【差集】按钮，选择第一个组件实体（作为被删除部分），接着再选择第二个组件（作为主体对象），随后自动完成差集，如图2-101所示。

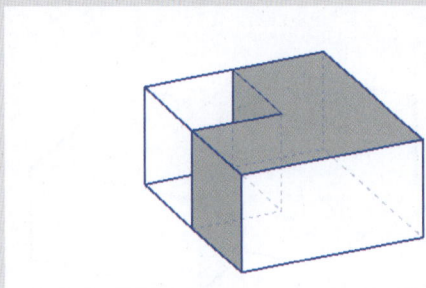

图2-101

### 2.【修剪】工具

【修剪】工具用于将一个群组或组件的几何图形与另一个群组或组件的几何图形进行合并修剪，只保留交叠部分的几何图形。与【差集】不同的是，第一个群组或组件会保留在修剪的结果中，修剪效果也取决于选择群组或组件的顺序。

【例2-28】创建修剪

01 同样以两个矩形实体组件为例，在"后边线"样式下进行操作，如图2-102所示。

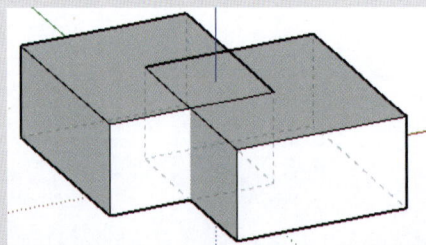

图2-102

02 单击【修剪】按钮，选择第一个组件实体（作为被修剪对象），接着再选择第二个组件（作为主体对象），随后自动完成差集，如图2-103所示。

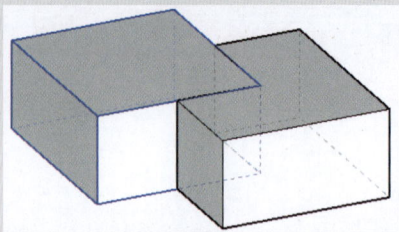

图2-103

### 3.【分割】工具

利用【分割】工具，可将交叠的几何对象分割为3部分。

【例2-29】创建分割

01 同样以两个矩形实体组件为例，在"后边线"样式下进行操作，如图2-104所示。

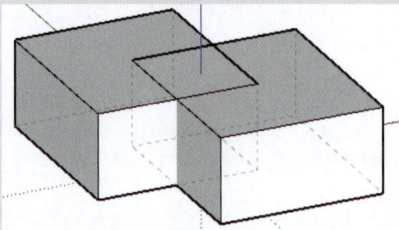

图2-104

02 单击【分割】按钮，选择第一个组件，接着再选择第二个组件，随后自动完成分割，结果如图2-105所示。

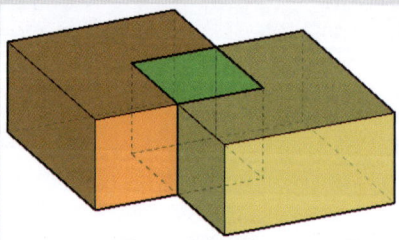

图2-105

## 2.5 综合案例：构建房子模型

本节将通过一个典型的综合案例来展示如何使用SketchUp进行模型的创建和编辑。本例涵盖从基本的几何形状创建到复杂模型编辑的各种操作技巧，旨在帮助读者更好地理解和掌握SketchUp的使用方法。本例制作一个小房子模型，图2-106所示为效果图。

图2-106

**01** 在大工具集中单击【矩形】按钮 ⬚，绘制一个长为5000mm、宽为6000mm的矩形面，如图2-107所示。

图2-107

**02** 单击【推/拉】按钮 ◈，将矩形面向上拉出3000mm得到一个立方体，如图2-108所示。

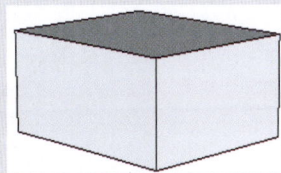
图2-108

**03** 单击【直线】按钮 ✎，在立方体的矩形顶面上捕捉短边中点绘制一条中心线，如图2-109所示。

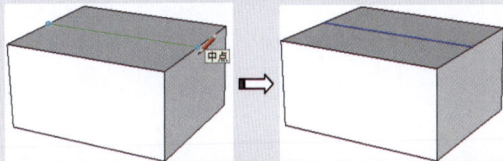
图2-109

**04** 单击【移动】按钮 ✛，将绘制的中心线往蓝色轴方向垂直向上移动，移动距离为2500mm，如图2-110所示。

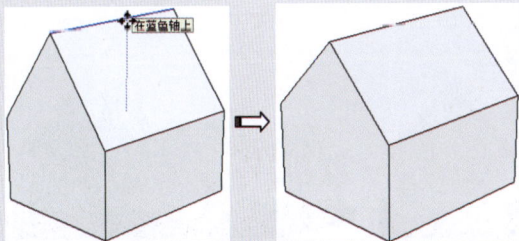
图2-110

**05** 单击【推/拉】按钮 ◈，分别将形成房顶的两个斜面往法线方向拉（箭头方向），拉出距离均为200mm，拉出结果如图2-111所示。

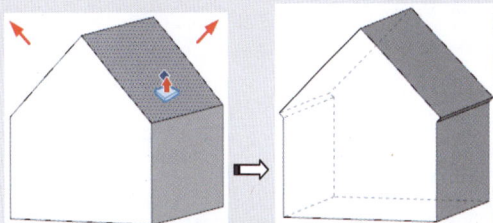
图2-111

**06** 单击【推/拉】按钮 ◈，分别将图2-112所示的房子左右两个立面往内（箭头方向）推，推出距离为200mm。

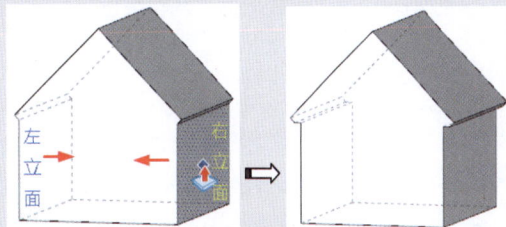
图2-112

**07** 在【视图】工具栏中单击【前部】按钮 ⌂ 切换到前部视图，按住Ctrl键选中房顶的两条边，再单击【偏移】按钮 ⌒，将选中的两条边向内偏移复制200mm，将房子的前立面分割，如图2-113所示。

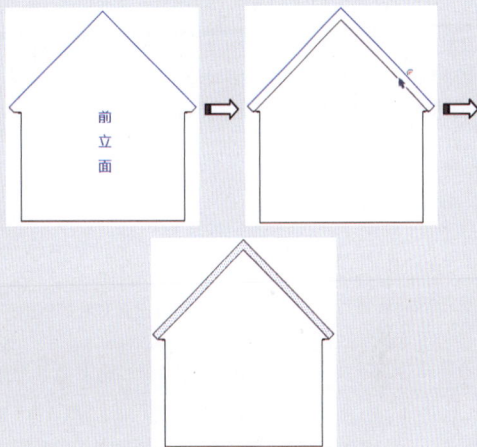
图2-113

**08** 单击【推/拉】按钮 ◈，对偏移复制出来的分割面往外拉，拉出距离为400mm，拉出的部分面为房顶的端面，如图2-114所示。

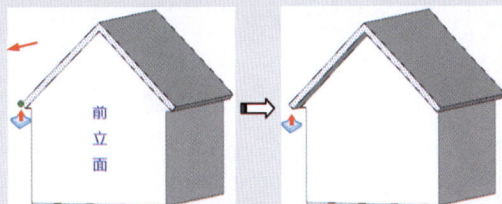
图2-114

**09** 同理，切换到【返回】视图方向后，对房子的后立面也进行相同的偏移复制与拉出操作，以此拉出房顶的另一端面，操作结果如图2-115所示。

图2-115

**10** 右击房子前立面的底部边线，在弹出的快捷菜单中执行【拆分】命令，接着在测量数值框内输入分段数为3，按Enter键后自动将底部边线拆分为3段，如图2-116所示。

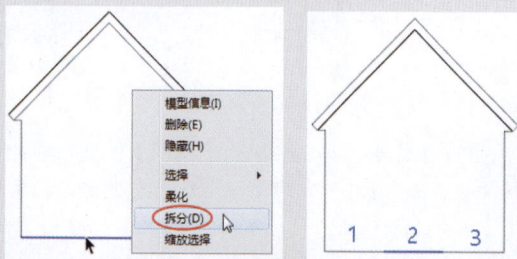

图2-116

**11** 单击【矩形】按钮，捕捉底边的拆分段端点，在房子的前立面绘制高为2500mm、宽为1500mm的门框面，如图2-117所示。

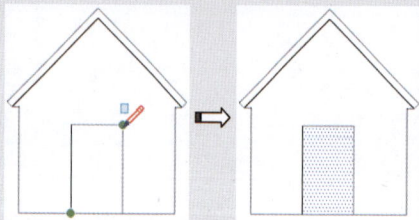

图2-117

**12** 单击【推/拉】按钮，将绘制的门框面往里推200mm，随后删除门框面，可看到房子内部空间，如图2-118所示。

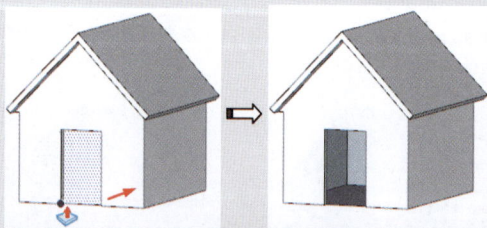

图2-118

**13** 单击【圆】按钮，分别在房子左右的两个立面上绘制大小相等的圆，直径为1200mm，如图2-119所示。

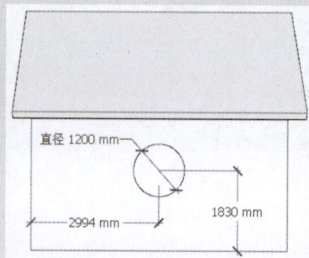

图2-119

**14** 单击【偏移】按钮，将绘制的圆向外偏移复制50mm以得到圆环面，如图2-120所示。

**15** 单击【推/拉】按钮，将圆环面往墙外拉出100mm，形成圆形凸起窗框，如图2-121所示。

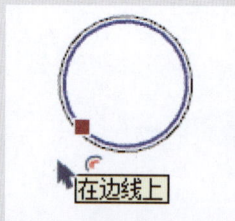 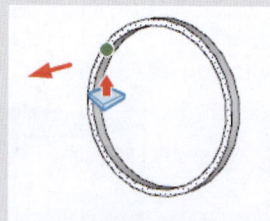

图2-120　　　　　　图2-121

**16** 切换到【顶】视图方向。单击【矩形】按钮，绘制矩形地面，尺寸不限定，结果如图2-122所示。

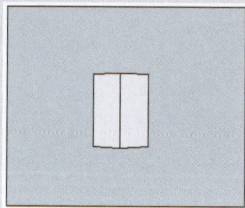

图2-122

**17** 为房子的各面填充合适的材质，再为门框添加一个门组件，结果如图2-123所示。

**18** 在场景中添加人物、植物等组件，效果如图2-124所示。

图2-123　　　　　　图2-124

# 第3章
# 生成式AI模型设计

本章将深入探讨人工智能（AI）在BIM建筑设计中的辅助作用。我们将研究如何利用AI技术改进和优化建筑设计流程，以及这些技术如何帮助建筑师和设计师提高效率和创新性。此外，我们也将讨论AI如何改变建筑行业的未来，并且通过实例探讨AI在BIM建筑项目中的应用。

## 3.1 关于生成式AI的3D模型设计

AI生成3D指使用人工智能技术自动生成3D模型或3D场景的过程。表现形式有文生模型、图生模型、模型生模型和视频生模型四种形式。

- 基于文本的3D模型生成：通过自然语言描述来生成相应的3D模型，输入一段文本描述，输出一个3D场景。这种方法利用NLP技术理解语义，并转换为3D视觉内容。

- 基于图像的3D重建：从2D图像中恢复出3D模型，是计算机视觉的典型问题。这种方法可以用于扫描现实世界的物体和场景，生成数字3D内容。利用深度学习模型进行图像理解，实现3D重建。

- 基于模型的3D模型重建：是一种计算机视觉和图形学领域的技术，它使用预定义的模型作为参考，从数据（通常是图像或点云）中重建三维形状。这种方法通常假设被重建的物体或场景可以用一组已知的模型来表示或近似。

- 基于视频的3D建模：是一种利用视频序列来构建物体或场景三维模型的技术。这种方法可以提供比单张图像更丰富的信息，因为它结合了多个视角和时间连续性的数据。

## 3.2 基于AI的3D模型生成

基于文本的3D场景生成是一种先进的技术，它将自然语言描述转换为详细的三维场景。这种技术结合了自然语言处理（NLP）、计算机视觉和图形学，以及深度学习，特别是生成模型，如生成对抗网络（GANs）或变分自编码器（VAEs）。

### 3.2.1 3D模型组件生成与修改——Sloyd AI

3D生成式AI模型Sloyd AI，是一个典型的文生3D模型和使用文本修改模型的智能化模型创建工具。可生成诸如航空航天、武器、建筑（包括景观构件）、室内家具、道具等对象。

### 【例3-1】利用Sloyd AI快速生成建筑模型

① 进入Sloyd AI的官网首页（https://www.sloyd.ai/）。

◎提示·

为了方便作讲解，将原英文网页使用谷歌网页翻译器进行页面翻译。以360极速浏览器为例，在窗口顶部单击【扩展程序】按钮，再执行【更多扩展】命令，在打开的【扩展程序】页面中搜索"google翻译助手"，然后安装扩展即可。要翻译网页，在打开的英文网页中单击弹出的【翻译】按钮，或者右击网页，并在弹出的快捷菜单中执行【谷歌翻译助手】|【开启/关闭整页翻译】命令。

② 初次使用Sloyd AI，需要在官网首页右上角单击【报名】按钮，如图3-1所示。

图3-1

③ 用户使用国内邮箱注册成功后登录Sloyd AI主页

界面，如图3-2所示。主页界面显示了6个AI模块，包括科幻、军队、城市的、中世纪、家具和模块化的。

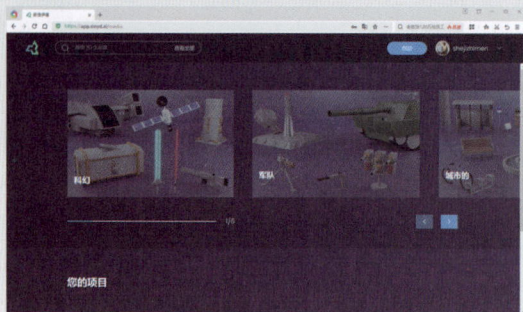

图3-2

**04** 在【城市】AI模块中选择【建造】类型，进入【建造】浏览界面。用户可以选择任何一个模型对象，然后利用AI文本功能对这个模型进行修改。如选择"公寓楼"模型，再单击【在编辑中打开】按钮，如图3-3所示。

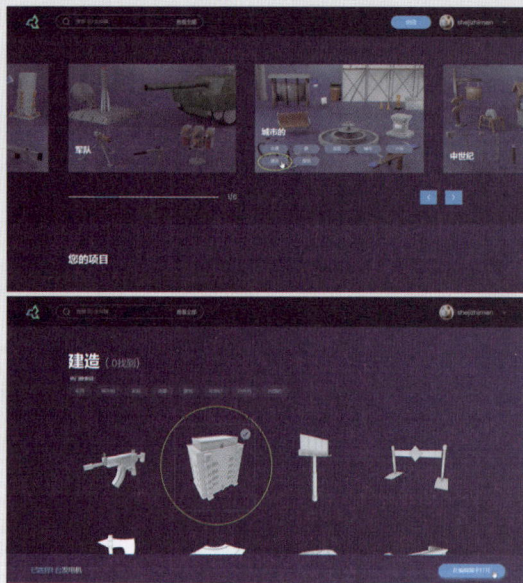

图3-3

**05** 随后进入Sloyd AI的模型编辑界面。模型的修改包括通过文本指令来修改和通过单击功能按钮来修改。通过文本指令（即提示词）来修改模型，可修改模型的尺寸和构件的数量。由于Sloyd AI文本功能存在BUG，暂无法使用文本修改模型功能。此时可单击【随机发生器】按钮来生成新模型，如图3-4所示。

**06** 接着在【属性】面板依次单击【标准屋顶】【山墙屋顶】【老虎窗屋顶】及【双背】或【单背】按钮来修改模型。图3-5所示为单击【老虎窗

屋顶】按钮和【单背】按钮后的结果。

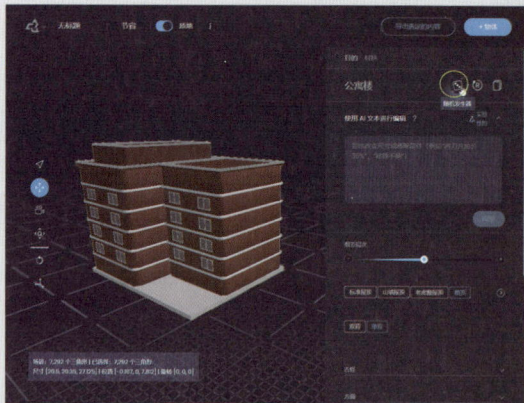

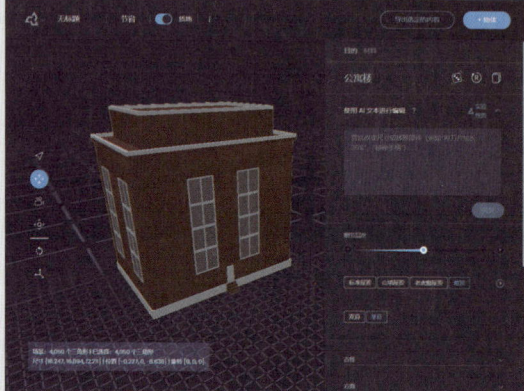

图3-4

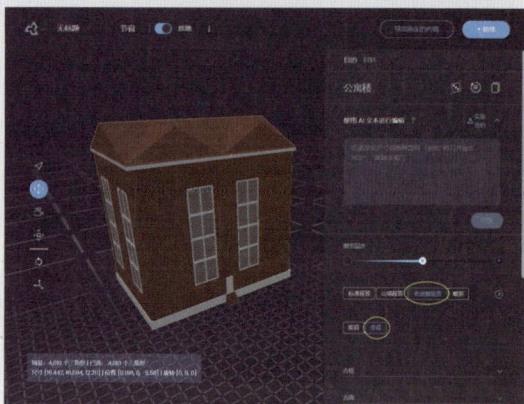

图3-5

**07** 接下来可在【古怪】【方面】【屋顶】【视窗】和【门】卷展栏中拖动滑块来精细化修改模型。例如在【视窗】卷展栏中修改窗户的高度、宽度和窗型等，如图3-6所示。

**08** 建筑模型修改完成后，单击【导出选定的内容】按钮，选择OBJ文件格式或GLB文件格式将模型导出，如图3-7所示。

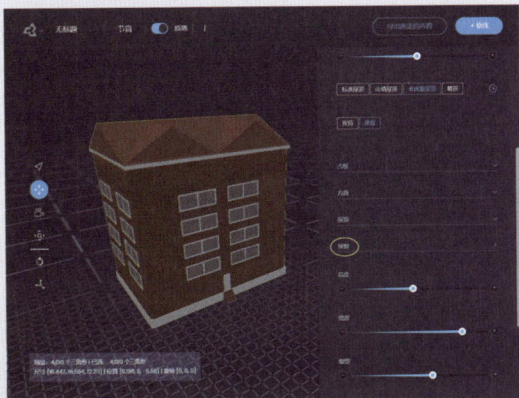
图3-6

图3-7

**09** 如果不通过模型库的模型来生成或修改，用户也可由文本直接生成建筑模型。在Sloyd AI主页界面（重新输入https://app.sloyd.ai/网址打开主页界面）中单击【创造】按钮，如图3-8所示。

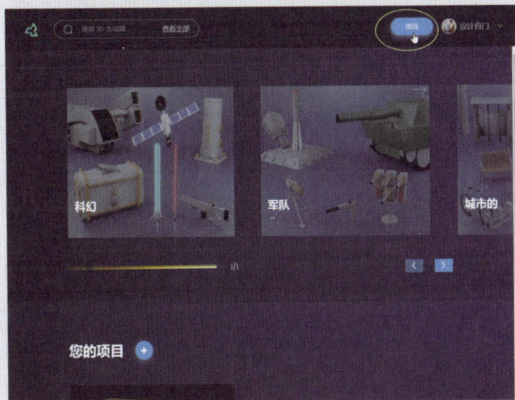
图3-8

**10** 在随后弹出的网页中单击【添加对象】按钮，添加一个空白对象，随后进入模型编辑界面，如图3-9所示。

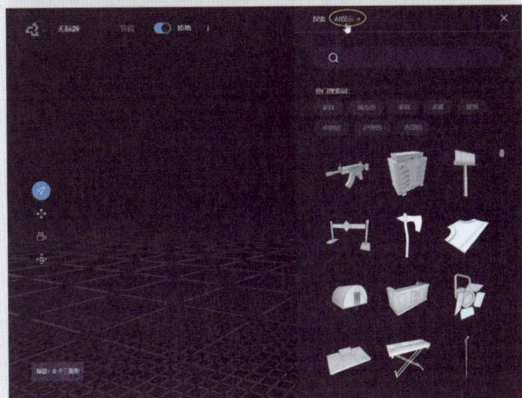
图3-9

**11** 在【属性】面板的顶部单击【AI提示】按钮进入【AI提示】选项卡。系统提示若用提示词来生成模型，仅能生成武器、建筑物、家具和道具，不能生成人物、动物和场景。在提示词文本框中输入"sofas（沙发）"，单击【创造】按钮，即自动生成沙发模型，如图3-10所示。

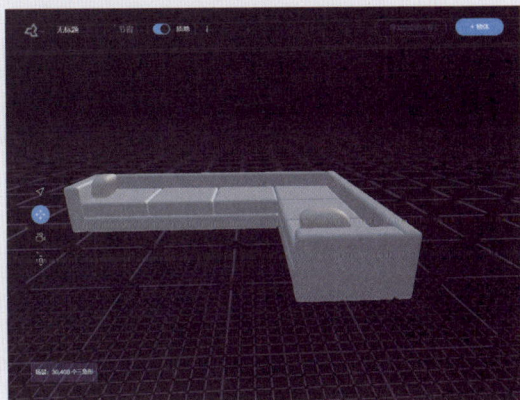
图3-10

只能输入英文提示词，否则不能正确生成所需模型，图3-11为输入"沙发"中文后生成的模型，与所需的模型差异巨大。

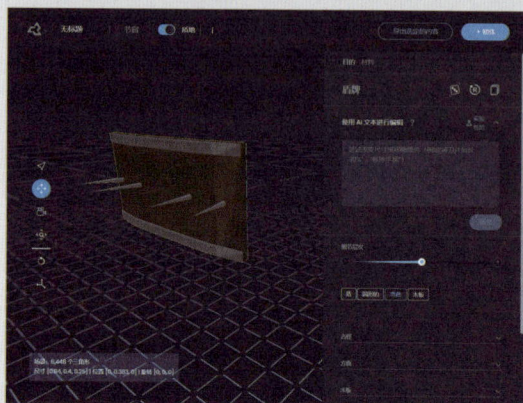

**图3-11**

⑫ 将沙发模型导出。

### 3.2.2 多模式人工智能生成工具——Luma AI

Luma AI的核心技术是NeRF（Neural Radiance Fields），一种三维重建技术，可以通过文本与少量照片生成、着色和渲染逼真的3D模型。Luma AI包含3个核心模块：Dream Machine（梦想机器）、GENIE（精灵）和Interactive Scenes（互动场景）。

Luma AI的网络平台地址为https://lumalabs.ai/genie?view=create。GENIE（精灵）首页界面如图3-12所示。

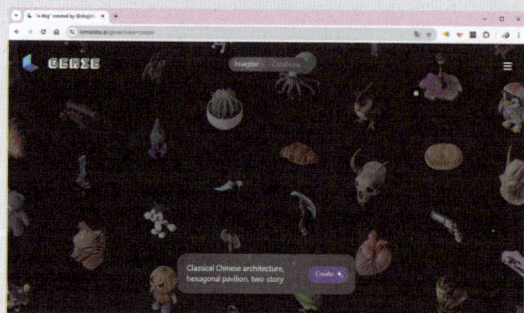

**图3-12**

**1.利用文本生成3D模型**

GENIE（精灵）是Luma AI的3D模型生成模块，可输入文本指令获得低质量的3D模型，再通过精细化模型技术进一步细分模型而获得高质量模型。

【例3-2】利用文本生成3D模型

① 初次使用Luma AI的GENIE（精灵），需要注册一个账号，也可直接使用谷歌邮箱登录平台。

② 在GENIE（精灵）首页界面下方的聊天对话框中输入英文提示词 "Classical Chinese architecture, hexagonal pavilion, two-story"，然后单击【Greate】按钮，如图3-13所示。

Luma AI仅识别英文提示词，所以用户可以先利用DeepL网络翻译器将中文进行翻译。

**图3-13**

③ 随后Luma AI自动生成4张模型图像，如图3-14所示。

**图3-14**

④ 选择其中一张模型图像（如选择第4张），Luma AI将自动生成低质量的3D模型，如图3-15所示。

**图3-15**

⑤ 若要进一步生成高质量模型，可在右侧的面板中单击【Make Hi-Res（制作高分辨率）】按钮，随后生成高质量模型，如图3-16所示。

**06** 单击【Dowmload】按钮，将模型下载到本地文件夹中。

图3-16

### 2.利用拍摄视频制作3D场景模型

Luma AI的主要产品是Dream Machine，这是一款基于DiT视频生成架构的AI视频生成模型工具。它能够将用户的文本描述和图像素材转换为具有电影级质量的视频内容。Dream Machine的特点包括快速生成、逼真效果和物理准确性。该工具支持多样化的摄像机移动，能精准匹配场景情感。Luma AI能在120s内生成5s的视频，每月提供30次免费使用额度，为用户提供便捷的视频创作平台，使内容制作变得简单高效。

除了用户使用手机、专业相机等设备拍摄视频片段外，还可以使用AI来生成视频。这里介绍抖音的AI视频工具——可灵AI，主页地址为https://klingai.kuaishou.com/。可灵AI的主页界面如图3-17所示。

图3-17

新用户首次登录可灵AI平台可用手机注册后再登录。

### 【例3-3】利用"可灵AI"生成AI视频

**01** 在可灵AI平台首页，选择【AI视频】模块后进入AI视频生成页面，如图3-18所示。可灵AI视频生成有两种模式：文生视频和图生视频。如果用户有好的创意，可以文字表述给可灵AI，使其生成高质量视频。当然也可导入图片，使用AI让图片灵动起来，生成创意视频。

图3-18

**02** 在【文生视频】模式下，在【创意描述】文本框内输入"一个布置温馨的客厅，精装房，现代装修风格，360度镜头漫游"，其他选项保持默认，然后单击【立即生成】按钮，生成视频片段，如图3-19所示。

图3-19

**03** 单击【下载】按钮，将视频下载到本地文件夹中。

### 【例3-4】利用视频制作3D场景模型

**01** 在Luma AI的GENIE（精灵）主页的右上角，单击 按钮展开功能菜单，然后选择【Interactive Scenes（互动场景）】模块，如图3-20所示。

图3-20

**02** 随后打开Interactive Scenes主页，然后单击【Start Now on Web for Free】按钮，如图3-21所示。

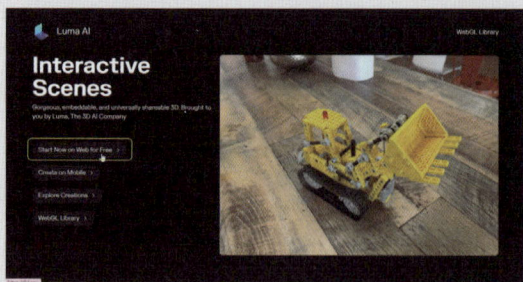

图3-21

**03** 进入Interactive Scenes模型生成界面，单击
【Drop a file in this area or click to select】按钮，
将本例源文件夹中的"高性能_16x9_一个布置温
馨的客厅_精装房_现代装修风格_360度镜头漫
游.mp4"视频文件导入，如图3-22所示。

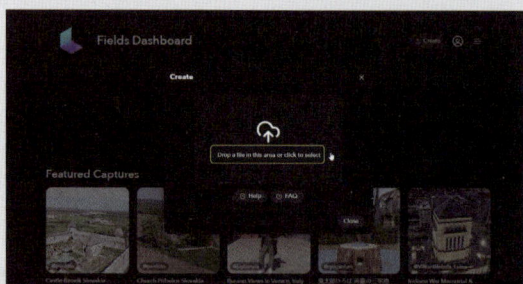

图3-22

**04** 在随后弹出的【Greate】面板中输入标题
"fireplace"，再单击【Upload（上传）】按钮上
传视频文件，如图3-23所示。

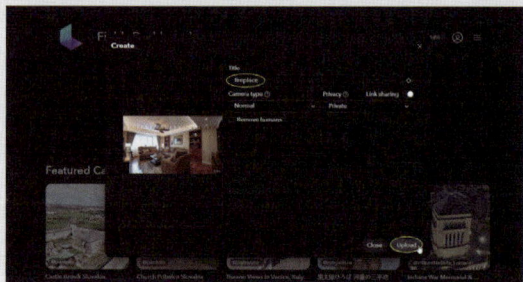

图3-23

**05** 稍后Luma AI自动生成3D场景模型，如图3-24
所示。

图3-24

**06** 单击【下载】按钮⬇，将3D模型下载到本地，
模型文件的格式为.glb。

## 3.2.3　精细化3D模型生成——CSM AI

　　CSM AI是一款强大的人工智能平台，其目标
是将任何输入转换为适用于游戏引擎的3D资源。这
个平台能够迅速而便捷地将照片和视频转换为3D
世界，适用于各种艺术家的不同水平和工作流程。
CSM AI提供Web网页端、手机端和Discord应用，具
备强大的功能，极大地简化了3D内容的创建过程。
只需上传照片或视频，按照简单的流程进行三次点
击操作，即可轻松获取高质量的3D资源。

　　本例将演示在CSM AI网页端中由图片快速生
成3D模型的全过程。CSM AI有两个功能模式：图
像到3D和实时草图转3D。

### 【例3-5】在"图像到3D"模式下生成3D模型

　　图像到3D是导入图片后，AI参照图片进行三维
生成。

　　操作步骤如下。

**01** 进入CSM AI首页界面（网址https://3d.csm.
ai）。初次使用CSM AI需要注册账号，在首页右
上角单击【登记】按钮，进入【选择你的计划】
页面，然后选择左侧第一个免费计划，如图3-25
所示。

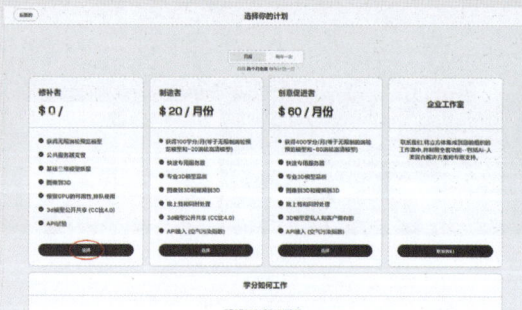

图3-25

**02** 随后填写注册信息，填写国内邮箱注册即可。

> ◉提示·◦
>
> 　　CSM网页端为英文界面，本例是通过360
> 极速浏览器的谷歌翻译插件进行中文翻译的，便
> 于初学者学习。

**03** 注册账号成功之后会自动进入CSM操作界面，
如图3-26所示。

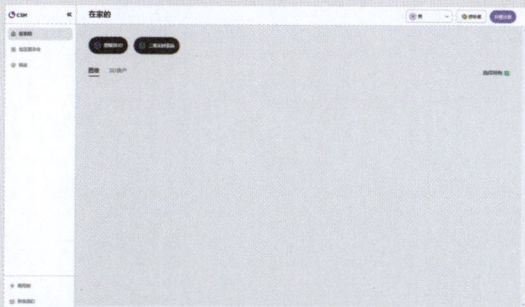

图3-26

04 单击【图像到3D】按钮，然后将本例源文件夹中的"AI智能音箱效果图.png"文件上传图像到CSM中，如图3-27所示。

图3-27

05 稍后CSM AI会自动参考图片并将计算结果（会花几分钟时间）存储在【3D资产】选项卡中，如图3-28所示。

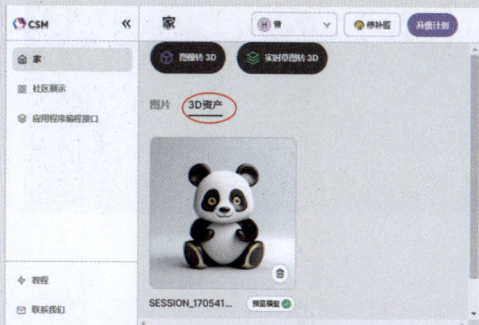

图3-28

06 单击选中生成的3D资产，进入【初步意见】环节，从中可以看到AI生成的多视图，此时并没有生成3D模型，如图3-29所示。

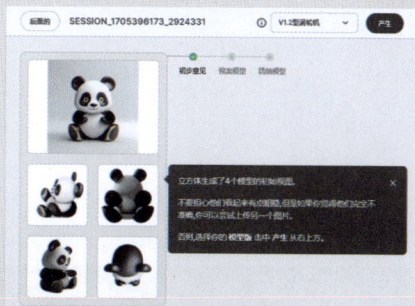

图3-29

07 在网页右上角单击【产生】按钮，CSM AI会自动创建3D模型，这个模型仅仅是预备模型，精度还不够高，如图3-30所示。

◎提示·◦

　　由于是免费计划，要使用3D模型生成功能需要排队等候，也就是如果此时付费用户们在大量使用，可能会导致生成失败。

图3-30

08 如果需要更精细的模型（包括完好的造型和纹理），可单击【细化网格】按钮细化模型。由于时间太久，这里不再进一步演示。单击【出口】按钮，将模型下载，选择免费下载的文件格式，如图3-31所示。

图3-31

## 3.2.4　生成高质量的3D模型——Tripo3d AI

Tripo3d AI可生成高质量的3D模型，但需要三维造型软件进行模型细化处理才能作为建模使用，相比3.2.1～3.2.3节介绍的几种3D模型AI生成工具，网格质量和纹理细节要好很多，在国内网络可免费使用。接下来演示Tripo3d AI的操作流程。

【例3-6】利用Tripo3d AI生成高质量模型

操作步骤如下。

**01** 进入Tripo3d AI平台官网后，用户使用邮箱注册账号即可进入Tripo3d AI首页界面（默认为英文界面，可翻译网页），如图3-32所示。

图3-32

**02** 在首页界面中单击【免费生成】按钮，进入AI创作界面。Tripo3d AI有两种AI生成模式：文本转3D和图像转3D，如图3-33所示。

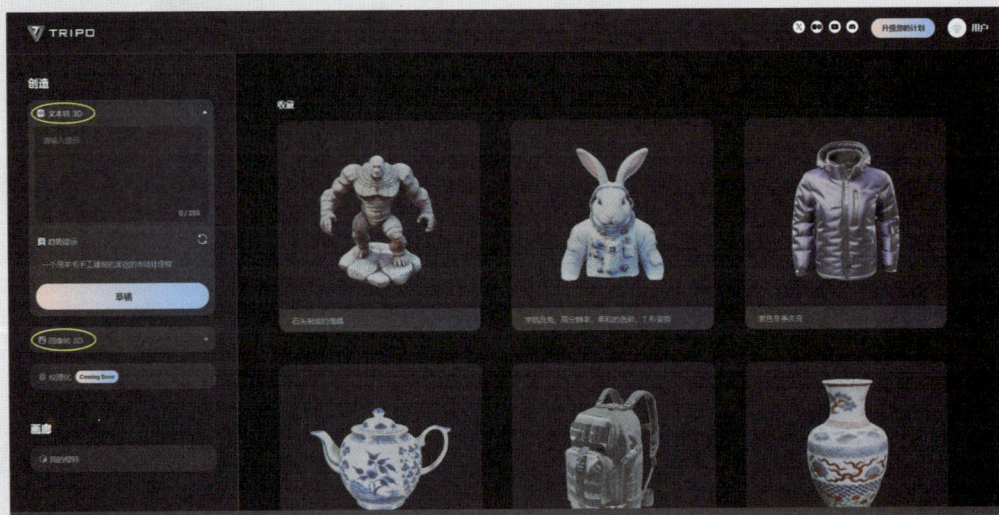

图3-33

**03** 在【文本转3D】模式中，AI提示词只能输入英文，中文提示词暂不能识别。在提示词框中输入"Cute panda playing snow（可爱的熊猫玩雪）"，在图像预览区会显示很多与提示词相关的预览模型，如图3-34所示。

图3-34

04 用户可以选择现有的模型。如果不满意，可单击【草稿】按钮，自定义模型。图3-35所示为自动生成的二维预览图像。

图3-35

05 若已经生成的四幅图像还不够好，可单击【重试】按钮继续生成新的图像，直至满意为止。在生成的四幅图像中选择自认为最好的一幅（右上），再单击底部的【产生】按钮，稍后生成3D模型。

06 在操作界面左侧的【属性】面板中，单击【画廊】选项组下的【我的模特】按钮，打开3D模型的生成队列，查看模型生成进度，如图3-36所示。

图3-36

07 经过几分钟的等待，完成3D模型的生成，如图3-37所示。

08 单击生成的3D模型，将打开该模型的详情展示页，拖动光标可旋转模型，随后单击右下角的【下载】按钮，将模型下载到本地文件夹中，下载的文件格式为.glb，如图3-38所示。

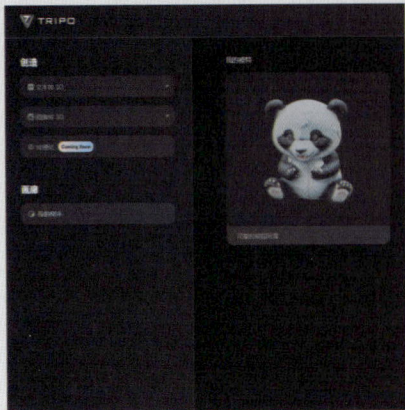

图3-37

图3-38

### 3.2.5 创意3D模型生成——Meshy AI

　　Meshy结合了人工智能和机器学习的最新进展，为设计师、艺术家和开发者量身打造。无论3D艺术家、游戏开发者还是创意编码员，Meshy AI都能以前所未有的速度创建3D资源。作为3D生成AI工具箱，Meshy AI能通过文本或图像轻松生成3D资产，从而加快3D生成工作流程。使用Meshy AI，可以在几分钟内创建出高质量的纹理和3D模型。

　　Meshy AI的主页（https://www.meshy.ai）界面如图3-39所示。初次使用Meshy AI需要注册新账号。

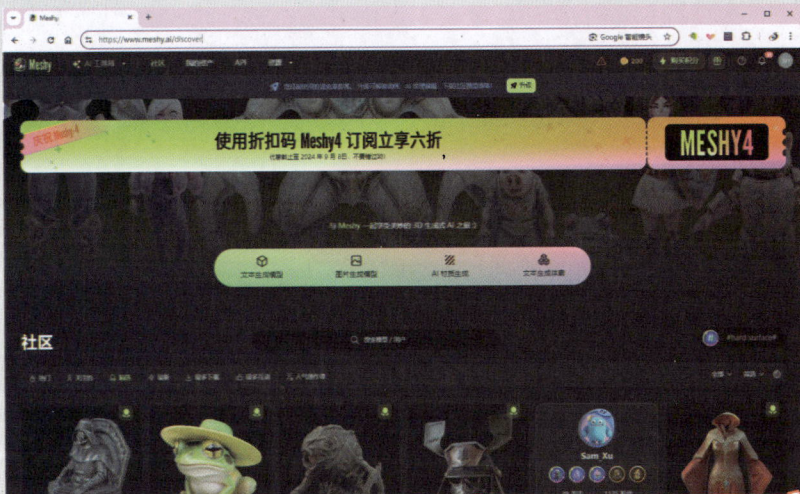

图3-39

　　Meshy AI有四大功能：文本生成模型、图片生成模型、AI材质生成和文本生成体素。下面逐一介绍AI操作方法。

【例3-7】Meshy AI文本生成模型

01 在Meshy AI的主页界面中选择【文本生成模型】模式，进入文本生成模型操作界面，如图3-40所示。

02 在【提示词】文本框内输入提示词"一名东方男性模特，西装革履，手提公文包，戴眼镜，阳刚帅气，行走姿势"，保持其他选项为默认设置，单击【生成】按钮，快速生成3D白模型，如图3-41所示。

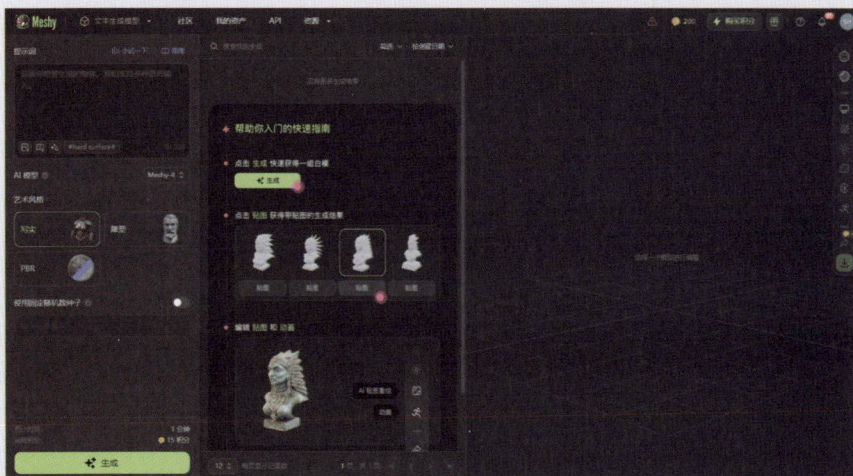

图3-40

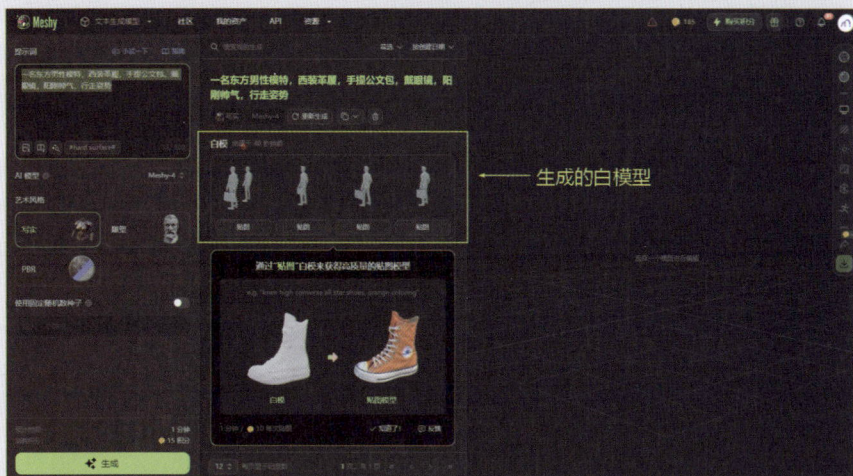

图3-41

③ 默认生成4个白模型，选择其中一个白模型预览模型效果，如图3-42所示。

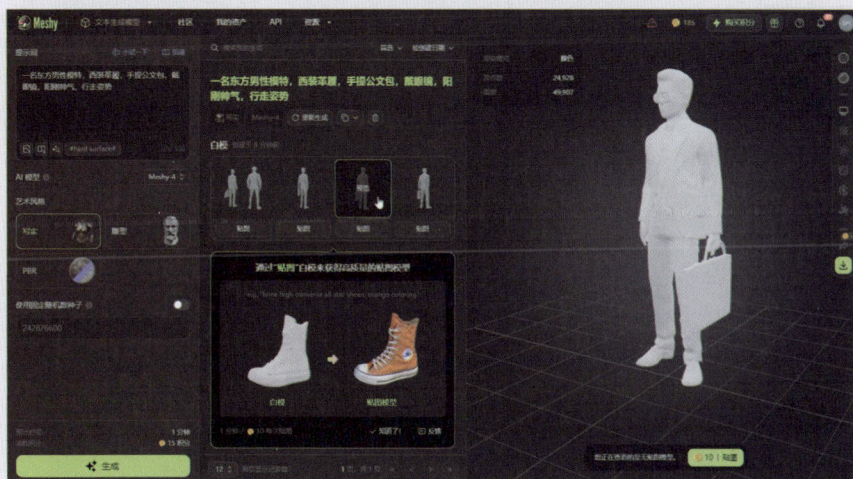

图3-42

④ 在所选白模型下方单击【贴图】按钮，为白模型添加贴图纹理，使其看起来更加真实，图像质量也更高，如图3-43所示。

图3-43

⑤ 在图像预览区单击【下载】按钮 📥，将3D模型下载到本地文件夹中。

### 【例3-8】Meshy AI图片生成模型

① 单击操作界面左上角的 ⓜMeshy 图标，返回Meshy AI的主页界面。

② 选择【图片生成模型】模式，进入图片生成模型操作界面，如图3-44所示。

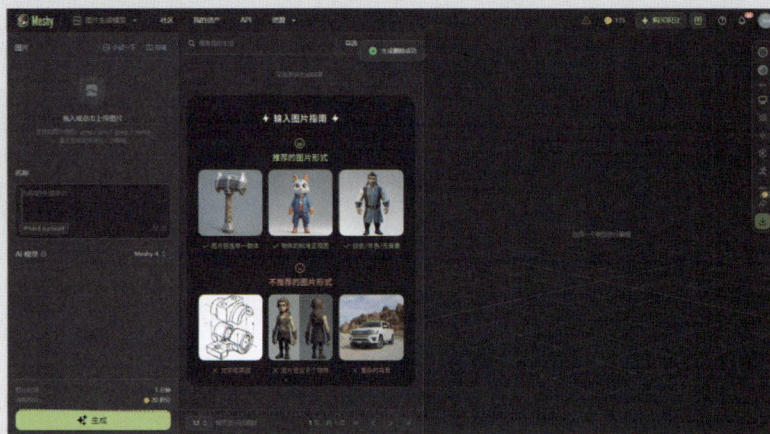

图3-44

③ 在【图片】选项区单击【拖入或点击上传图片】按钮，将本例文件夹中的"台灯.jpg"图片导入，AI系统会自动识别图片并给图片一个标题（显示在【名称】文本框），如图片名称不合理可以重新输入，如图3-45所示。

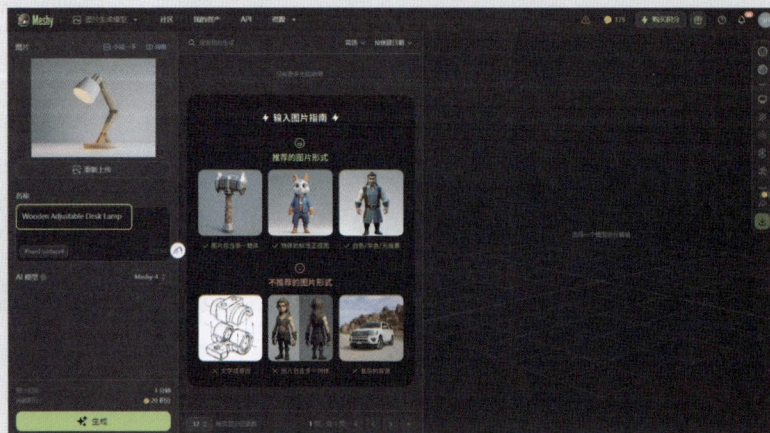

图3-45

04 单击【生成】按钮，快速生成模型，在模型预览区显示模型，如图3-46所示。

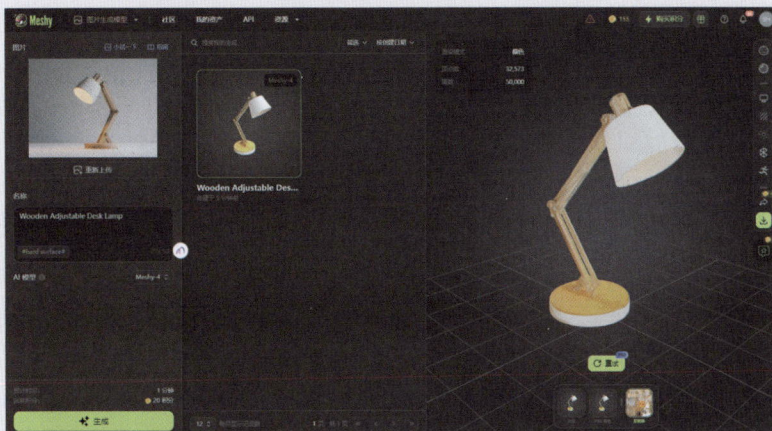

图3-46

05 单击【下载】按钮，将模型下载到本地文件夹中。

【例3-9】Meshy AI材质生成

01 单击操作界面左上角的 Meshy 图标，返回Meshy AI的主页界面。

02 选择【AI材质生成】模式，进入材质生成操作界面，如图3-47所示。

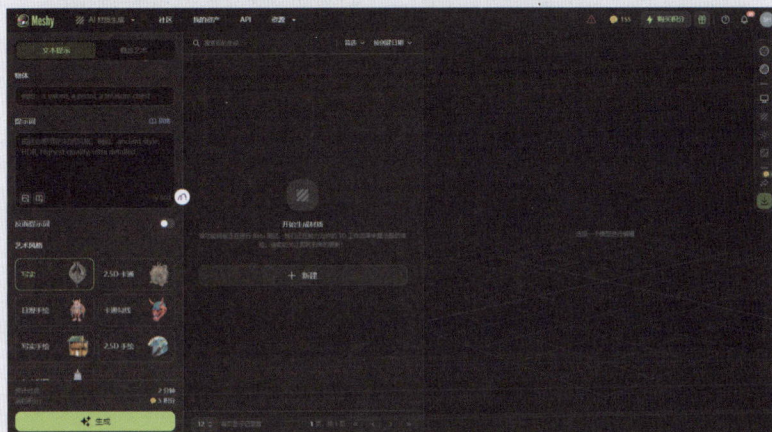

图3-47

03 单击【新建】按钮，弹出【创建新项目】对话框。单击【拖放文件到这里或点击上传】按钮，命名项目后将本例源文件夹中的"无人机.stl"模型文件导入，单击【创建】按钮完成操作，如图3-48所示。

图3-48

**04** 在【物体】文本框内输入"一架四旋翼无人机"。在【提示词】文本框内输入"机身整体碳纤维，银灰色，机翼PC材质，黑色，支架钢材质，颜色黑色。"

**05** 保持其他选项为默认设置，单击【生成】按钮，如图3-49所示。

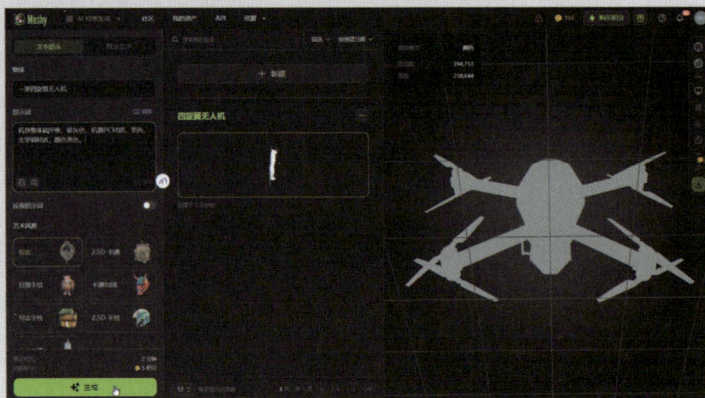

图3-49

**06** 生成材质后，预览模型材质，如图3-50所示。最后单击【下载】按钮，将模型和材质下载到本地文件夹中。

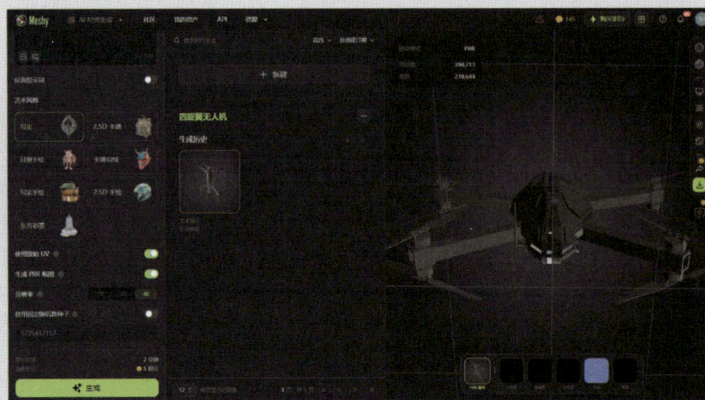

图3-50

### 【例3-10】Meshy AI文本生成体素

这里的"体素"是指由正方体块构成模型，例如磁力方块玩具就是由小小磁力方块组成的。

**01** 单击操作界面左上角的 Meshy 图标，返回Meshy AI的主页界面。

**02** 选择【文本生成体素】模式，进入文本生成体素操作界面，如图3-51所示。

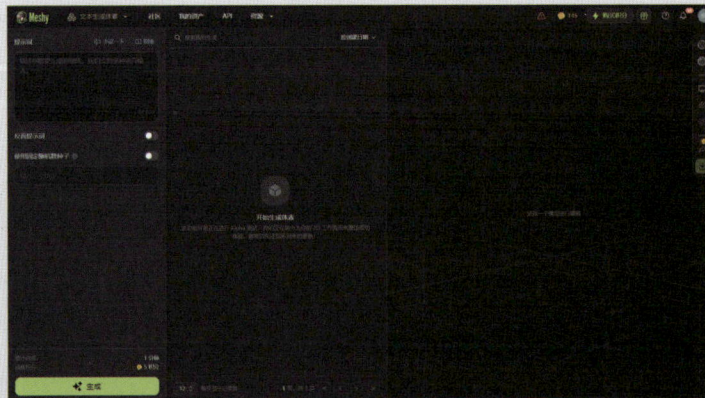

图3-51

03 在【提示词】文本框内输入"一架F22战机",单击【生成】按钮,生成体素模型,如图3-52所示。

图3-52

04 最后单击【下载】按钮，将模型和材质下载到本地文件夹中。

## 3.3 基于卫星地图的3D模型生成

CADMAPPER是一款利用地图数据快速建立简易三维模型的强大工具，可生成CAD图纸、SketchUp模型、Rhino模型和Illustrator模型等。CADMAPPER也是一款在线设计平台，需要联网才能完成设计工作。CADMAPPER的官网地址为https://cadmapper.com/，网页首页（使用谷歌网页翻译器翻译为中文网页）如图3-53所示。

图3-53

CADMAPPER可以免费使用并可下载模型文件。但也有一定限制，首先是能打开GPS地图，其次是只能免费下载局部地图所生成的模型，面积越大收费越贵。本节之所以要介绍CADMAPPER软件，原因是它除了免费使用之外，还可以参照一些高层建筑的外形来设计用户所需的建筑。如果是做城市规划设计，更是可以利用它来完成大规模的建筑集群和地理规划设计。

要免费使用CADMAPPER，需要注册一个账号。在平台页面的左上角单击【注册】按钮，如果已经创建了账号，可直接进入CADMAPPER设计界面中，如图3-54所示。

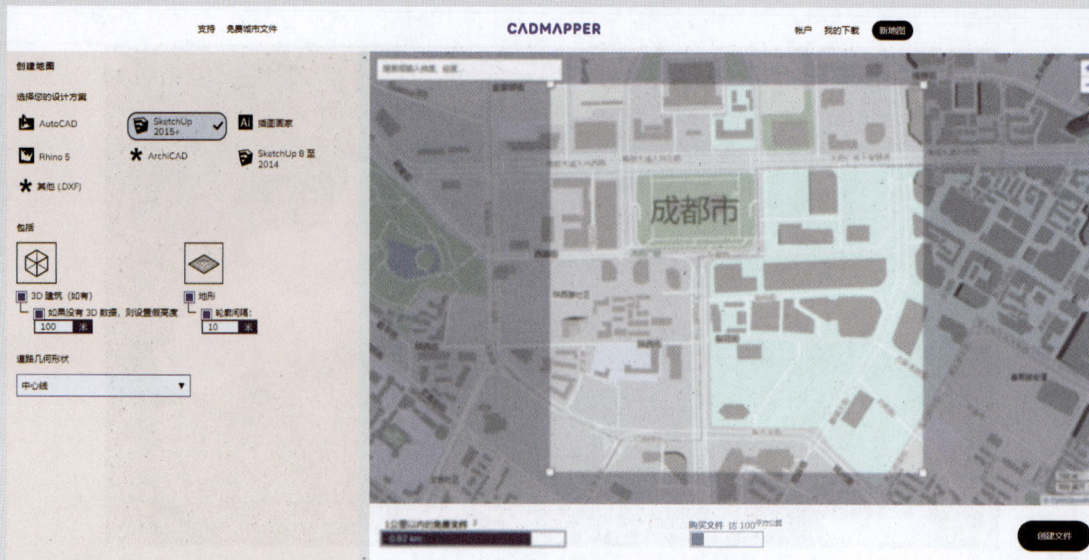

图3-54

CADMAPPER需要地图数据，如果不能使用网络实时查看地图，那就下载离线的地图包，可单击设计界面顶部的【免费城市文件】按钮，进入免费地图数据下载页面，寻找自己城市或者能免费下载的城市地图，例如可以下载成都、重庆、杭州、上海等地的地图，如图3-55所示。

图3-55

接下来介绍如何创建建筑白模型。白模型就是以简单形状来表达建筑的原型，无材质表现，模型显示为白色。

### 【例3-11】利用CADMAPPER生成建筑白模型

**01** 进入CADMAPPER设计界面。

**02** 在设计界面的左侧选择【SketchUp 2015+】选项，表示可生成SketchUp 2015及以上版本的通用模型，如图3-56所示。

**03** 接着设置三维模型的建筑高度和大致地形轮廓面积，如图3-57所示。

如果用户知道该建筑的建筑高度可以直接输入，没有建筑高度可以假定一个高度，否则AI生成的建筑高度只有默认的3m，我们假定建筑高度为100m（最大只能100），差不多30~40层的楼层数量，如果城市是平原，就不设置轮廓，采用默认值即可。如果属于山地那种地形，可设置为1~10m范围，这样所获得的地形就更精确。

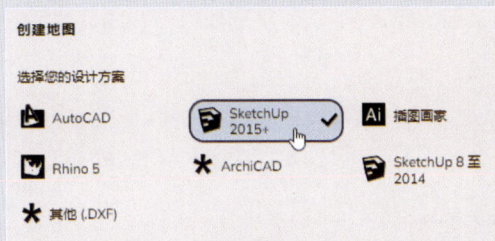

图3-56

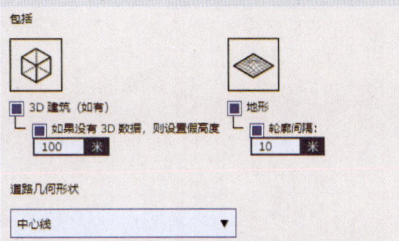

图3-57

04　在设计界面的右侧是项目地理位置的设置区域，本例我们假定城市为成都，在地图搜索栏中输入"chengdu"，按Enter键确认后自动定位到成都市地图，如图3-58所示。

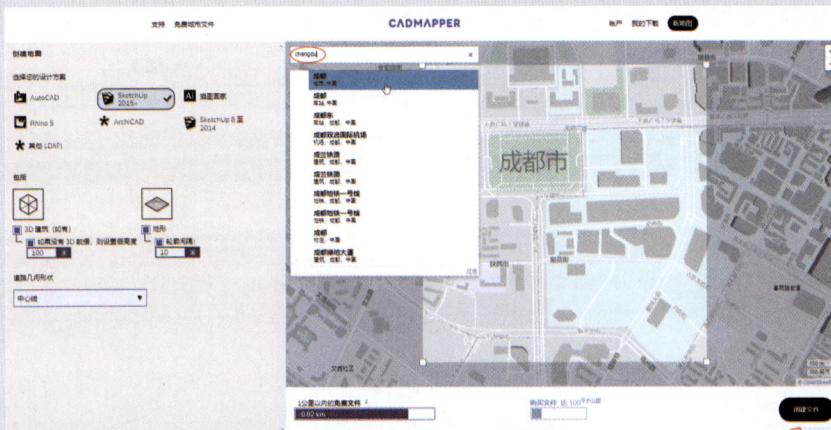

图3-58

05　在地图显示区域中有一个矩形选取框，可拖动角点来改变，这个选取框也是地图建筑模型生成的区域范围，如果要生成多幢建筑，可在选取框最大范围显示地图，但这样一来就增加了模型下载费用，如果是单幢或少数几幢建筑，可将地图放至最大，直至完全显示要创建的建筑范围。这里调整为仅显示一幢建筑的范围，如图3-59所示。

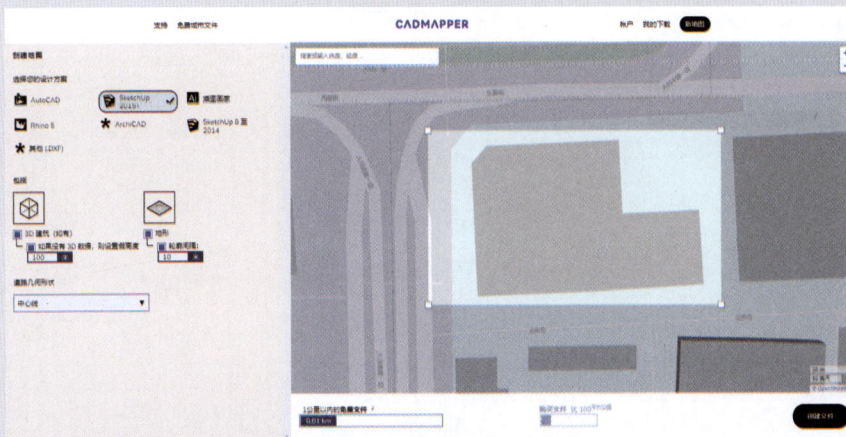

图3-59

06 调整后单击设计界面右下角的【创建文件】按钮，CADMAPPER自动生成建筑模型，如图3-60所示。

07 单击【下载】按钮，将模型下载到本地计算机中储存。

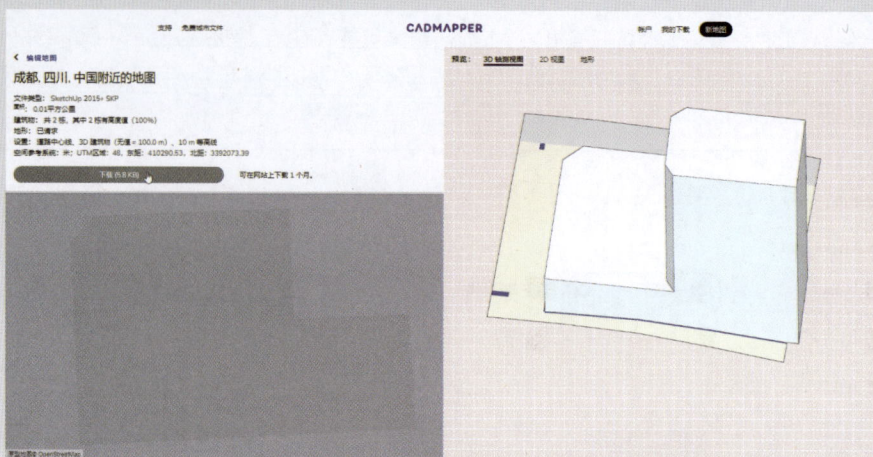

图3-60

08 可单击【编辑地图】按钮，返回CADMAPPER设计界面中重新调整建筑范围，并单击【创建文件】按钮，如图3-61所示。

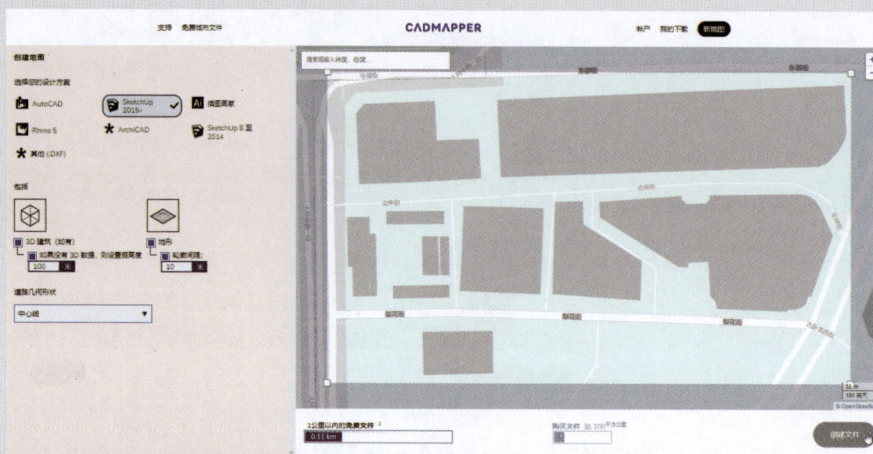

图3-61

09 重新生成的建筑模型如图3-62所示。最后将模型下载到本地。

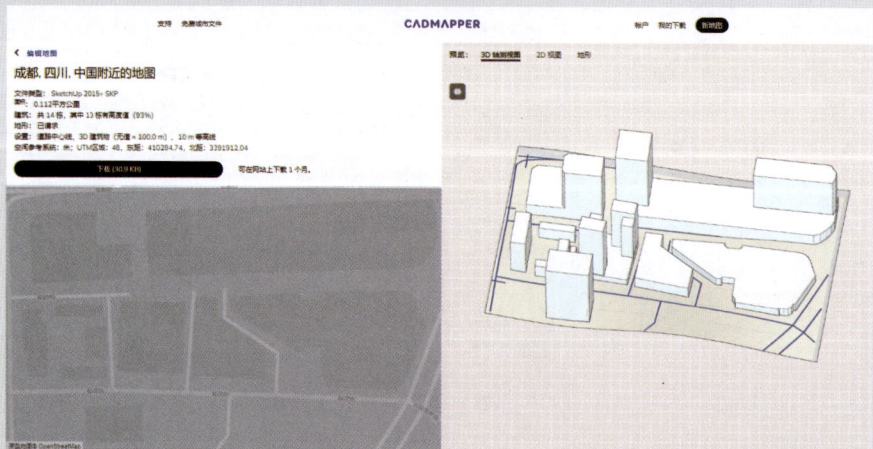

图3-62

## 3.4 基于3D模型的模型重建

Magiz是一款建筑模型生成和快速修改器，在SketchUp中以插件形式存在，易学易用。Magiz仅针对组件模型产生效果，图3-63所示为示例。

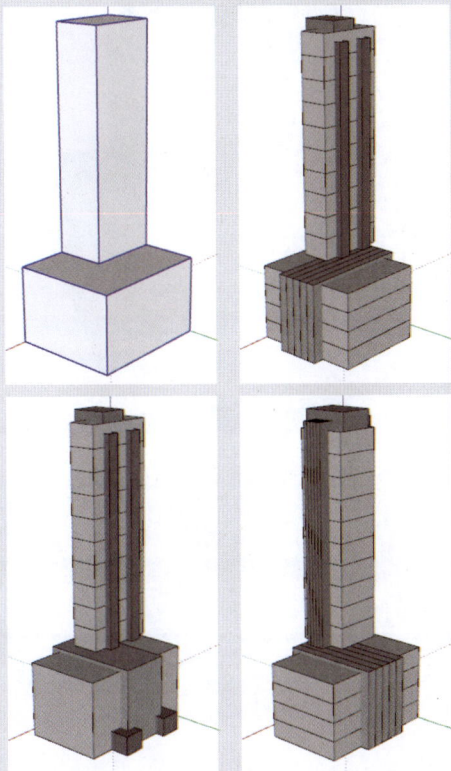

图3-63

接下来继续前一个案例，将CADMAPPER生成的白模型一键生成所需的建筑模型，并可选择最优模型方案。

### 【例3-12】使用Magiz创建和修改建筑模型

01 前一个案例中，从CADMAPPER下载的文件是zip格式的压缩包，需解压这个压缩包，得到skp模型文件。再通过SketchUp打开模型文件，如图3-64所示。

⊙ 提示 ·

Magiz插件有严重的BUG，就是第一次正常使用Magiz后，重启SketchUP后会造成系统崩溃而无法打开软件界面。可删除该插件解决问题，所以使用此插件时要谨慎小心。为了避免出现这种问题，特将Magiz安装文件放置在本例源文件夹中，以便稳定安装与使用。

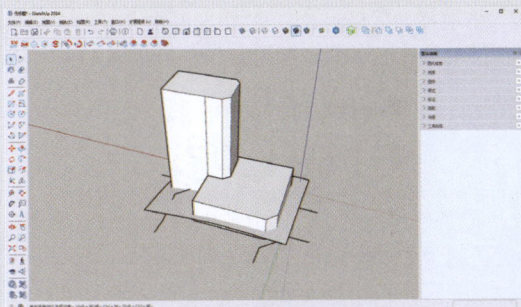

图3-64

02 安装并启用Magiz插件。在SketchUp中执行【扩展程序】|【Extention Warehouse】命令，打开插件管理器。在插件管理器的搜索栏输入"magiz"搜索该插件，搜索到插件后选中插件，如图3-65所示。

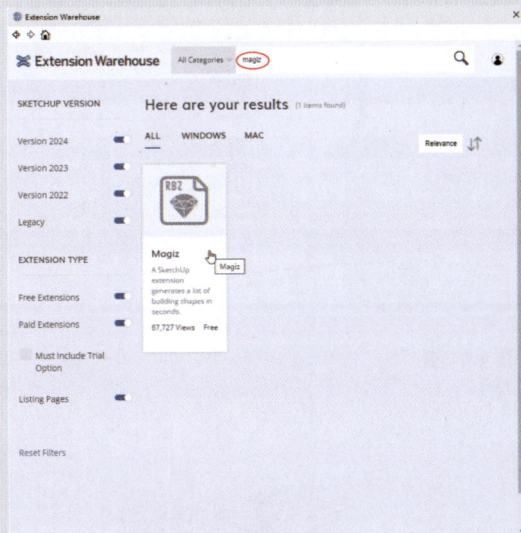

图3-65

03 接着单击【Install】按钮进行安装，如图3-66所示。

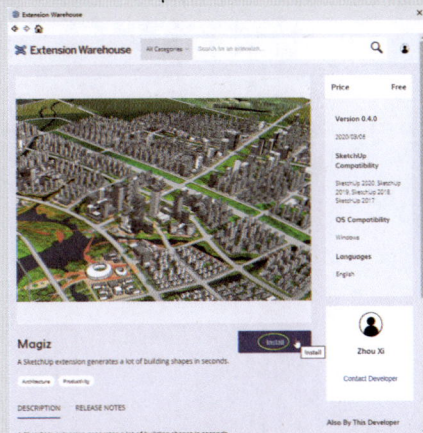

图3-66

**04** 安装插件后SketchUp的图形区中会显示该插件的【Magiz】工具栏，如图3-67所示。

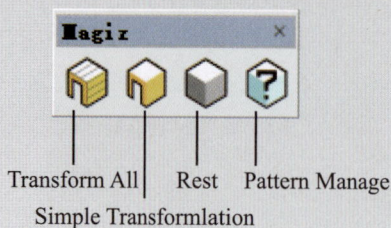

Transform All | Rest | Pattern Manage
Simple Transformlation

图3-67

**05** 载入的模型是一个组件，双击组件进入编辑状态，然后按Ctrl键选择要创建建筑结构的两个对象，再单击【Transform All】按钮自动生成建筑结构模型，如图3-68所示。

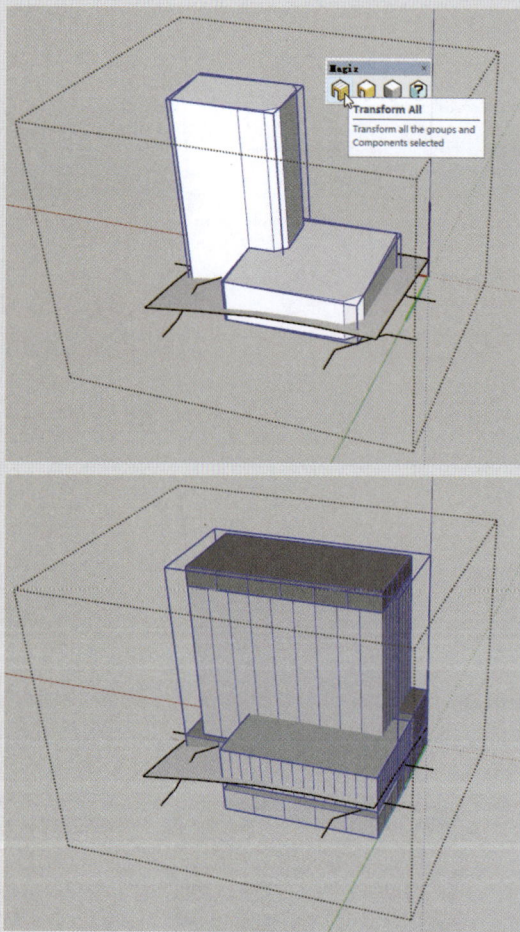

图3-68

**06** 如果对自动创建的模型不满意，可手动修改模型，即删除一些面和线条，再单击【Transform All】按钮完成自动修改，如图3-69所示。

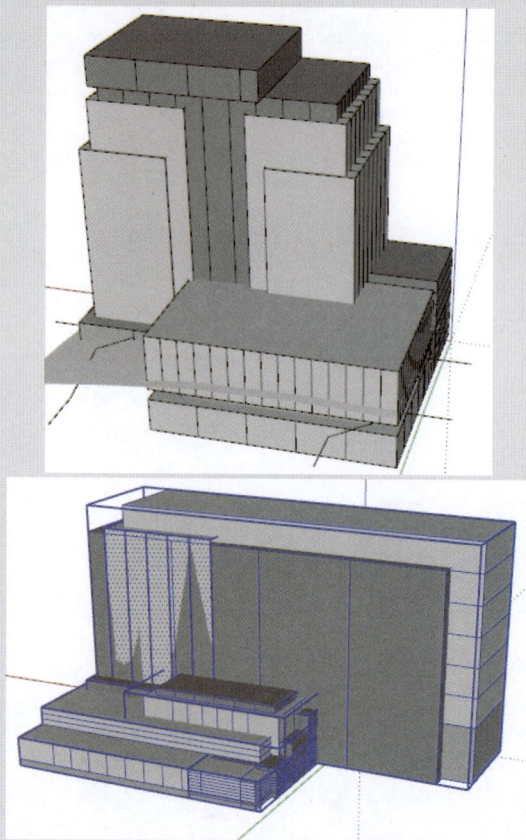

图3-69

**07** 通过修改模型，选择一个最好的模型方案，最后将结果保存。

AI+SketchUp 2024完全实训手册

# 第4章
# AI辅助智能插件设计

本章将深入探讨人工智能（AI）在建筑模型设计中的辅助作用。我们将研究如何利用AI技术改进和优化建筑设计流程，以及这些技术如何帮助建筑师和设计师提高效率和创新性。此外，我们也将讨论AI如何改变建筑行业的未来，并且通过实例探讨AI在实际建筑项目中的应用。

## 4.1 SketchUp扩展插件设计

通常，SketchUp中自带的功能只能做一些比较简单的造型或房屋建筑设计，或者是能够做出来但是要花费大量的时间。对于一些复杂的产品及建筑造型，SketchUp更是无法轻松完成，例如图4-1所示的工艺品及建筑造型。

图4-1

图4-1所示的创意造型，需借助SketchUp的扩展插件才能够轻松完成，否则工作十分烦琐。扩展插件是SketchUp软件商或第三方插件开发作者根据设计师的建模习惯、工作效率及行业设计标准进行开发的扩展程序。这些扩展插件程序有些功能十分强大，有些可能就是比较单一的功能。

下面介绍几种使用或购买插件的方法。

### 4.1.1 SketchUp扩展应用商店

首先我们来看看SketchUp 2024安装后的扩展程序有哪些，执行【扩展程序】|【扩展程序管理器】命令，将打开【扩展程序管理器】对话框。此对话框中列出了SketchUp软件自带的几个插件，如图4-2所示。

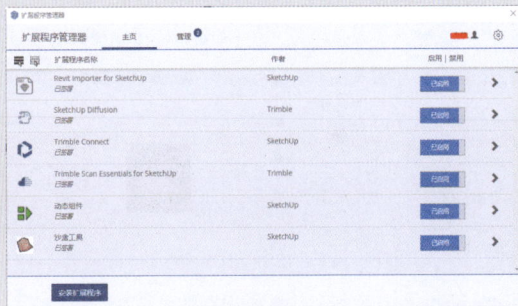

图4-2

如果用户有购买非官方提供的扩展插件，可以单击【安装扩展程序】按钮，将扩展程序.rbz格式的文件打开，然后就可以使用该插件功能。

如果需要使用官方扩展程序商店的插件，可以执行【扩展程序】|【Extension Warehouse】命令，打开【Extension Warehouse】对话框，里面列出了所有可用的行业扩展插件，如图4-3所示。

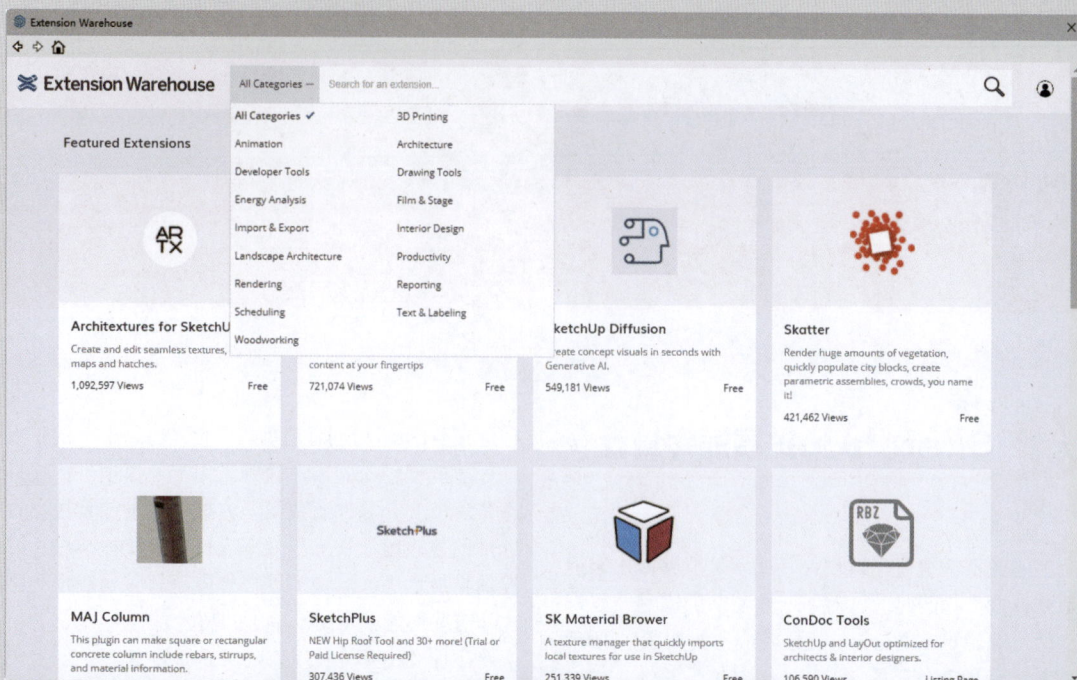

图4-3

　　【Extension Warehouse】对话框默认为英文显示，在类型列表中选择插件类型，或者在搜索栏中输入具体的插件名，或者输入某个行业的关键词，即可找到想要的插件，如图4-4所示。扩展程序商店的插件全是英文版本的，且有一定的试用期限，这对一些英语水平不太好的用户来讲，使用起来较为困难，而且这些插件都没有进行集成与优化，因此笔者推荐使用国内插件爱好者中文汉化后的SketchUp插件。

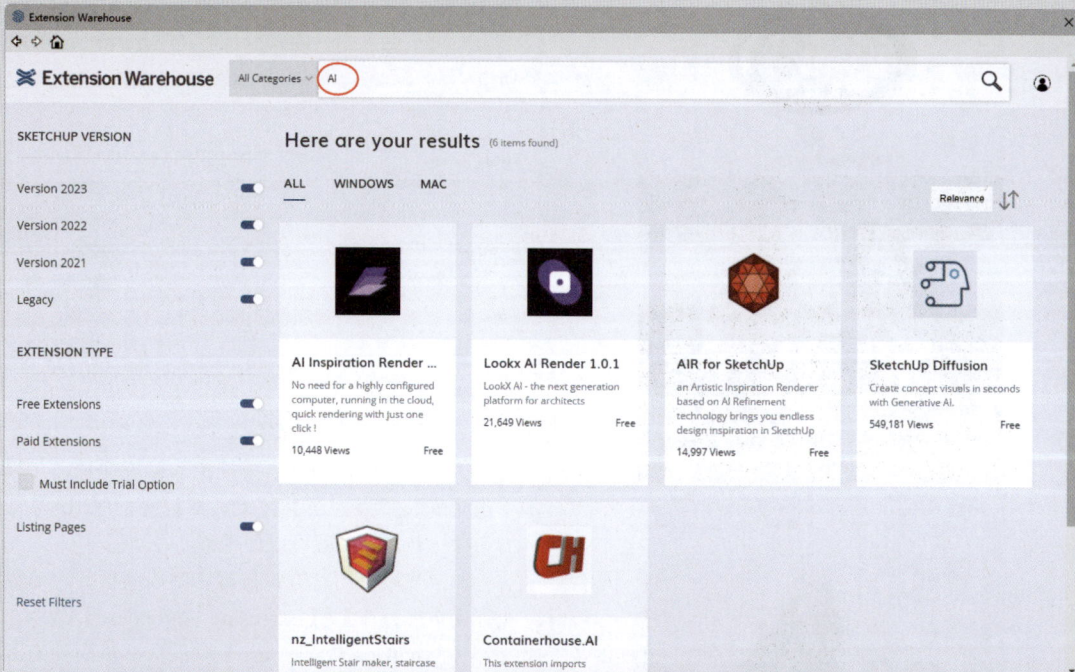

图4-4

目前国内许多SketchUp学习论坛都会向设计师推出一些汉化插件，有免费的也有收费的，收费的汉化插件全都做了界面优化，比较出名的有坯子库、SketchUp吧、紫天SketchUp中文网等。其中，坯子库插件多数是免费使用的，但比较零散，没有集成优化。而SketchUp吧的SUAPP插件与紫天中文网的RBC_Library（RBC扩展库）是付费使用的。

## 4.1.2　SUAPP插件库

SketchUp吧的SUAPP插件库是目前国内应用最为广泛的云端插件库，SUAPP插件库中的插件下载及使用都很简便，同时也便于教学，所以本章以及后续章节中所使用的插件均来自SketchUp吧。

> ◎提示·。
>
> 若想免费使用SUAPP插件库，可以下载SUAPP Free 1.7（离线/免费基础版），有百余项插件功能是免费使用的，可满足日常建模和新手使用。SketchUp中文插件库SUAPP链接地址为https://www.suapp.com/member?scode= U2Ddv5d3ce。

SUAPP Pro 3.7.7插件库是目前最高版本，可应用在SketchUp Pro 2014～2024版本中。到SketchUp吧的官方网站购买使用权限后进行插件安装，安装成功后会在SketchUp中显示【SUAPP 3基本工具栏】工具栏，如图4-5所示。

图4-5

**【例4-1】SUAPP 插件库的插件下载与安装**

进入SketchUp吧官方网站，根据行业设计的需求，在插件库网页窗口的插件分类列表中选择插件分类，例如用于BIM建筑设计的插件，可以在【轴网墙体】【门窗构件】【建筑设施】【房间屋顶】【文字标注】【线面工具】及【三维体量】等分类中去下载相关的扩展插件，如图4-6所示。

图4-6

以下载一个插件为例，介绍插件的下载及安装流程。

**01** 在【SUAPP 3基本工具栏】工具栏中单击【管理我的插件】按钮，即可进入官网下载插件。

**02** 在【轴网墙体】插件分类中找到【画点工具】插件，单击此插件右侧的【安装】按钮，如图4-7所示。

图4-7

**03** 随后弹出添加插件对话框。先选择插件语言，再单击【确定安装】按钮，会自动下载该插件并将该插件安装在SUAPP Pro 3.7.7插件库的面板中，如图4-8所示。

图4-8

**04** 同理，将其他所需的插件一一默认安装在所属的分组中。要想在SketchUp使用这些插件，需在【SUAPP 3基本工具栏】工具栏中单击【SUAPP面板】按钮，弹出【SUAPP Pro 3.7.7（64bit）】面板。图4-9所示为笔者安装了所需的插件后SUAPP面板的显示状态。

05 如果需要删除SUAPP插件库面板中某些不常用的插件，单击【我的插件库】按钮 🐷， 进入插件官网的
【我的插件库】页面，然后选择要删除的插件，单击【删除】按钮即可，如图4-10所示。

图4-9

图4-10

06 执行【扩展程序】|【SUAPP设置】命令，用户可自定义三种布局：工具栏布局、融合布局和侧边布
局。图4-11所示为"融合布局"界面。

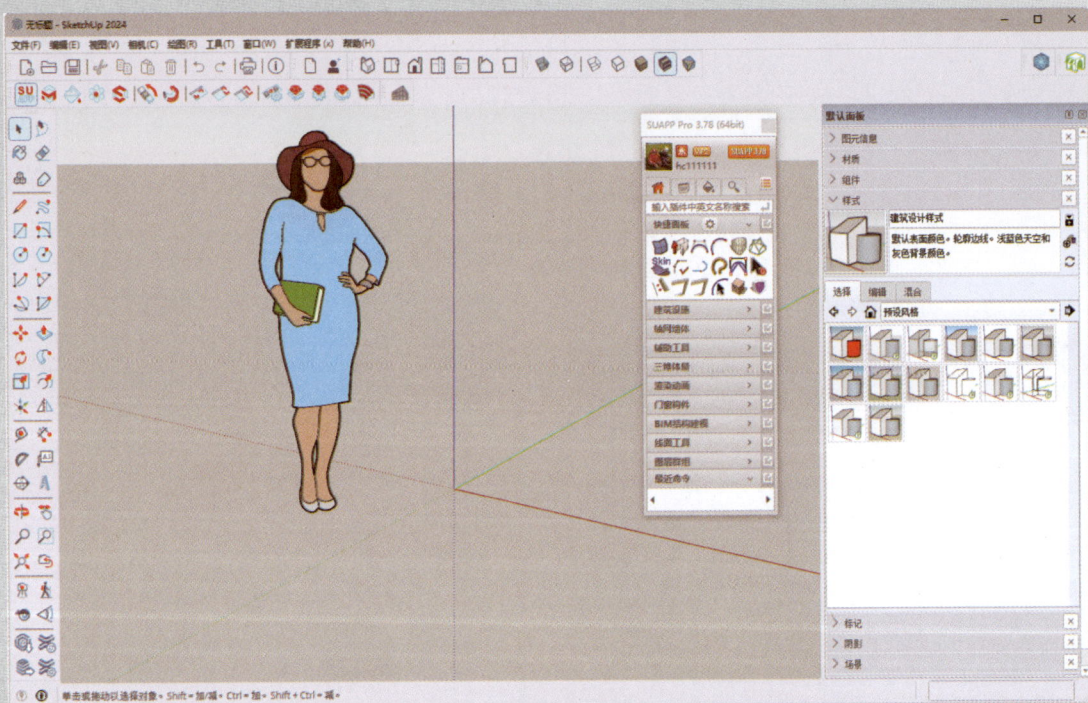

图4-11

07 除了使用插件进行建模，还可以通过在SUAPP插件库面板中单击【我的模型】按钮 🖼️，打开
【SUAPP-SketchUp模型库】对话框来获取上万种免费的SU模型。选中要下载的模型，单击【下载】按钮
可将其下载到当前绘图区中，如图4-12所示。

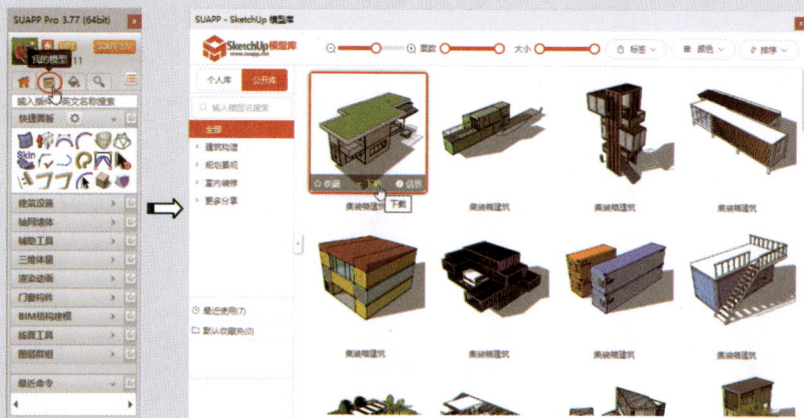

图4-12

## 4.2 基于AI的SketchUp建模方法

SketchUp具有丰富的二次开发能力，SketchUp的二次开发主要通过Ruby API进行，使用Ruby语言来创建插件或扩展，以增强SketchUp的使用功能。

以下是SketchUp的二次开发主题以满足的请求。

- Ruby API：SketchUp提供了Ruby API，允许编写Ruby脚本以执行各种任务，包括创建、编辑和操作模型。可以使用这个API来自动化任务、生成报告、添加自定义工具等。

- 插件开发：可以编写插件来扩展SketchUp的功能。这些插件可以添加新工具、菜单项、工具栏按钮，甚至修改软件的行为。可以使用SketchUp的扩展仓库，如Extension Warehouse来分享的插件。

- 用户界面自定义：可以自定义SketchUp的用户界面，以适应工作流程，包括创建自定义工具栏、上下文菜单、对话框和快捷键。

- 数据导入和导出：SketchUp支持多种文件格式，但也可以编写插件来支持其他格式。这对

于集成到SketchUp的工作流程中非常有用。

- 模型操作：使用Ruby API，可以编写脚本来操作和修改模型，包括创建、删除、移动、旋转、缩放组件、绘制线条、修改材质等。

- 交互性：可以创建具有用户交互性的插件，如绘图工具或模型检查工具。这需要处理用户的鼠标和键盘输入。

- 报告生成：如果需要生成报告或数据输出，可以编写插件来自动提取和处理SketchUp模型中的信息，并将其导出为不同的格式，如CSV、PDF格式等。

- 网络连接：如果需要与Web服务或其他应用程序进行通信，可以编写插件来实现这一功能。

要进行SketchUp的二次开发，需要掌握Ruby编程语言、熟悉SketchUp的Ruby API文档，以及了解三维建模基础。

本节仅介绍利用SketchUp的Ruby API接口，在Ruby控制台中演示Ruby代码运行来创建三维模型。

### 4.2.1 利用ChatGPT生成Ruby代码来创建和更改模型

ChatGPT是人工智能语言大模型，能够按照用户的指令来生成Ruby脚本代码，下面我们用比较简单的几个案例演示如何利用AI来生成Ruby脚本。

【例4-2】利用ChatGPT生成Ruby脚本

01 在ChatGPT中和它进行语言交流，问它一些关于SketchUp的Ruby的问题，让它对Ruby有一个比

较深的认知，如图4-13所示。

02 通过指令让ChatGPT生成Ruby代码，如图4-14所示。

03 单击ChatGPT代码框的【Copy code】按钮，将生成的Ruby代码复制到剪贴板。

61

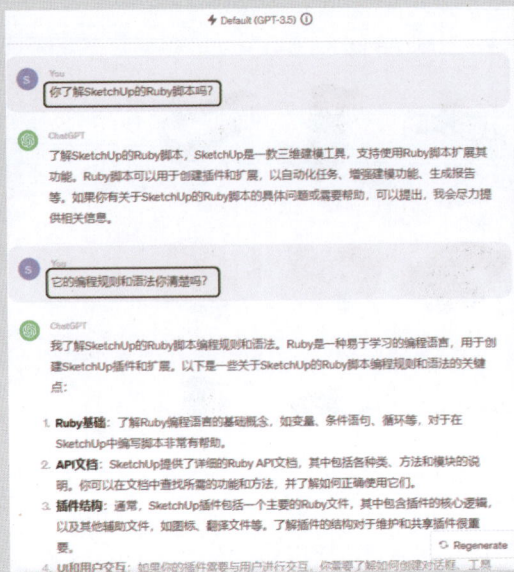

图4-13

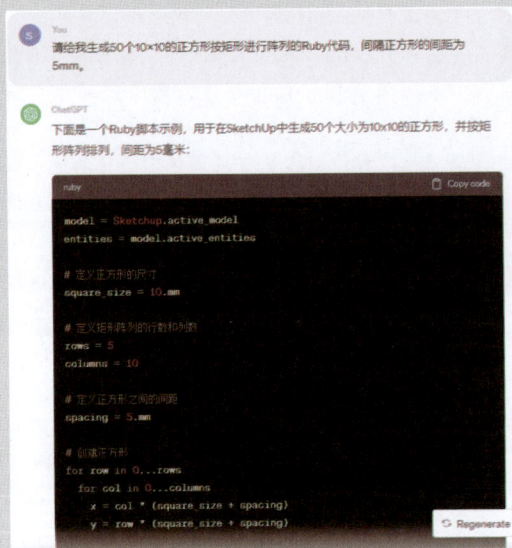

图4-14

**04** 在SketchUp中，执行【扩展程序】|【开发人员】|【Ruby控制台】命令，打开【Ruby控制台】对话框。

**05** 将剪贴板中复制的Ruby代码粘贴到下方的代码编辑区，随后按Enter键确认，Ruby API会自动执行代码，执行的代码会在代码显示区显示，并在SketchUp的图形区中生成三维模型，如图4-15所示。

> ◎提示·•
>
> 　　用户可以在代码编辑区手动修改Ruby代码。

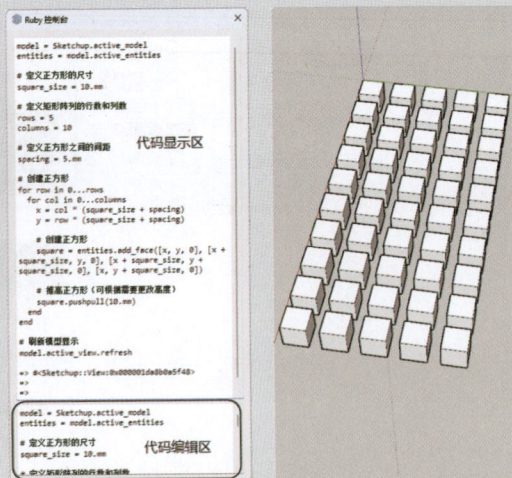

图4-15

**06** 将图形区中的模型面进行删除，仅保留一个面，如图4-16所示。

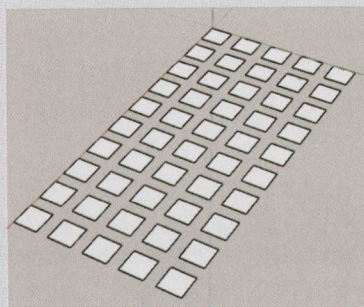

图4-16

**07** 在ChatGPT中重新建立一个对话，并输入新的信息指令"在sketchup 中使用 Ruby，随机推拉多个面，并在输入框中询问最大和最小范围值"，发送信息后让其生成新的Ruby代码，如图4-17所示。

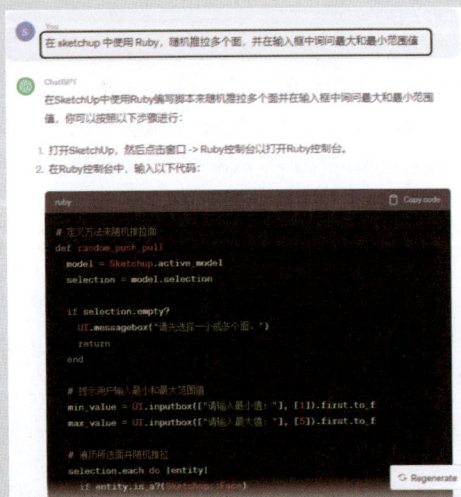

图4-17

**◎提示‧ ·**

　　注意，不要在一个ChatGPT对话中进行其他代码生成操作，原因是ChatGPT有上下文提示功能，即后面生成的代码会受到前面代码的影响，不会生成所需代码。

⑧　复制生成的Ruby代码。在SketchUp中，选中所有的面，再打开【Ruby控制台】对话框，将复制的代码粘贴到代码编辑区中，按Enter键运行代码，如图4-18所示。

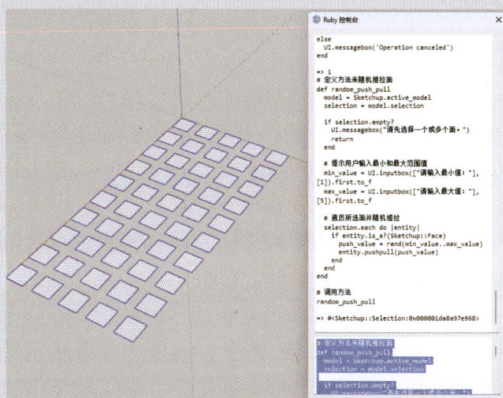

图4-18

⑨　随后会弹出一个【SketchUp】对话框，提示输入推拉的最小值，输入1并单击【好】按钮，接着输入最大值5，单击【好】按钮后，系统自动创建推拉模型，如图4-19所示。

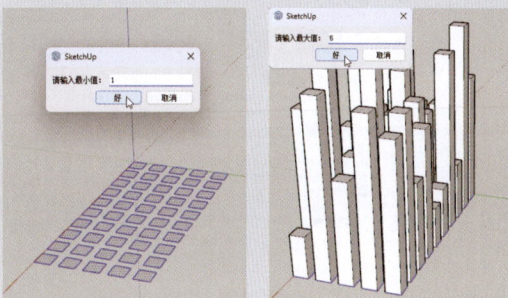

图4-19

**4.2.2　利用ChatGPT生成Ruby代码来随机布局植物**

　　在本例中，将利用ChatGPT生成可随机布局植物的Ruby脚本代码，以在场景中快速布置植物，并非简单的阵列植物，而是将植物随机布置，并且植物的大小各不相同。

⑩　将代码复制并保存到记事本文档中，然后将记事本文件的后缀名.txt改为.rb。将创建好的.rb文件放置到C:\Users\Administrator\AppData\Roaming\SketchUp\SketchUp 2024\SketchUp\Plugins文件夹中，随后可在SketchUp的扩展程序管理器中找到插件，如图4-20所示。

**◎提示‧ ·**

　　这种方法目前还不能从扩展程序管理器中正确调用rb插件，但在启动SketchUp之后可以自动执行插件指令，但效果不会很好。因此，通常要制作成.rbz格式的插件来执行操作。

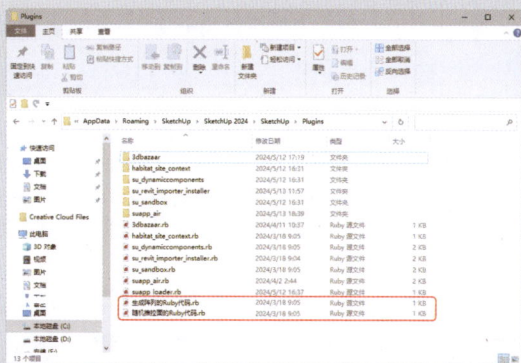

图4-20

**【例4-3】Shap-E由图片生成3D模型**

①　在ChatGPT中新建一个对话，输入信息后按Enter键发送，如图4-21所示。

图4-21

63

**02** 随后ChatGPT自动生成Ruby代码，如图4-22所示。复制代码。

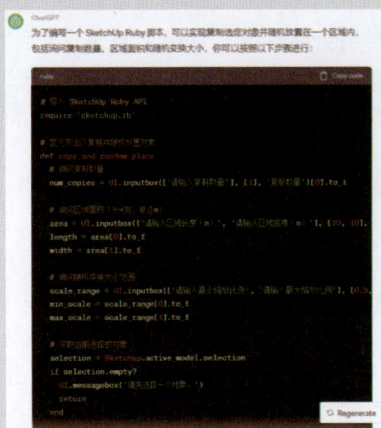

图4-22

**03** 在SketchUp中打开本例源文件夹中的"2D树.skp"文件，将树组件放置在坐标系原点上，如图4-23所示。

**04** 选中树组件，执行【扩展程序】|【开发人员】|【Ruby控制台】命令，打开【Ruby控制台】对话框，将复制的代码粘贴到代码编辑区中。

图4-23

**05** 按Enter键运行代码，弹出【复制数量】询问对话框，提示输入复制数量，输入数量100，然后单击【好】按钮或者按Enter键确认。

**06** 接着会继续提示输入区域面积的长和宽参数、随机变换大小范围等参数，如图4-24所示。

**07** 输入参数后发现并没有自动布置树组件，初步确定是Ruby代码出现问题了，需要将问题表述给ChatGPT，使其修改并重新生成，如图4-25所示。

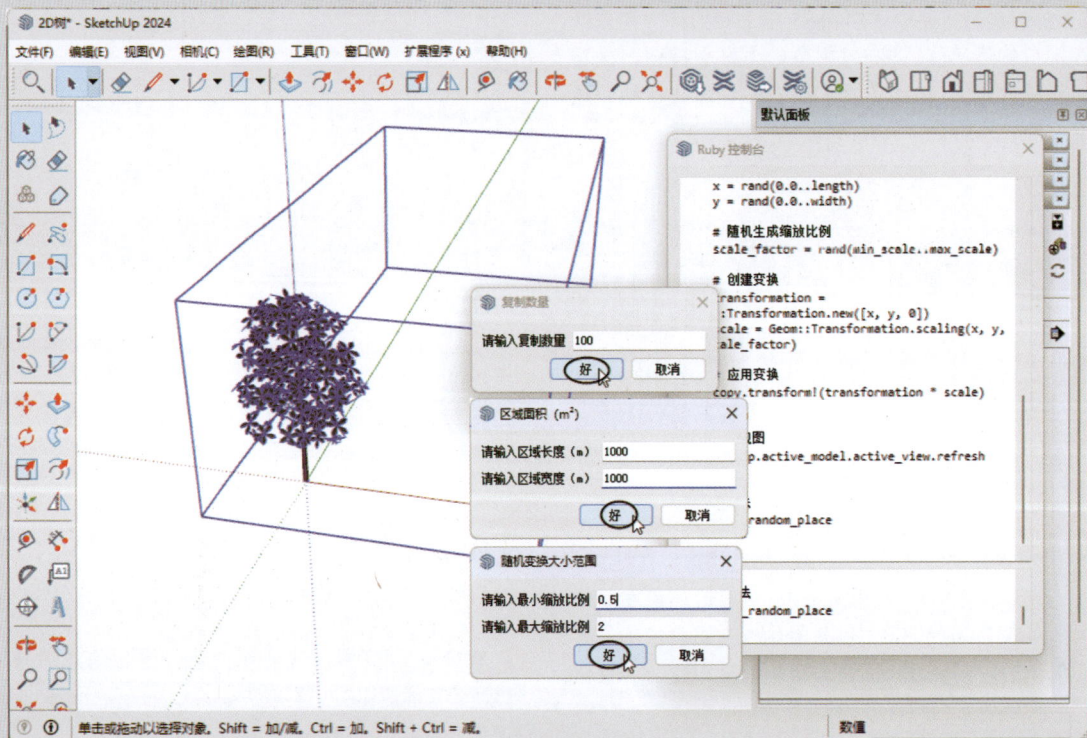

图4-24

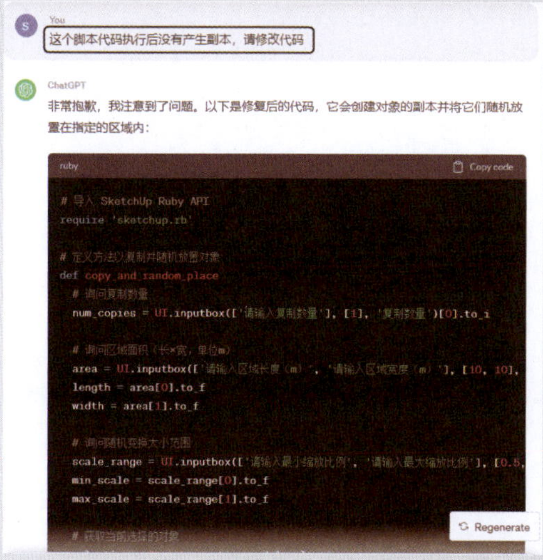

图4-25

**08** 将重新生成的代码复制，再粘贴到SketchUp的【Ruby控制台】对话框中，再运行代码，并依次输入设置参数，系统自动布置树组件，而且是随机布置的树组件，如图4-26所示。

图4-26

**09** 最后将模型结果保存，同时将Ruby代码复制并粘贴到新建的记事本文件中，修改记事本文件名（命名stochastic bush），以备后用。

## 4.3 轻松制作SketchUp插件

如果仅仅是前面这种掐头去尾的Ruby代码，是很难用作SketchUp的插件进行调用的，这就需要自定义插件按钮、信息提示等功能。这里仅以制作"随机布置组件"插件为例，下面介绍操作步骤。

### 【例4-4】制作rb插件

**01** 真正意义上要制作成功插件，ChatGPT是无法完成这项工作的，因为它并非无所不能，必须得有参考才能生成合格的代码。在本例源文件夹中为初学者准备了"完整插件程序参考.txt"文件，可作为ChatGPT生成正确代码的参考提示词。

**02** 接下来在ChatGPT中继续前面的聊天话题，输入新的信息指令。先输入"那么请继续给我生成能实现菜单栏图标、工具栏图标、工具提示图标及底部状态栏的信息提示等代码，以及工具条提示等代码，将这些代码和前面一个代码合并为新代码。代码参考如下"，按Shift+Enter组合键跳行，随后将插件程序参考的文本粘贴进去，如图4-27所示。

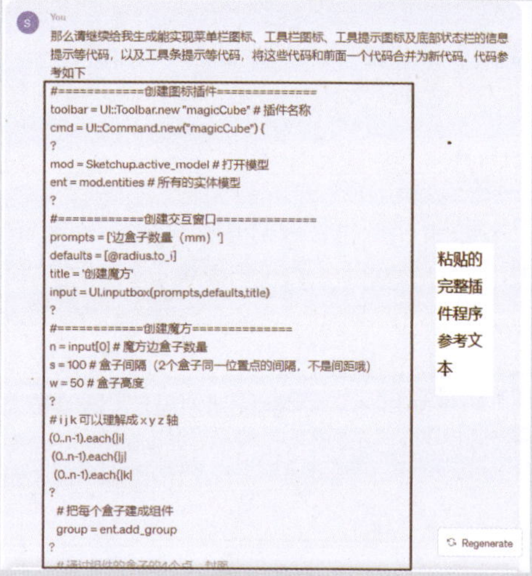

图4-27

**03** 此时ChatGPT会按用户提出的要求重新生成代码，结果如图4-28所示。

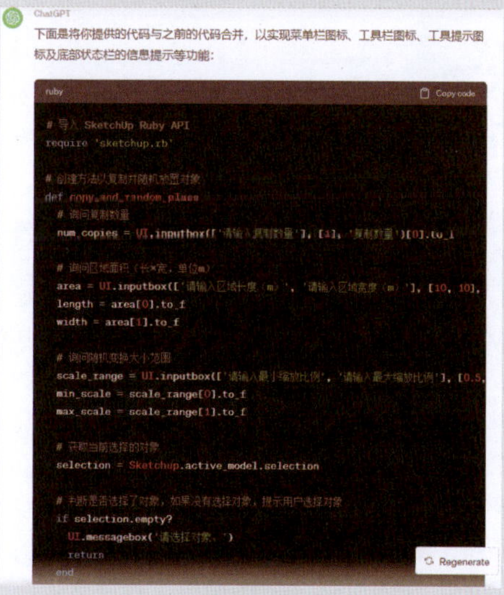

图4-28

**04** 将代码复制，然后新建一个空白记事本文档，将代码粘贴到记事本文档中，查看代码，特别是关于插件图标名称、工具条提示文本和状态栏文本的文字需要修改，还有就是插件图标的路径可根据实际情况修改，最好是将两个图标放在不会改变的文件路径下。要修改的部分如图4-29所示。

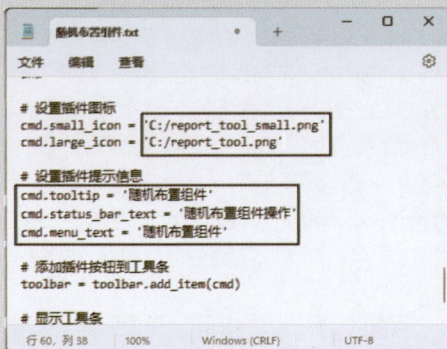

**图4-29**

⊙**提示**⊙

图标大图片的分辨率为24×24，小图片为16×16。最好放在C盘根目录中。

**05** 保存文档，接着修改文档名为"随机布置组件"，并将文档的后缀名.txt改为.rb，转换成插件文件，如图4-30所示。

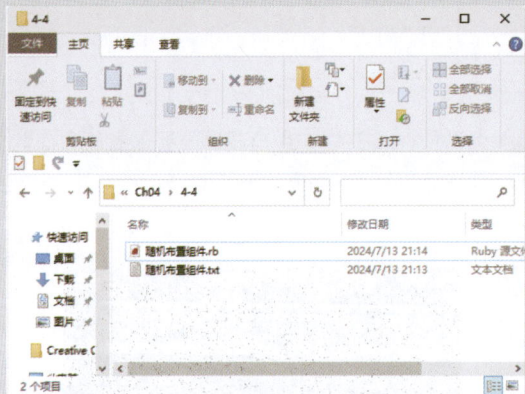

**图4-30**

**06** 将创建的"随机布置组件.rb"插件文件放置在SketchUp的插件路径下（C:\Users\Administrator\AppData\Roaming\SketchUp\SketchUp 2024\SketchUp\Plugins），如图4-31所示。

**07** 重启SketchUp，选择模板后自动进入SketchUp工作环境中，图形区中会自动显示无名的工具条（代码中没有这个提示，可让ChatGPT继续添加这段代码），这个无名工具条中的工具就是之前创建

的插件，将光标移动到图标上，会显示提示，状态栏中也会显示相应提示，如图4-32所示。

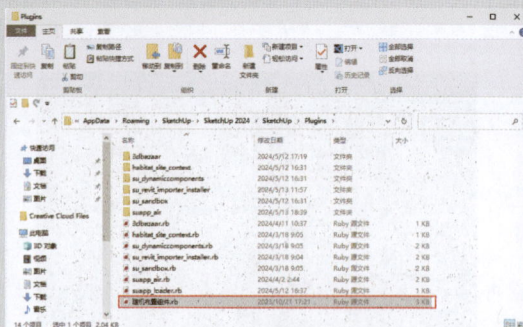

**图4-31**

**图4-32**

**08** 接下来验证插件是否能够正确创建出所需的组件对象。先选中图形区中的人物组件，然后单击【随机布置组件】按钮，会弹出【复制数量】对话框，提示输入数量值，输入10，单击【好】按钮，如图4-33所示。

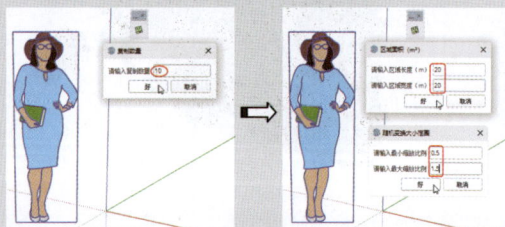

**图4-33**

**09** 接着依次输入布置区域面积参数和随机变换大小范围值，最后单击【好】按钮，自动创建随机布置的组件模型，如图4-34所示。

**图4-34**

AI+SketchUp 2024完全实训手册

## 4.4 综合案例：基于AI的模型创建与修改

本例是通过由AI创建的插件来随机布置模型、修改模型，操作步骤如下。

### 1. 随机布置图形

**01** 新建SketchUp文件，选择米单位模板进入建模环境。

**02** 在大工具集中单击【矩形】按钮⬜，绘制一个任意尺寸的矩形，如图4-35所示。

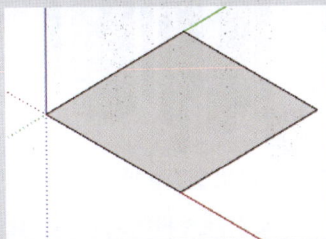

图4-35

**03** 框选矩形和矩形面并右击，在弹出的快捷菜单中执行【创建组件】命令，创建组件对象。

**04** 单击【随机布置组件】按钮⬛，弹出【复制数量】对话框。在【复制数量】对话框中输入10，单击【好】按钮，如图4-36所示。

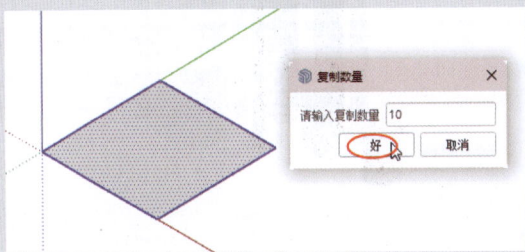

图4-36

**05** 接着在弹出的【区域面积】对话框中输入区域长度为50000、区域宽度为50000，再单击【好】按钮，如图4-37所示。

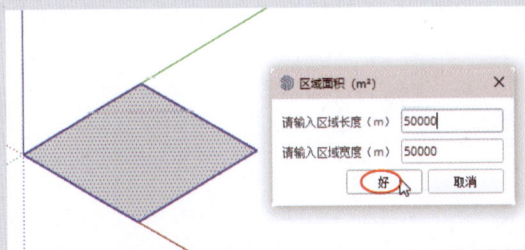

图4-37

**06** 在随后弹出的【随机变化大小范围】对话框中设置最小缩放比例为0.5、最大缩放比例为3，最后单击【好】按钮完成设置，如图4-38所示。

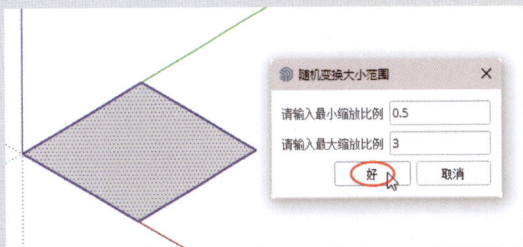

图4-38

**07** 随机布置的组件模型如图4-39所示。框选所有组件，右击并在弹出的快捷菜单中执行【炸开模型】命令将其炸开。

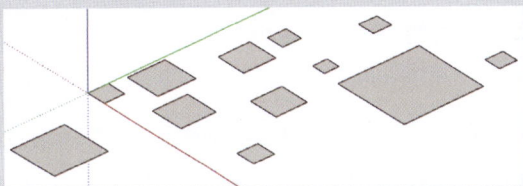

图4-39

### 2. 随机推拉成模型

**01** 双击打开前面"例4-2"案例中所生成的"随机推拉面的Ruby代码"记事本文件，将记事本中的代码全部复制。

**02** 在SketchUp中框选所有的矩形面，接着执行【扩展程序】|【开发人员】|【Ruby控制台】命令，打开【Ruby控制台】对话框。将复制的代码粘贴到对话框中并按Enter键发送，如图4-40所示。

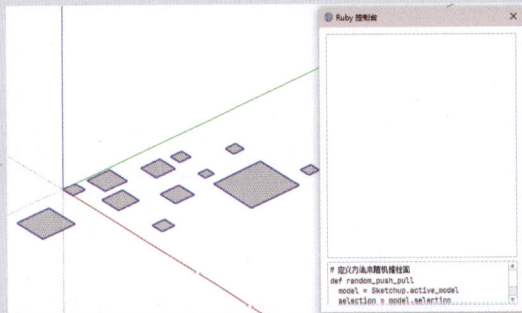

图4-40

**03** 在随后弹出的对话框中输入最小值为10000、最大值为100000，如图4-41所示。

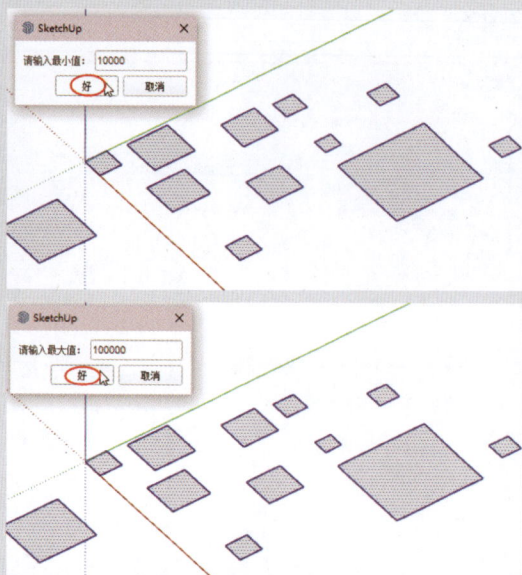

图4-41

**04** 随机自动推拉面的结果如图4-42所示。将创建的推拉面各自创建出组件模型。

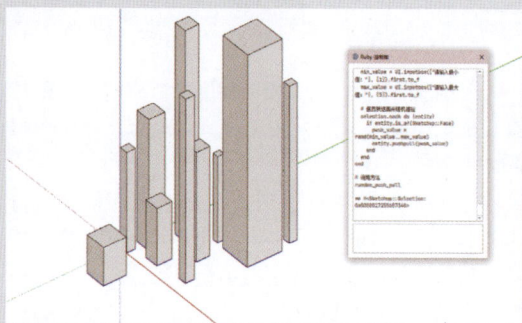

图4-42

### 3.修改模型

**01** 框选所有的组件模型，在【Magiz】工具栏中单击【Transform All】按钮，创建精细的建筑模型，如图4-43所示。

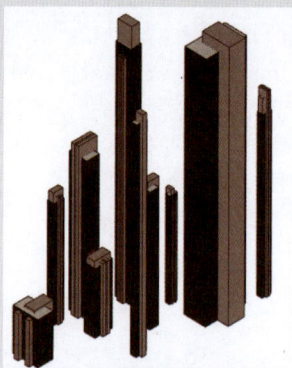

图4-43

**02** 可以单独修改某组件模型，能得到其他建筑结构的模型，如图4-44所示。

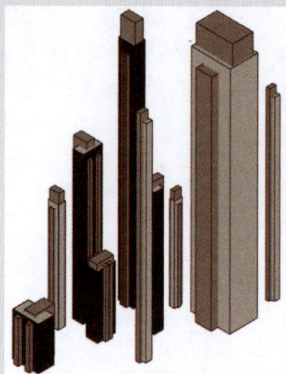

图4-44

# 第5章
# AI辅助材质生成与应用

SketchUp的材质组成大致包括颜色、纹理、贴图、漫反射和光泽度、反射与折射、透明度、自发光等。材质在SketchUp中应用广泛，它可以将一个普通的模型添加上丰富多彩的材质，使模型展现得更生动。

## 5.1 制作SketchUp材质

SketchUp的材质分两种，一种是系统材质库中的材质，另一种是用户自定义的材质。接下来详细介绍材质的自定义方式。

### 5.1.1 利用Architextures自定义材质

Architextures创建于2020年，总部位于苏格兰格拉斯哥，如今已成为全球最大的数字材料库。作为材料世界的数字化平台，Architextures 使全球超过50万名建筑师和设计师能够便捷地查找、创建和下载各种材料。

Architextures的创始团队由建筑师、室内设计师和软件开发人员组成。Architextures网络应用提供流行的CAD和BIM格式的纹理，可免费用于个人和教育用途。专业账户可用于商业用途和更多高级功能。

【例5-1】利用Architextures自定义"瓦屋顶"材质

01 在SketchUp中执行【扩展程序】|【Extension Warehouse】命令，打开【Extension Warehouse】对话框。

02 在【Extension Warehouse】对话框中输入"Architextures"并搜索，找到【Architextures for SketchUp】插件，选择此插件，如图5-1所示。

03 进入【Architextures for SketchUp】插件下载页面，单击【Install】按钮，安装此插件程序，如图5-2所示。

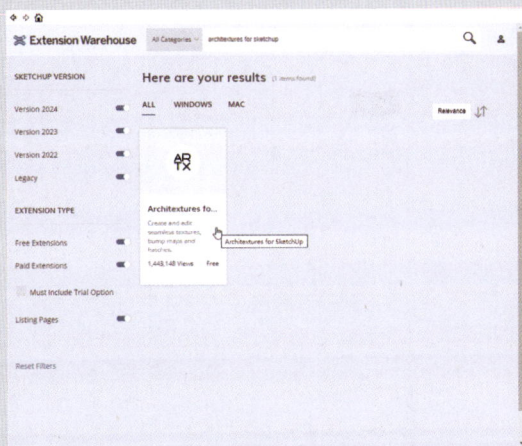

图5-1

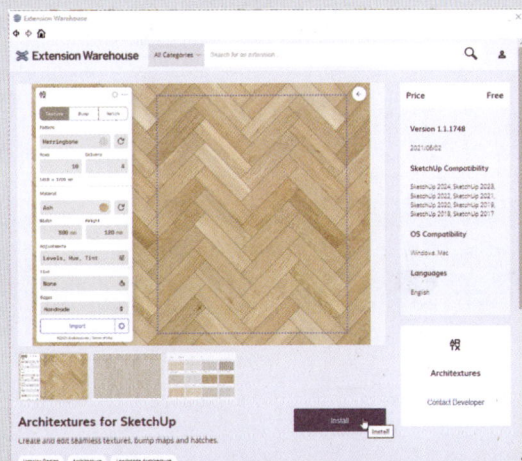

图5-2

04 安装完成后，执行【扩展程序】|【Architextures】命令，打开【Architextures for SketchUp】窗口，如图5-3所示。该窗口中列出了很多可下载、可编辑的材质，用户可根据需要编辑材质再下载。

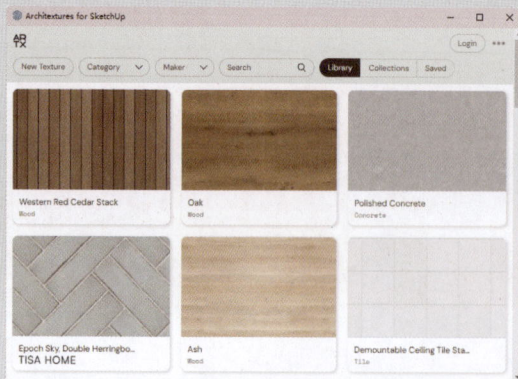

图5-3

**05** 若需要新建属于自己的专属材质，可单击
【New Texture】按钮，进入材质创建页面，如
图5-4所示。

**06** 为了方便新手用户学习，可打开https://
architextures.org/create网页，利用谷歌翻译器将
英文翻译为中文，图5-5所示为翻译中文后的网页
界面。

**07** 首先设置图案。在【图案】列表中单击❀图
案，弹出【选择图案】对话框，接着在【类别】列
表中选择【屋顶】类别，如图5-6所示。

图5-4

图5-5

70

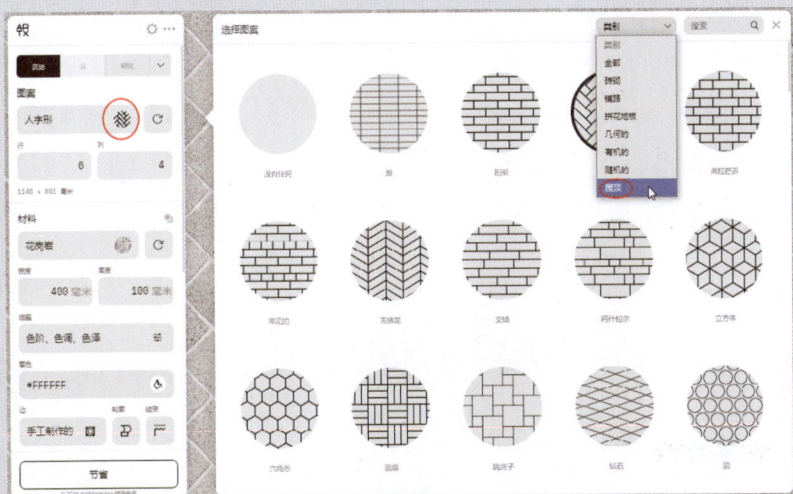

图5-6

**08** 【屋顶】类别中包含9种图案，第一排的5种图案是免费的，第二排为专业版用户才能使用的4种图案。选择【六角形】图案，如图5-7所示。

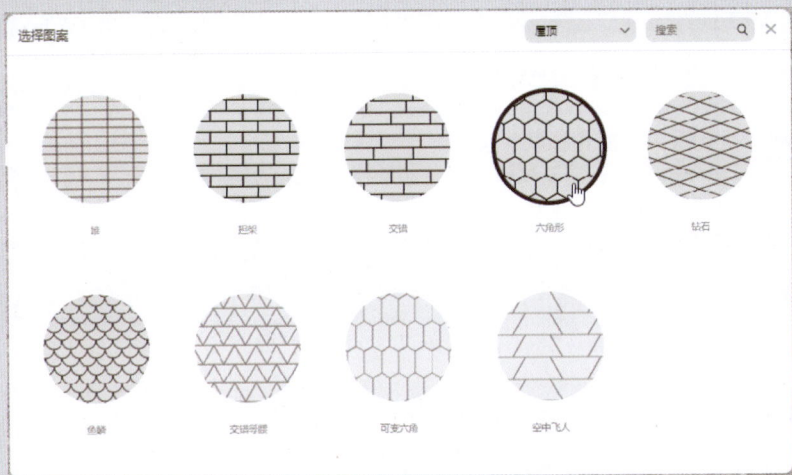

图5-7

**09** 重新设置图案的【行】数为8、【列】数为4。单击【材料】按钮 弹出【选择材质】对话框，选择【红砂岩】材质作为当前新材质，如图5-8所示。

图5-8

⑩ 其余参数保持默认设置，单击【节省】按钮完成材质的自定义，并在随后弹出的【节省】对话框中单击【下载】按钮，将图像文件下载到本地，如图5-9所示。

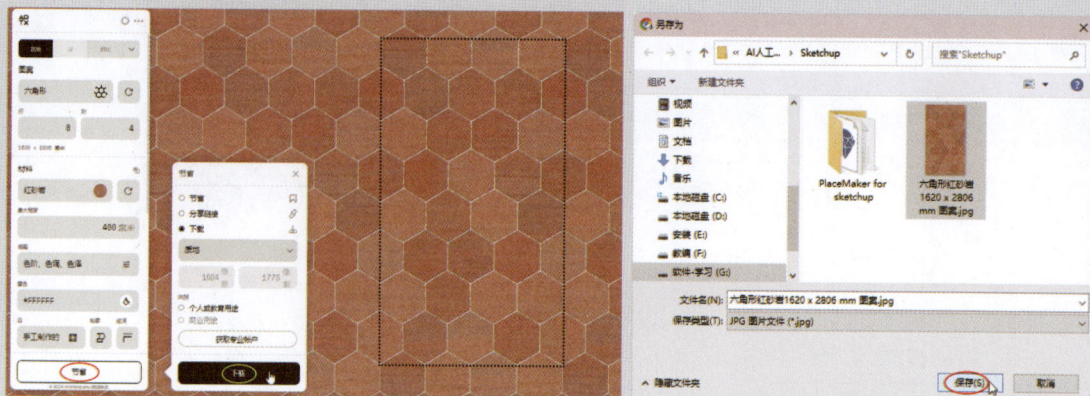

图5-9

## 5.1.2 基于AI的材质生成

Polycam的AI纹理生成器是一种利用人工智能技术来生成或优化纹理的工具。这个生成器可以从照片、3D扫描或其他输入源中提取纹理信息，并生成高质量的纹理贴图。其主要功能包括以下几种。

■ 自动纹理生成：通过AI算法自动生成细致的纹理，减少手动创建和编辑纹理的工作量。

■ 纹理优化：提高纹理的分辨率和质量，使其适用于高要求的3D建模和渲染。

■ 细节增强：根据输入的数据自动增强纹理的细节，使其更加逼真。

■ 风格转换：将一种纹理风格转换为另一种风格，帮助用户快速适配不同的设计需求。

■ 兼容性：生成的纹理可以与各种3D建模和渲染软件兼容，例如Blender、Unity、Unreal Engine等。

Polycam的首页（https://poly.cam/library）界面如图5-10所示。Polycam操作界面默认为英文，图中界面是网页翻译的结果。

图5-10

【例5-2】基于Polycam的材质生成

① 在Polycam的首页左侧面板中选择【产生】模块进入AI材质生成器页面，如图5-11所示。

图5-11

**02** 在提示词文本框内输入 "Rusty, old-fashioned iron.（长满铁锈的铁皮，陈旧感十足）"，然后单击【产生】按钮 ，自动生成铁锈皮材质，如图5-12所示。

图5-12

**03** Polycam生成了4种材质，可将材质下载到本地文件夹中，但前提是需要用户付费升级为专业版，如图5-13所示。

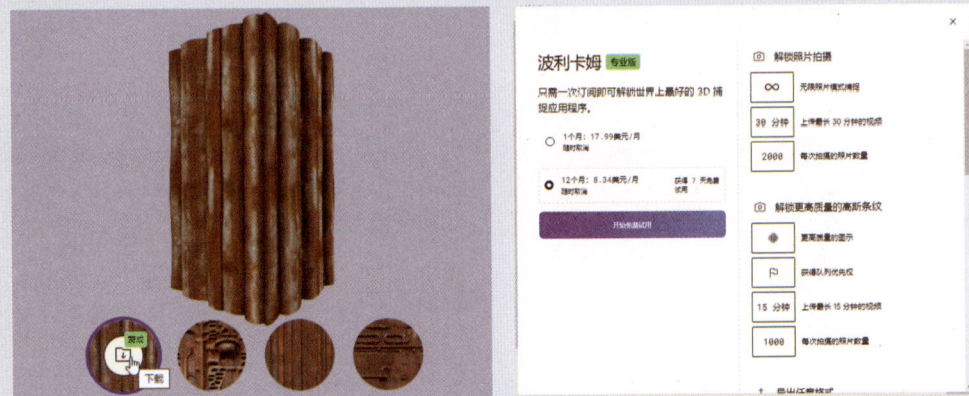

图5-13

## 5.2 使用SketchUp材质

在SketchUp中使用材质，可在默认面板的【材质】卷展栏中将材质库里的材质或自定义的材质应用到所选模型上。

### 5.2.1 制作SketchUp材质文件

如果是用户自定义的纹理贴图，需要将其制作成SketchUp材质，这样才能将其应用到模型上。

【例5-3】生成材质文件

SketchUp的材质除了系统自带的材质库以外，还可以下载添加材质，也可以利用材质生成器自制材质库。材质生成器是个自行下载的"插件"程序，它可以将一些*.jpg、*.bmp格式的素材图片转换成*.skm格式，SketchUp可以直接使用。

01 在本例源文件夹中双击 SKMList.exe 程序，弹出【SketchUp材质库生成工具】对话框，如图5-14所示。

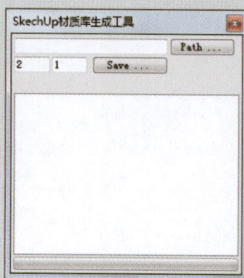

图5-14

02 单击 Path ... 按钮，选择想要生成材质的图片文件夹，如图5-15所示。

图5-15

03 单击 确定 按钮，即将当前图片添加到材质生成器中，如图5-16所示。

04 单击 Save ... 按钮，将图片进行保存，弹出保存位置对话框，如图5-17所示。

05 单击 保存(S) 按钮，图片生成材质完成，关闭材质库生成工具。

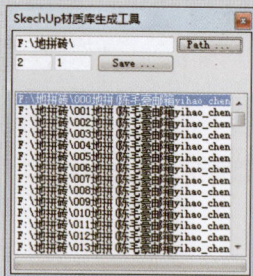

图5-16

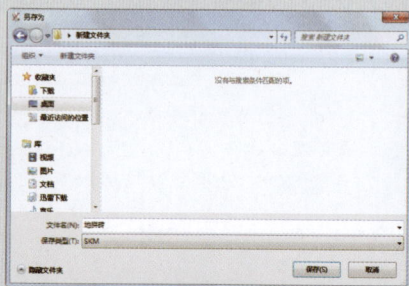

图5-17

06 打开【材质】卷展栏，利用之前学过的方法导入材质，图5-18所示为已经添加好的材质文件夹。

07 双击文件夹，即可打开并应用当前材质，如图5-19所示。

图5-18

图5-19

### 5.2.2 使用SketchUp材质

前面章节介绍了使用SketchUp材质进行贴图操作，本节继续学习如何导入材质及应用材质，以及如何利用材质生成器将图片生成材质。

【例5-4】导入材质

这里以一组下载好的外界材质为例，学习如何导入外界材质。

01 在默认面板展开【材质】卷展栏，如图5-20所示。

02 单击【详细信息】按钮 ▶，在弹出的菜单中执行【打开和创建材质库】命令，如图5-21所示。

图5-20

03 弹出【选择集合文件夹或创建新文件夹】对话框。然后在本例源文件夹中选择【SketchUp材质】文件夹，如图5-22所示。

图5-21

04 单击【选择文件夹】按钮，将SketchUp材质库导入【材质】卷展栏中，如图5-23所示。

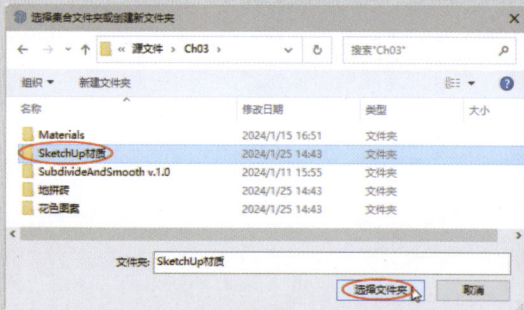

图5-22

图5-23

> ◎提示·⊙
>
> 导入【材质】卷展栏中的材质必须是一个文件夹形式，里面的材质文件格式必须是*.skm格式。

### 【例5-5】材质应用方法

利用之前导入的SketchUp材质，或者自己将喜欢的图片生成材质应用到模型中。

01 打开本例源文件"茶壶.skp"，如图5-24所示。

02 打开【材质】卷展栏，在材质下拉列表中选择之前导入的SketchUp材质文件夹，如图5-25所示。

图5-24          图5-25

03 在图形区中框选模型，然后在【材质】卷展栏中选一种花纹材质，如图5-26所示。

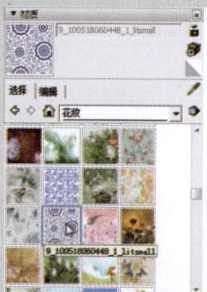

图5-26

04 将光标移到模型上单击，随即自动填充材质，如图5-27所示。

图5-27

05 如果填充效果不理想，在【编辑】选项中修改纹理尺寸，结果如图5-28所示。

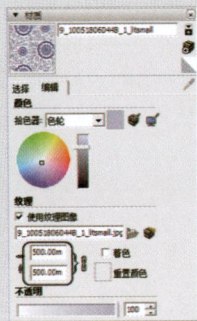

图5-28

**06** 利用拾色器选择新的颜色进行修改，效果如图5-29所示。

图5-29

## 5.3 材质贴图方法

在SketchUp软件中，材质贴图的功能主要是用于将图像进行平铺。这就意味着在进行上色操作时，可以选择将图案或图形以垂直或水平的方式应用到任何实体上。

### 5.3.1 材质贴图模式

SketchUp提供两种贴图模式，即"固定图钉"和"自由图钉"，用于控制贴图的坐标和方向。

**1. 固定图钉**

在固定图钉模式下，每个图钉都具有特定的功能。通过固定一个或多个图钉，可以按比例缩放、歪斜、剪切和扭曲贴图。在贴图上单击时，请确保选择了固定图钉模式，并注意每个图钉旁边都有一个邻近的图标。这些图标代表了应用于贴图的不同功能，而这些功能仅在固定图钉模式下存在。

（1）固定图钉。

图5-30所示为固定图钉模式。

图5-30

- 🔵：拖动此图钉可移动纹理。
- 🔴：拖动此图钉可调整纹理比例和旋转纹理。
- 🔵：拖动此图钉可调整纹理比例和修剪纹理。
- 🟢：拖动此图钉可以扭曲纹理。

（2）图钉右键菜单。

图5-31所示为图钉右键菜单。

图5-31

- 完成：退出贴图坐标，保存当前贴图坐标。
- 重设：重置贴图坐标。
- 镜像：水平（左/右）和垂直（上/下）翻转贴图。
- 旋转：可以在预定的角度里旋转90°、180°和270°。
- 固定图钉：此菜单命令是固定图钉模式与自由图钉模式的切换开关。勾选即为"固定图钉"模式，取消勾选即为"自由图钉"模式。
- 撤销：可以撤销最后一个贴图坐标的操作，与【编辑】菜单中的【撤销】命令不同，这个还原命令一次只还原一个操作。
- 重复：重做命令，可以取消还原操作。

**2. 自由图钉**

自由图钉模式只需将固定图钉模式取消勾选即可，它操作起来比较自由，不受约束，用户可以根据需要自由调整贴图，但相对来说没有固定图钉方便。图5-32所示为自由图钉模式。

图5-32

## 5.3.2　贴图方法解析

在材质贴图中，大致可分为平面贴图、转角贴图、投影贴图、球面贴图几种方法，每一种贴图方法都有它的不同之处，掌握了这几种贴图技巧，就能尽情发挥材质贴图的最大功能。

### 【例5-6】平面贴图

平面贴图只能对具有平面的模型进行材质贴图，以一个实例来讲解平面贴图的用法。

**01** 打开本例源文件"立柜门.skp"，如图5-33所示。

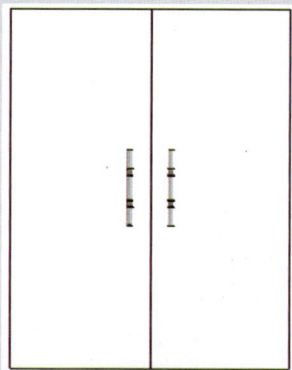

图5-33

**02** 打开【材质】卷展栏，给立柜门添加一种适合的材质，如图5-34所示。

图5-34

**03** 选中右侧门上的纹理图案，右击并在弹出的快捷菜单中执行【纹理】|【位置】命令，在纹理图案上显示四个固定图钉，如图5-35所示。

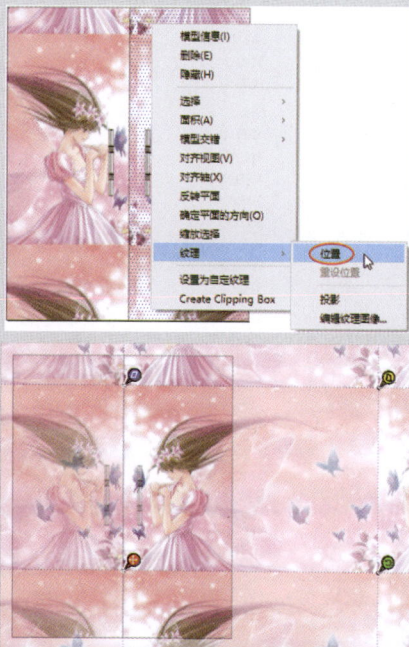

图5-35

**04** 调整四个图钉的位置，使单幅图片完全覆盖模型面，调整完后右击并在弹出的快捷菜单中执行【完成】命令，完成贴图的调整，如图5-36所示。

图5-36

**05** 同理，选中另一门上的纹理图案，右击并在弹出的快捷菜单中执行【纹理】|【位置】命令，然后进行纹理的比例及位置调整，结果如图5-37所示。

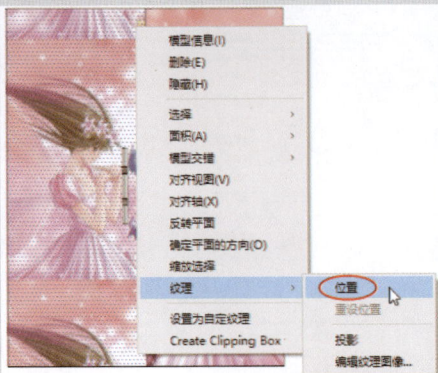

图5-37

**06** 调整完后右击贴图，在弹出的快捷菜单中执行【完成】命令结束操作，如图5-38所示。

**07** 最终调整完成的贴图效果如图5-39所示。

（⊙提示·）

　　材质贴图只能在标准视图平面进行操作，在材质贴图过程中，按Esc键，可以结束贴图操作。在贴图操作过程中，可执行右键菜单中的【撤销】命令恢复到前一个操作。

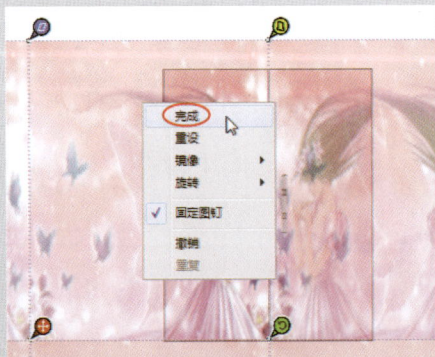

图5-38

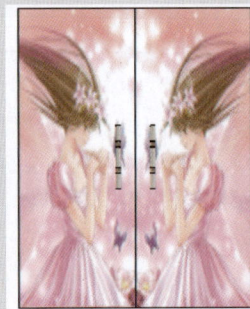

图5-39

【例5-7】转角贴图

　　转角贴图能将模型具有转角的地方进行一种无缝连接贴图，使贴图效果非常均匀。

**01** 打开本例源文件"柜子.skp"，如图5-40所示。

图5-40

**02** 打开【材质】卷展栏，选择"花纹"材质，如图5-41所示。

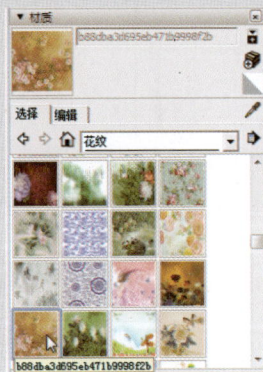

图5-41

**03** 将"花纹"材质添加到柜子表面上，如图5-42所示。

图5-42

**04** 选中并右击花纹材质的贴图图案，在弹出的快捷菜单中执行【纹理】|【位置】命令，如图5-43所示。

图5-43

**05** 调整贴图的图钉位置，使单个图案完全覆盖柜子面，如图5-44所示。接着右击贴图并在弹出的快捷菜单中执行【完成】命令结束操作，如图5-45所示。

图5-44

图5-45

**06** 单击【颜料桶】按钮，并按住Alt键不放，光标变成吸管工具，吸取刚才完成的材质贴图作为新材质样式，如图5-46所示。

图5-46

**07** 吸取材质贴图后将材质样式应用到相邻的柜子面（如柜子立面），与柜子面的图案形成无缝衔接，如图5-47所示。

图5-47

**08** 依次对柜子的其他面应用新材质样式，最终效果如图5-48所示。

图5-48

### 【例5-8】投影贴图

投影贴图是将一张图片以投影的方式将图案投射到模型上。

**01** 打开本例源文件"咖啡桌.skp"，如图5-49所示。

图5-49

**02** 执行【文件】|【导入】命令，导入图像文件"图案4.jpg"，将导入的图片置于模型的正上方，如图5-50所示。

图5-50

**03** 同时选中模型和图片，右击并在弹出的快捷菜单中执行【炸开模型】命令将模型和图片分解，如图5-51所示。

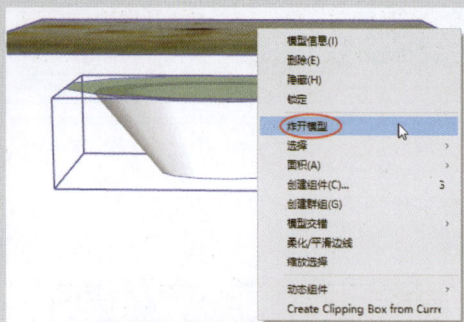

图5-51

**04** 右击图片纹理并在弹出的快捷菜单中执行【纹理】|【投影】命令，如图5-52所示。

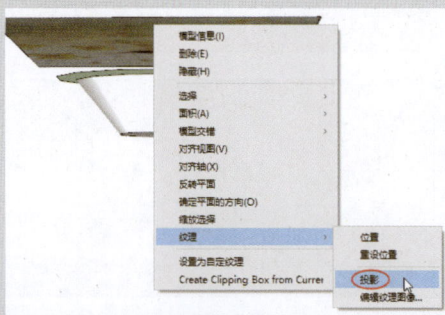

图5-52

**05** 在【样式】卷展栏中选择【X射线】风格，以X光透射模式显示模型，方便查看投影效果，如图5-53所示。

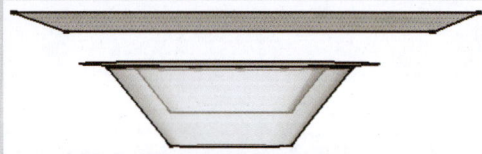

图5-53

**06** 打开【材质】卷展栏，单击【样本颜料】按钮，吸取图片材质，如图5-54所示。

图5-54

**07** 接着选中模型以填充材质，如图5-55所示。

**08** 取消X射线显示风格，删除图片得到最终的效果，如图5-56所示。

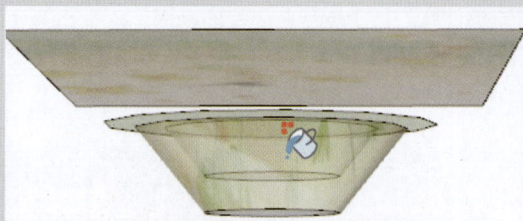

图5-55

图5-56

### 【例5-9】球面贴图

球面贴图同样以投影的方式，将图案投射到球面上。

**01** 绘制一个球体和一个矩形面，矩形面长、宽与球体的最大截面的圆周长相等，如图5-57所示。

图5-57

**02** 在【材质】卷展栏的【编辑】标签下导入本例源文件夹中的"星球图片.jpg"，给矩形面添加自定义纹理材质，如图5-58所示。

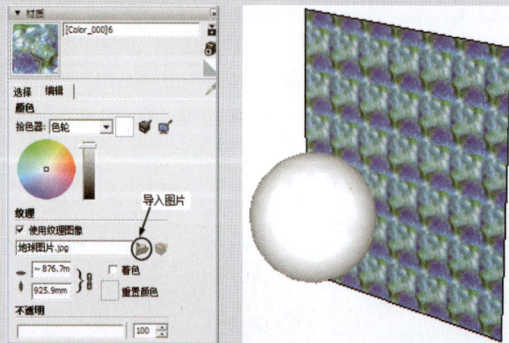

图5-58

**03** 填充的纹理不均匀，右击纹理贴图并在弹出的快捷菜单中执行【纹理】|【位置】命令，开启固定图钉模式，然后调整纹理贴图，如图5-59所示。

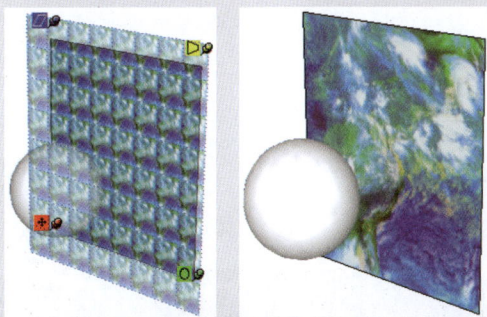

图5-59

**04** 在矩形面上右击并在弹出的快捷菜单中执行【纹理】|【投影】命令，如图5-60所示。

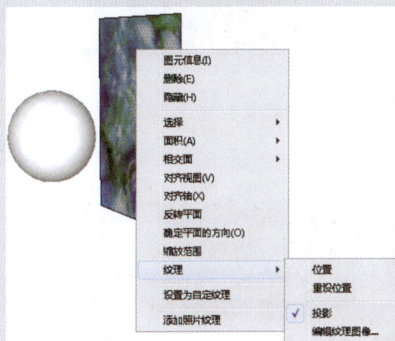

图5-60

**05** 单击【材质】卷展栏中的【样本颜料】按钮✐，吸取矩形面材质，如图5-61所示。

图5-61

**06** 在球面上单击，即可添加材质，如图5-62所示。最后将图片删除，得到图5-63所示的球体模型效果。

图5-62

图5-63

# 5.4 综合案例

在学习了贴图技法后，掌握了不同的贴图方法，这一部分以几个实例进行操作，使读者对材质贴图能够更加灵活地应用。

## 5.4.1 案例一：填充房屋材质

本案例主要利用材质工具对一个房屋模型填充适合的材质，图5-64所示为效果图。

图5-64

**01** 打开本例源文件"房屋模型.skp"，如图5-65所示。

图5-65

**02** 在默认面板区域如果没有显示【材质】卷展栏，可执行【窗口】|【默认面板】|【材质】命令，弹出【材质】卷展栏，如图5-66所示。

图5-66

**03** 在【材质】卷展栏中的【选择】标签下选择"复古砖01"材质，填充给墙体面，如图5-67所示。

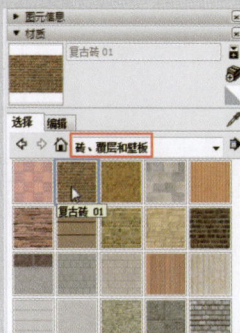

图5-67

**04** 如果填充的材质尺寸过大或者过小，可以在【编辑】标签下修改材质尺寸，如图5-68所示。

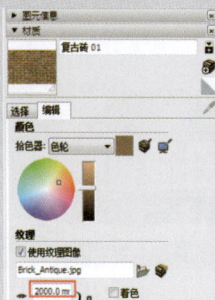

图5-68

**05** 分别选择"沥青屋顶瓦"屋顶材质和"人造草被"草皮材质，用以填充屋顶和地面，如图5-69所示。

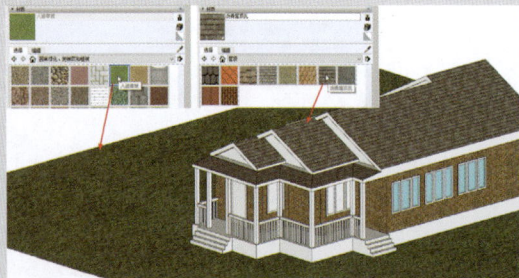

图5-69

**06** 分别选择"颜色适中的竹木"木质纹材质、"带阳极铝的金属""染色半透明玻璃"和"大理石石材"材质，用以填充门、窗框、窗户玻璃和结构柱，如图5-70所示。

图5-70

**07** 选择"原色樱桃木"材质填充栏杆，如图5-71所示。

图5-71

**08** 选择"大理石"材质填充地板、台阶及房屋地基层的外墙面，如图5-72所示。

图5-72

## 5.4.2 案例二：创建瓷盘贴图

本例主要应用材质工具和固定图钉功能来创建瓷盘贴图。

**01** 打开本例源文件"瓷盘.skp"，如图5-73所示。

**02** 在【材质】卷展栏的【编辑】标签下导入配套资源中的"图案1.bmp"图片，填充自定义纹理材质，如图5-74和图5-75所示。

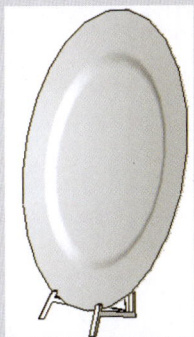
图5-73

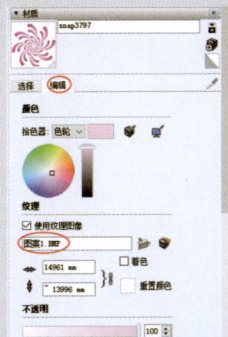
图5-74

图5-78

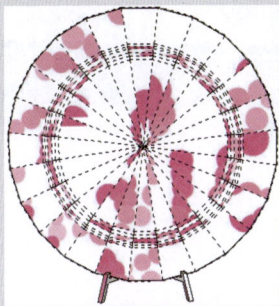
图5-75

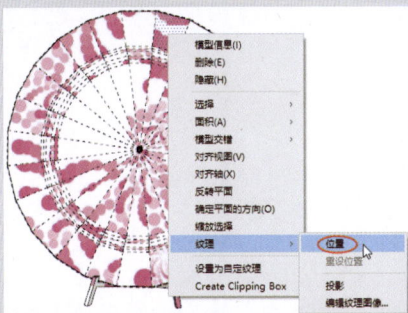
图5-79

03 执行【视图】|【隐藏物体】命令，将模型以虚线显示，整个模型面被均分为多份，如图5-76所示。

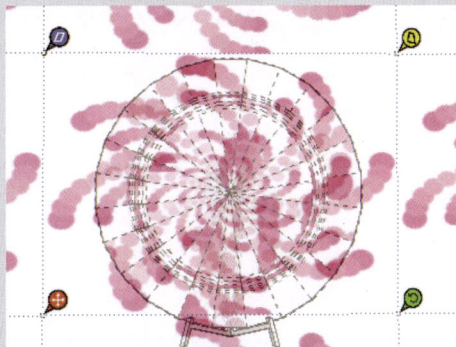
图5-76

04 右击其中一份的纹理贴图，并在弹出的快捷菜单中执行【纹理】|【位置】命令，开启固定图钉模式。调整纹理贴图后右击并在弹出的快捷菜单中执行【完成】命令，完成纹理图片的调整，如图5-77~图5-79所示。

05 在【材质】卷展栏中单击【样本颜料】按钮 ✎ ，单击吸取调整好的纹理贴图，如图5-80所示。然后依次对模型的其余面进行填充，如图5-81所示。

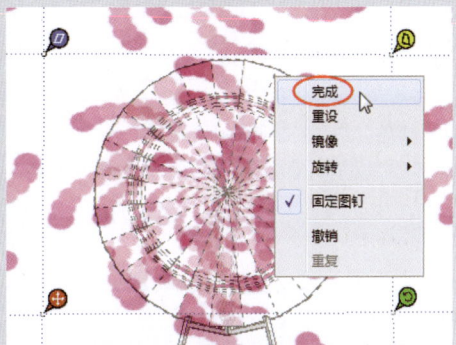
图5-80

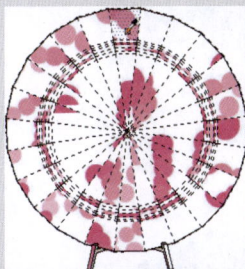
图5-81

06 再次执行【视图】|【隐藏物体】命令，将虚线取消，最终贴图效果如图5-82所示。

图5-77

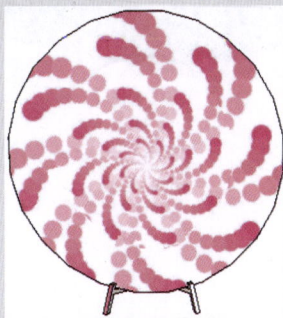
图5-82

# 第6章
# 建筑及结构设计案例

本章将学习如何利用SketchUp的插件库管理器——SUAPP来进行建筑外观造型和建筑结构设计。SketchUp只是一个基本建模工具，要想完成各种复杂的建模工作，还得大量使用插件程序来辅助完成各种设计。

## 6.1 建筑设计案例

本例是一个现代别墅住宅项目。整个别墅包括4个面和1个屋顶，在别墅周边围墙上设计栏杆，别墅内的场地面用草坪和柏油路材质铺设，另外还加入植物、休闲椅和喷水池等景观组件，整个环境看上去非常惬意。图6-1所示为场地布局效果图，图6-2所示为别墅建筑建模效果图。

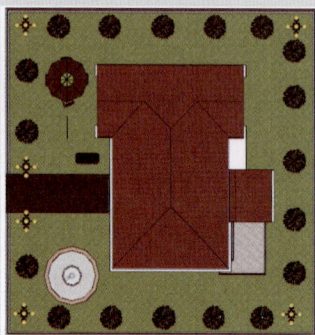

图6-1

图6-2

### 6.1.1 整理并导入图纸

本例别墅项目的CAD设计图纸中也存在一些与SketchUp建模无关联的图形信息，同样需要用AutoCAD软件进行清理。图6-3所示为原图，图6-4所示为简化图。

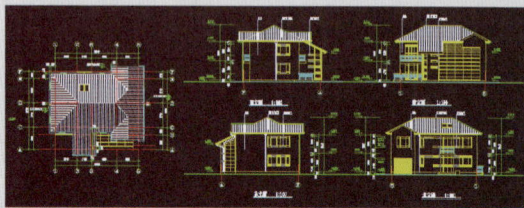

图6-3

图6-4

#### 1. 在AutoCAD中整理图纸

**01** 启动AutoCAD软件，打开"现代别墅平面图-原图.dwg"图纸文件。

**02** 在命令行中输入"PU"，按Enter键确认，对简化后的图纸进行清理，如图6-5所示。清理完成后保存图纸文件，文件名为"现代别墅平面图-简化图"。

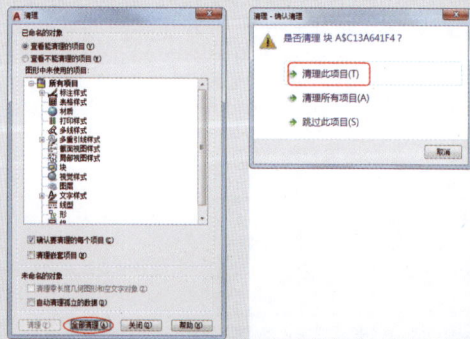

图6-5

**03** 在SketchUp中执行【窗口】|【模型信息】命令，弹出【模型信息】对话框。然后在【单位】页面中设置模型单位，如图6-6所示。

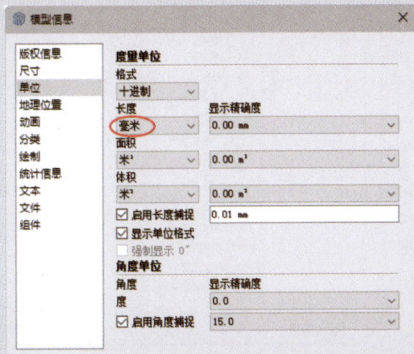

图6-6

## 2.导入图纸

这里先导入东、南、西、北 4 个立面的图纸，并创建封闭面。

**01** 在SketchUp中执行【文件】|【导入】命令，弹出【导入】对话框，导入前面保存的"现代别墅平面图–简化图.dwg"图纸。

**02** 在【导入】对话框中单击【选项…】按钮，弹出【导入AutoCAD DWG/DXF选项】对话框，设置单位为"毫米"，单击【好】按钮完成设置。最后在【导入】对话框中单击【打开】按钮，即可导入CAD图纸，如图6–7和图6–8所示。

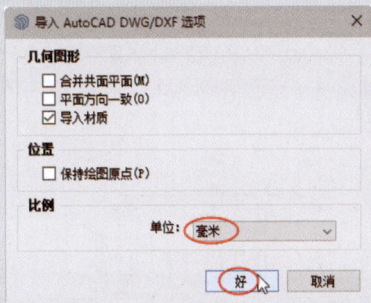

图6-7

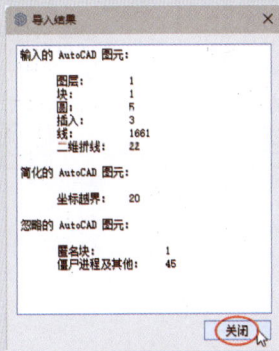

图6-8

**03** 导入SketchUp中的CAD图纸（此刻已经自动变成了组件模型），是以线框显示的，如图6–9所示。

图6-9

**04** 右击导入的CAD线框，然后在弹出的快捷菜单中执行【炸开模型】命令，将CAD线框全部炸开，如图6–10所示。

图6-10

**05** 将多余的线删除，如图6–11所示。重新将各立面图创建成组件或群组，以便于绘制封面曲线。

图6-11

**06** 单击【直线】按钮 ✎，沿着CAD图纸中多个立面图的外形轮廓线绘制封闭曲线生成面（注意，阳台轮廓不用绘制），如图6–12所示。

**07** 将各立面图组件与其所属的封闭面创建成群组，便于后期的建模操作。

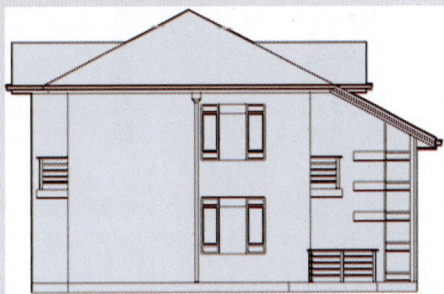

西立面

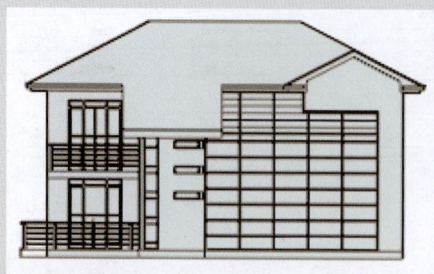

南立面

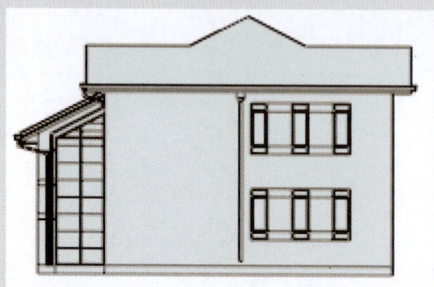

东立面

北立面

图6-12

### 3.调整图纸

利用旋转工具调整4个立面图群组的角度，使它们能围合起来，可以利用视图工具来查看调整的方位是否对齐。

**01** 在【图层】面板中单击【添加图层】按钮⊕创建5个图层，并重新命名图层，如图6-13所示。

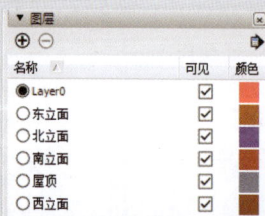

图6-13

**02** 框选一个立面图群组并右击，在弹出的快捷菜单中执行【模型信息】命令，然后在图形区右侧的【图元信息】面板中为所选群组选择相应的图层，如图6-14所示。同理，将其余4个视图群组也添加到各自图层中。最后将原有的CAD图层全部删除。

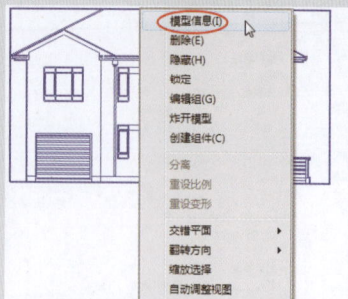

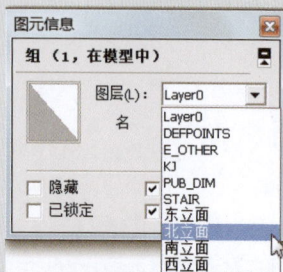

图6-14

提示

创建图层主要是为了方便对群组对象进行显示或者隐藏操作，各图层间的操作互不影响。

**03** 单击【视图】工具栏中的【顶视图】按钮切换到顶视图。将4个立面图群组使用移动工具和旋转工具进行平移和旋转操作，移动到图6-15所示的位置。

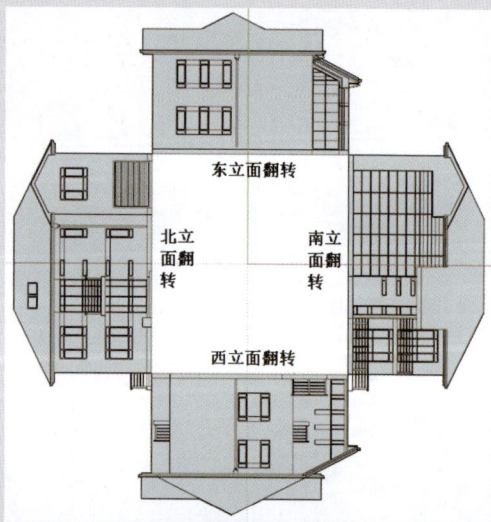

图6-15

**04** 选中东立面群组，并切换到右视图，单击【旋转】按钮，将东立面群组以红色轴为参照，旋转90°，如图6-16所示。同理，对其他立面群组也进行相同的旋转操作。

AI+SketchUp 2024完全实训手册

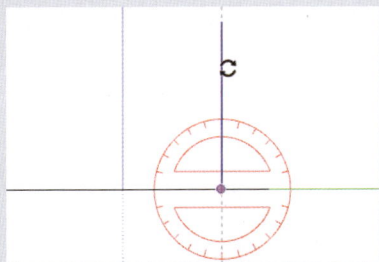

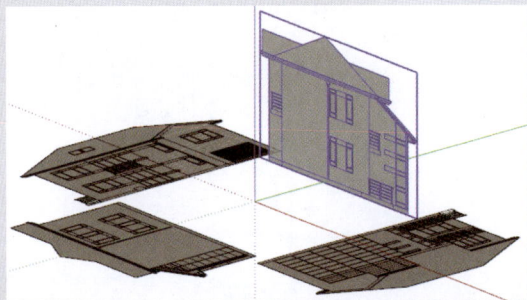

图6-16

**05** 同理，将其余3个立面图群组也进行旋转操作，最后再调整4个立面的位置，效果如图6-17所示。

图6-17

**◎提示··○**

在调整各立面的位置时，应按轴的方向进行旋转，并且可以利用不同的视图角度观看，保证图纸对齐。图纸对齐才能确保建立的模型准确。

**06** 单击【矩形】按钮 ☑，在建筑底面绘制封闭曲线生成面，如图6-18所示。

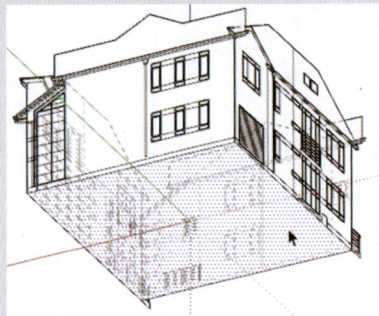

图6-18

**07** 接着，参照西立面图，分别将北立面群组和南立面群组移动到西立面图群组中的墙边线内200mm的位置，如图6-19所示。

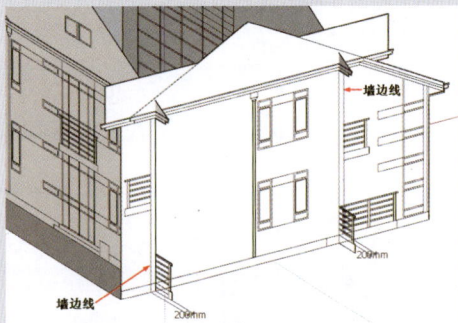

图6-19

### 6.1.2 建筑模型设计

房屋的建模主要是通过参照4个立面图群组和屋顶平面图群组以推/拉、缩放、移动等操作的方式来完成的，以下是详细操作流程。

**1. 创建北立面模型**

参照北立面群组，依次创建出楼梯、窗户、门和栏杆等组件，并填充相应的材质。

**01** 双击北立面群组使其进入编辑状态。首先利用【矩形】工具 ☑ 在右侧墙面上绘制出门与窗的边框，以此切割出门窗洞，如图6-20所示。

图6-20

02 按Ctrl键选中封闭面和立面图中的某一条线（会自动选择整个立面图中的所有线），右击，并在弹出的快捷菜单中执行【交错平面】|【模型交错】命令，将前面绘制的立面图外形轮廓封闭面进行拆分（按立面图中的线条进行拆分），效果如图6-21所示。

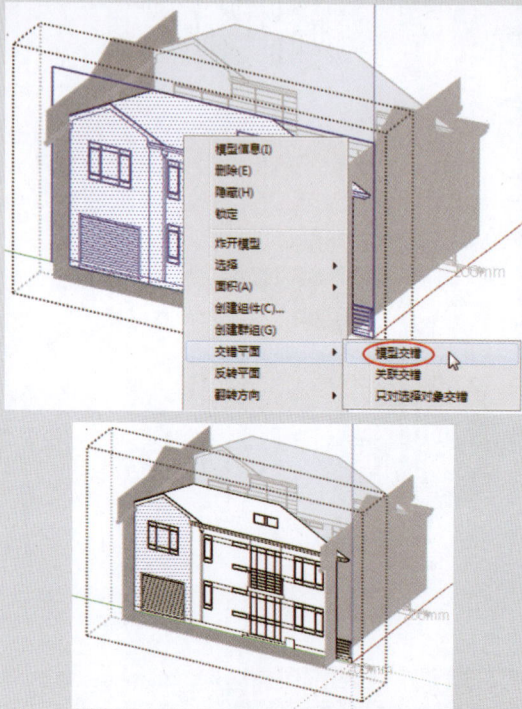

图6-21

03 单击【推/拉】按钮，选取右侧除门、窗的墙面，向外拉出200mm生成北立面的墙体，如图6-22所示。

图6-22

04 将立面图群组炸开。利用【移动】工具，将立面图和左侧的墙面向外平移1225mm，如图6-23所示。

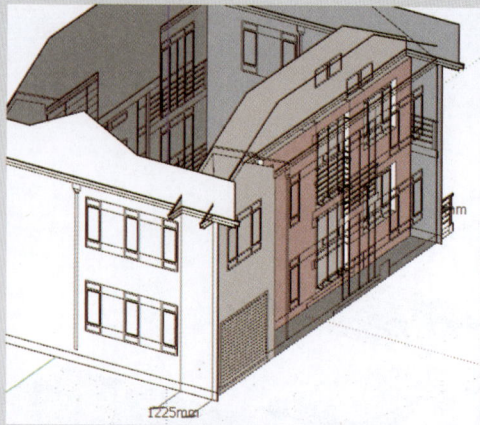

图6-23

05 利用【矩形】工具在左侧墙面上绘制门与窗的边框，如图6-24所示。

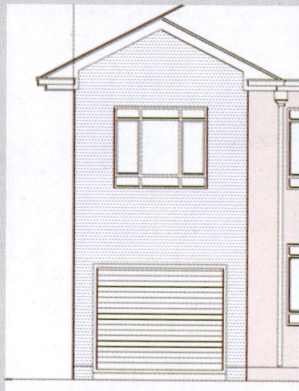

图6-24

06 利用【推/拉】工具，将左侧墙面向外拉出200mm的墙体（暂时填充颜色给墙体面，便于观察），如图6-25所示。

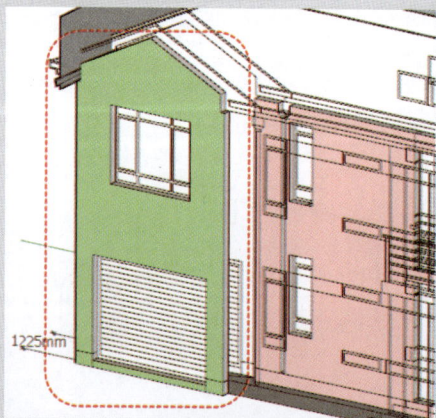

图6-25

**07** 利用【矩形】工具 ☑，绘制矩形面，用来修补左墙面与右墙面之间形成的空洞。然后将其推拉出墙体，如图6-26所示。

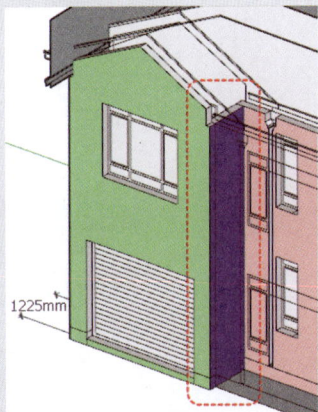

图6-26

**08** 在左侧墙体中，利用【推/拉】工具 ◈ 选择窗框面，拉出长度为100mm的窗框，如图6-27所示。再拉出窗户玻璃厚度为20mm，如图6-28所示。

> **提示** ·○
>
> 如果有些面没有被立面图中的线条完全拆分，可以右击这些面，继续在弹出的快捷菜单中执行【交错平面】|【模型交错】命令，直至完全拆分。

图6-27

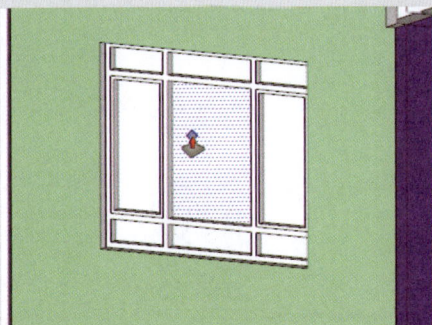

图6-28

**09** 在【材质】卷展栏中选择【SketchUp材质】材质库，并在该材质库的【玻璃】材质文件夹中选择"Galss（117）"材质应用给玻璃对象，如图6-29所示。

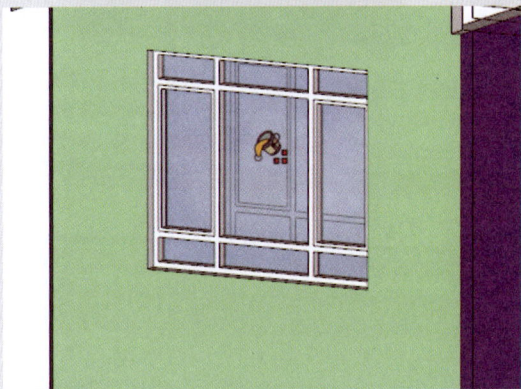

图6-29

**10** 执行【文件】|【3D Warehouse】|【获取模型】命令，从3D Warehouse模型库中搜索并下载"卷帘门.skp"组件，将其放置于左侧墙体中，如图6-30所示。

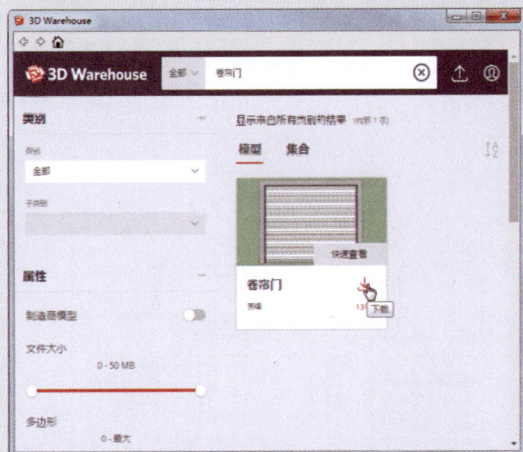

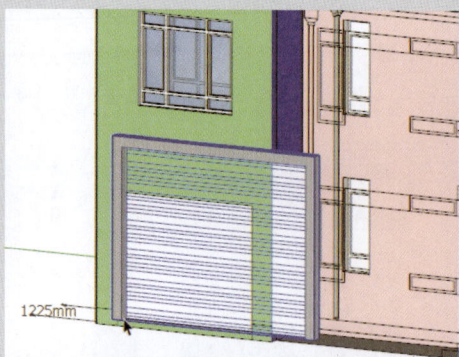

图6-30

⑪ 单击【比例】按钮 ，将卷帘门组件缩小到与北立面图中的卷帘门相等，如图6-31所示。删除北立面图群组。

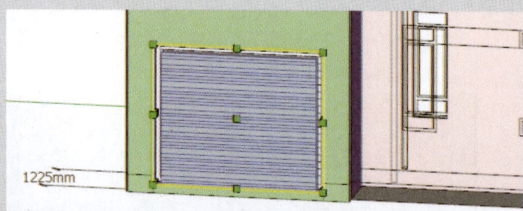

图6-31

⑫ 接下来继续操作右侧墙体中的门窗及阳台等组件。将左侧墙体中的窗框及玻璃创建成群组。利用【移动】工具 ，按住Ctrl键将窗组件平移复制到右侧墙体中相同窗规格的窗洞中，如图6-32所示。

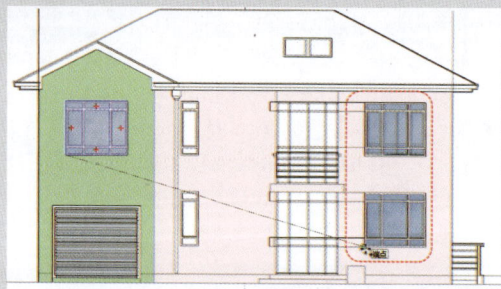

图6-32

⑬ 同理，在右侧墙体中创建出两个小窗户，如图6-33所示。

图6-33

⑭ 选取拆分出来的台阶面，先后拉出一、二层台阶，一、二层台阶的推拉长度分别为700mm、350mm，如图6-34所示。

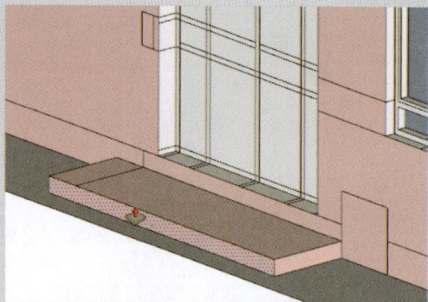

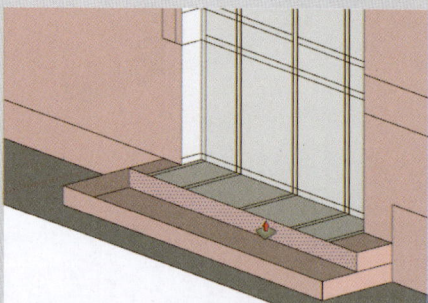

图6-34

⑮ 创建大门和阳台门。删除一楼大门和二楼阳台门的面。从3D Warehouse模型库中搜索并下载"门"组件，将其放置在一楼大门位置，并利用【比例】工具 缩放到合适大小，如图6-35所示。

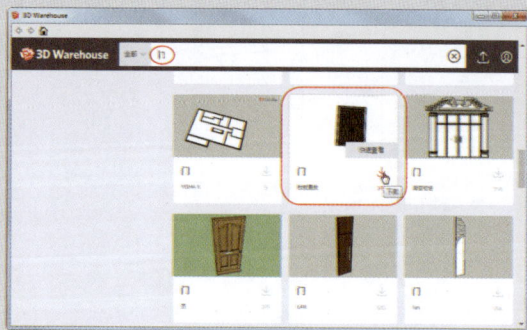

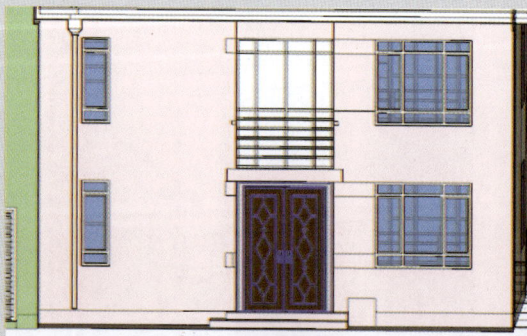

图6-35

⑯ 同理，从3D Warehouse模型库中将另一"门"组件（推拉门）放置于阳台门位置，并利用【比例】工具■缩放到合适大小，如图6-36所示。

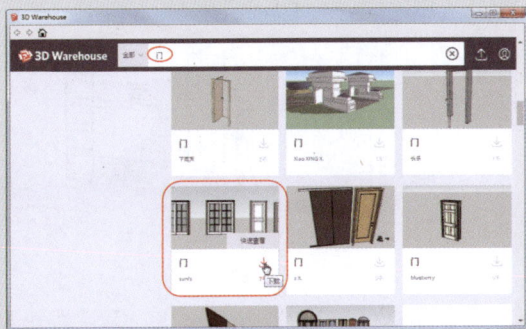

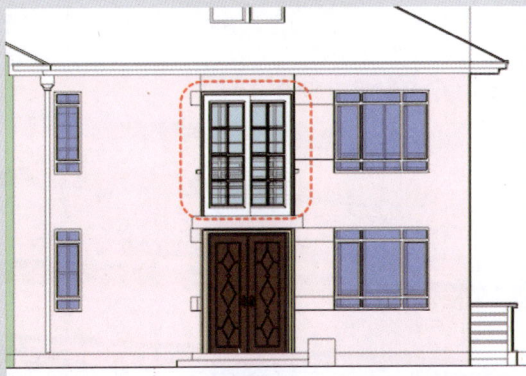

图6-36

⑰ 选择【推/拉】工具◆推拉出阳台（1053mm），如图6-37所示。

图6-37

⑱ 将墙体及阳台、台阶上的多余线条删除，消除曲面分割。栏杆的创建可以使用坯子插件库的"栏杆和楼梯–汉化–1.0"插件。此插件安装后会弹出【栏杆&楼梯】工具栏。

💡提示·。
　　可到"坯子库"官方网站中免费下载插件管理器，安装成功后启动SketchUp，然后在插件管理器中搜索插件，即可安装到SketchUp中。

⑲ 利用【直线】工具✎在阳台上绘制如图6-38所示的3条直线。3条直线将会作为栏杆路径。

图6-38

⑳ 选中3条直线，再单击【栏杆&楼梯】工具栏中的【竖档栏杆3】按钮▣，在弹出的【输入】对话框中输入高度为"900mm"，单击【好】按钮，自动创建栏杆，如图6-39所示。

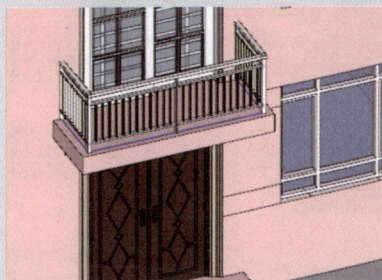

图6-39

㉑ 最后单击【推/拉】按钮◆，拉出排水管道（拉出长度300mm）和人字形屋顶、屋檐（拉出长度东立面图），如图6-40所示。

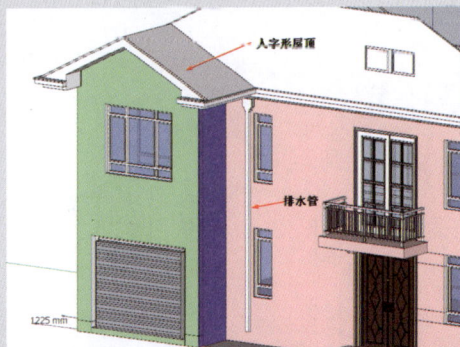

图6-40

㉒ 在西立面图中绘制几个矩形作为屋檐轮廓，然后单击【推/拉】按钮，接着推拉出右侧墙体顶部的屋檐，如图6-41所示。

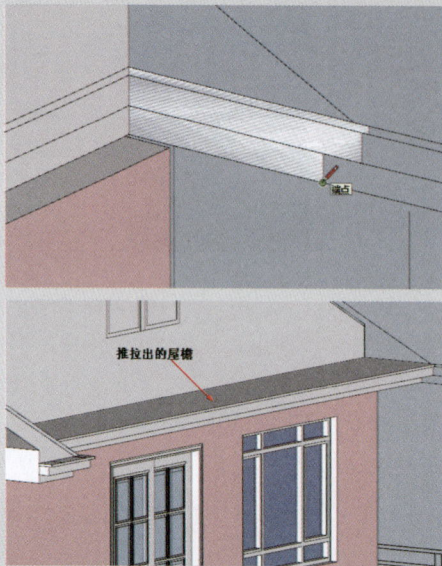

推拉出的屋檐

图6-41

㉓ 至此，创建完成的北立面效果如图6-42所示。

图6-42

**2. 创建西立面模型**

㉔ 西立面的墙体及窗组件并不多，先删除原有西立面群组中的所有封闭面，仅保留线框。再利用【矩形】工具重新绘制墙体轮廓面，如图6-43所示。

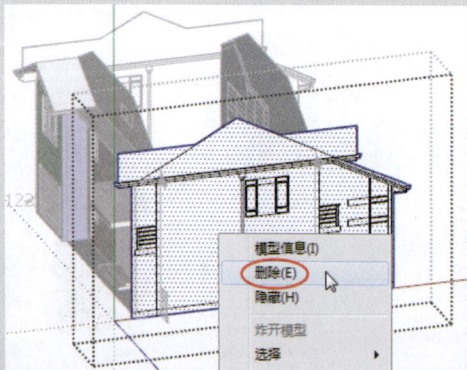

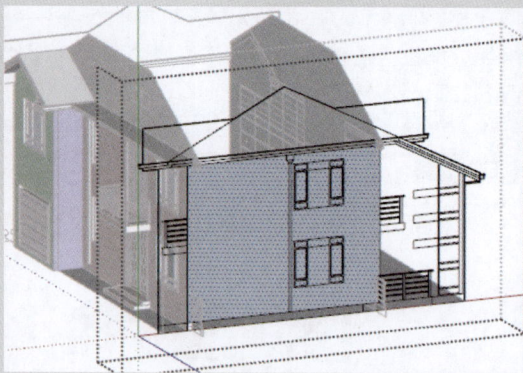

图6-43

㉕ 按Ctrl键选中重新绘制的墙体轮廓面和西立面群组对象，右击，在弹出的快捷菜单中执行【交错平面】|【模型交错】命令，将窗、排水管道从墙体轮廓面中拆分出来，如图6-44所示。

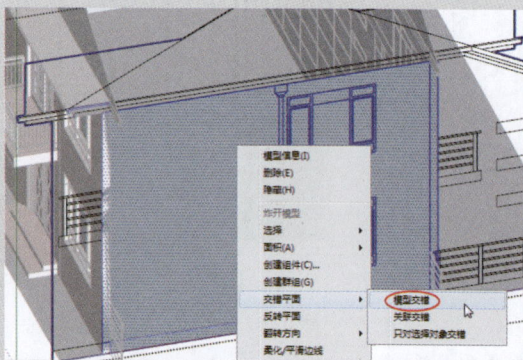

图6-44

㉖ 将西立面群组整体向东立面方向平移200mm，如图6-45所示。

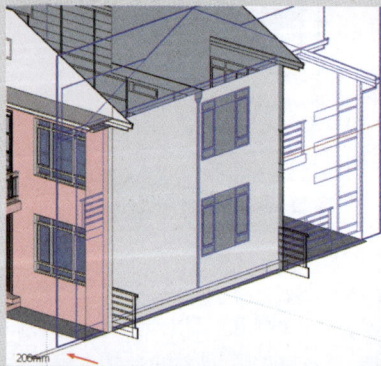

图6-45

㉗ 双击西立面群组使其进入编辑状态，然后利用【推/拉】工具，向外拉出200mm长度的墙体，如图6-46所示。

㉘ 同理，与北立面群组中的排水管道、窗框及玻璃一样，拉出排水管道、窗框及玻璃，并添加相同的玻璃材质给玻璃，如图6-47所示。

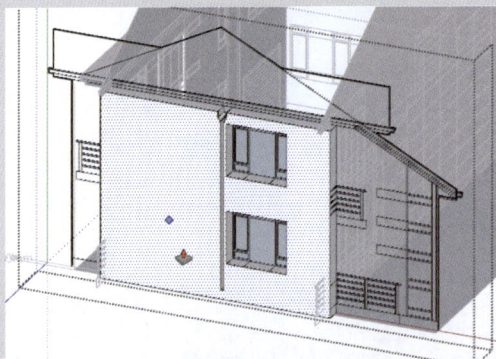

图6-46

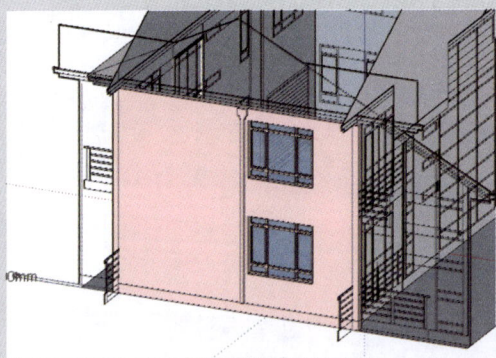

图6-47

### 3. 创建南立面模型

南立面的中间有凸出的建筑，需要使用到西立面图。南立面的墙体建模稍微有些复杂，因层次结构不同，需要分五步完成建模：创建右侧主墙、创建左侧主墙、创建门窗、创建中间凸出建筑、创建阳台及栏杆。

**01** 创建右侧主墙。平移复制南立面群组到距离右侧墙面位置（参考东立面图）200mm处，如图6-48所示。

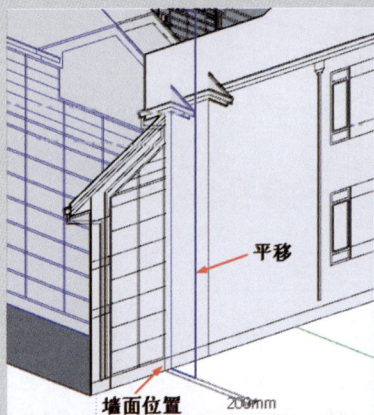

图6-48

**02** 利用【推/拉】工具 ，将北立面群组中的人字形屋顶及屋檐推拉到南立面中，如图6-49所示。

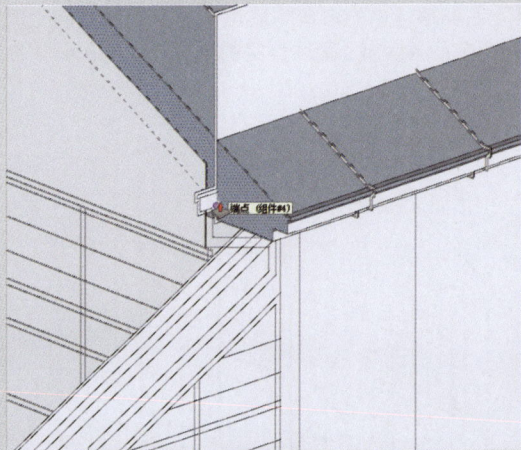

图6-49

**03** 补齐人字形屋顶的屋檐，由于此处操作步骤较多，建议参考本例视频来建模，补齐的屋檐效果如图6-50所示。

> **◎提示•◦**
>
> 人字形屋檐的右侧可参考东立面图来创建，至于人字形屋檐的左侧部分修补，需要复制右侧屋檐的截面到左侧，再进行推拉即可。

**04** 右侧墙体并不多，可以重新绘制墙面（在激活南立面群组的情况下），如图6-51所示。

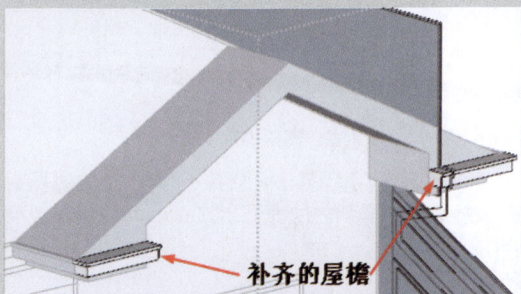

补齐的屋檐

图6-50

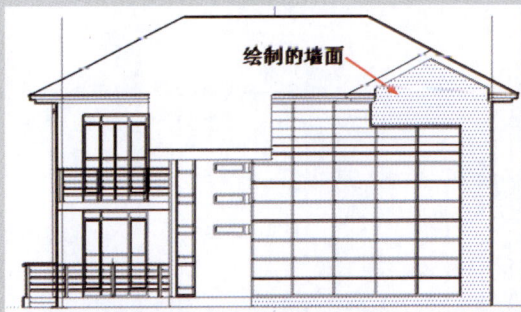

绘制的墙面

图6-51

**05** 利用【推/拉】工具 ，拉出长度为200mm的墙体，如图6-52所示。

**06** 右侧墙体中的玻璃幕墙也是需要重新绘制封闭面，在不激活南立面图群组的情况下绘制的封闭面如图6-53所示。

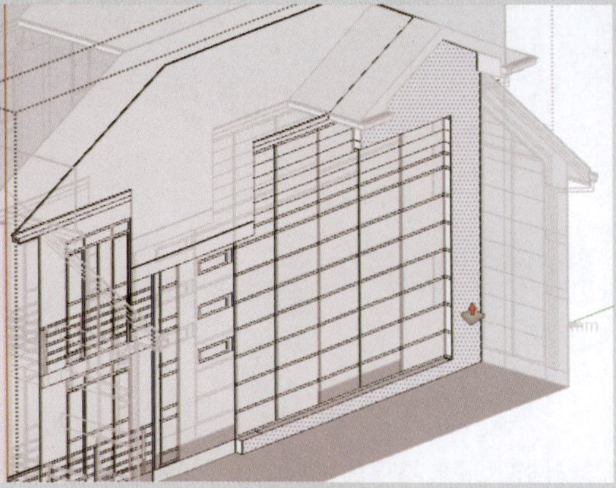

图6-52

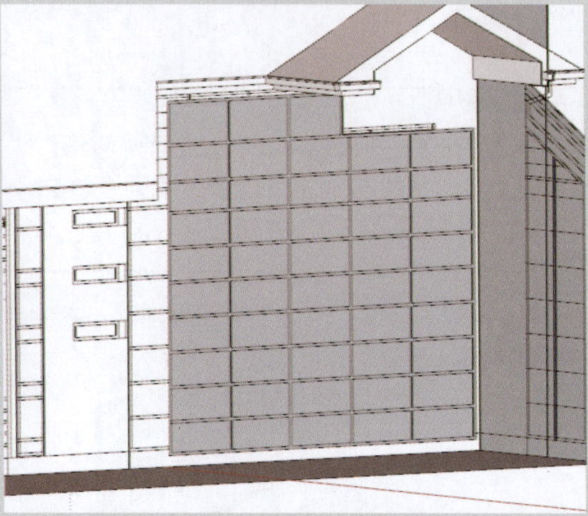

图6-53

**07** 利用【推/拉】工具 ⬥，先拉出100mm的幕墙窗框，然后选择框架内的面拉出20mm，再填充玻璃材质，如图6-54所示。

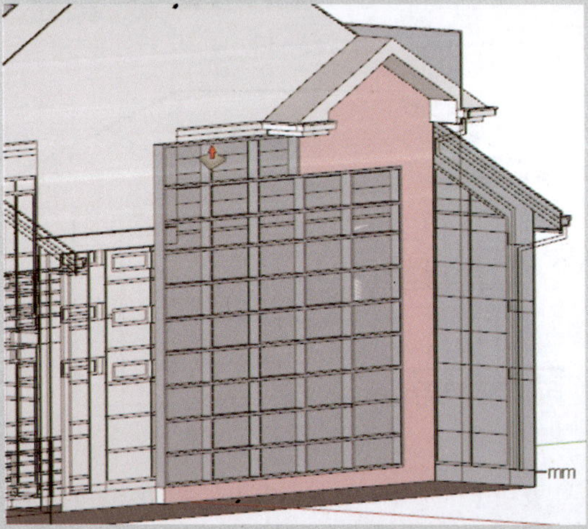

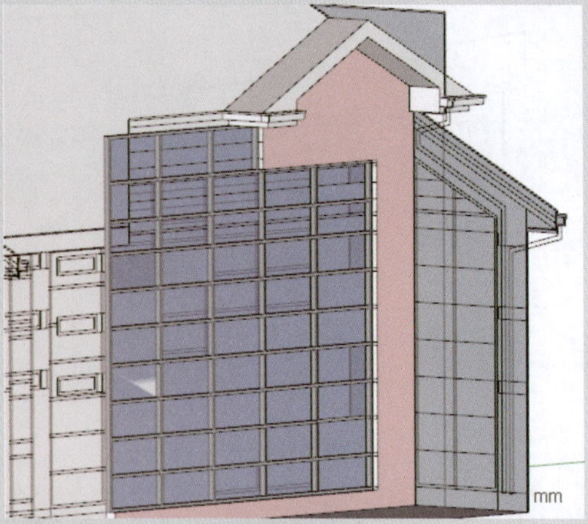

图6-54

**08** 将右侧墙体所包含的南立面群组（复制的群组）炸开，然后删除南立面图，仅保留墙体和幕墙即可，如图6-55所示。

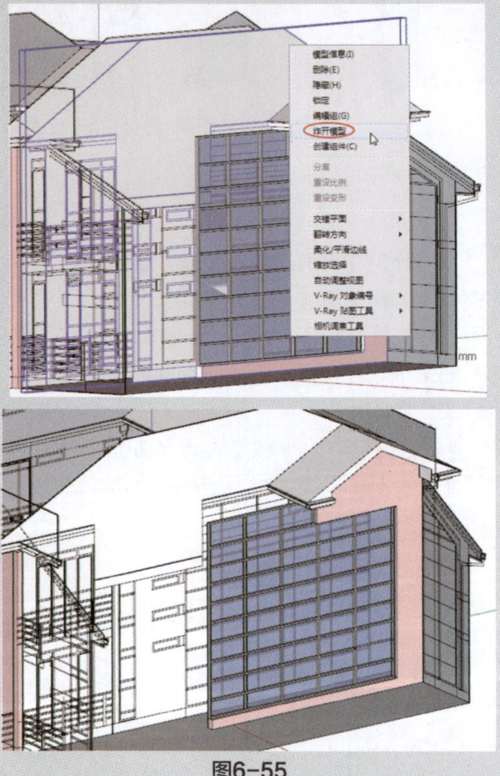

图6-55

> **提示**
>
> 如果删除多余的线和面有难度，可以将南立面群组平移到新位置并炸开，单单复制出右侧墙面，其余全部删除。然后将复制的墙面平移到原位置，再利用【推/拉】工具 ⬥ 拉出墙体。具体操作可以参考本例视频。

**09** 创建中间凸出的墙体与窗。参考南立面图，将西立面群组复制到新位置，如图6-56所示。

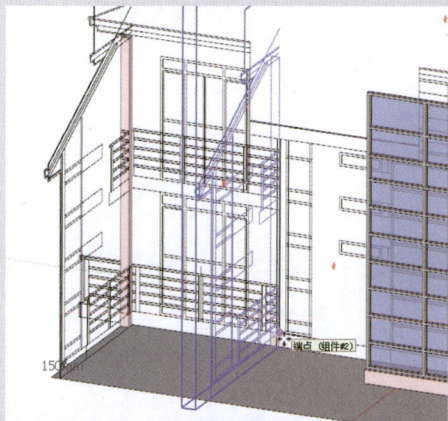

图6-56

**10** 可以暂时先隐藏东立面群组和西立面群组。然后在辅助的东立面群组中（不激活群组编辑状态的情况下）绘制凸出墙体及斜屋顶、屋檐的封闭轮廓面，如图6-57所示。

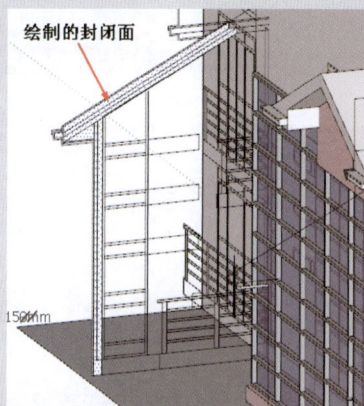

图6-57

**11** 绘制出侧面墙的封闭面，如图6-58所示。利用【推/拉】工具，拉出200mm的侧面墙，如图6-59所示。

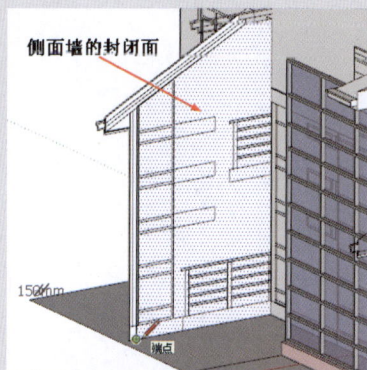

图6-58

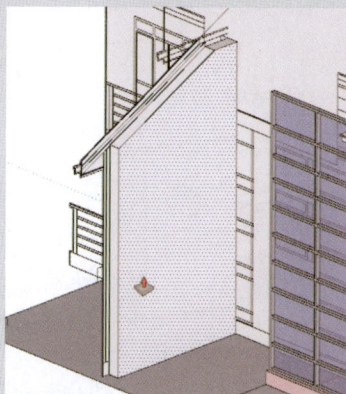

图6-59

**12** 利用【推/拉】工具，参考南立面图拉出南立面墙体及屋顶、屋檐等，如图6-60所示。

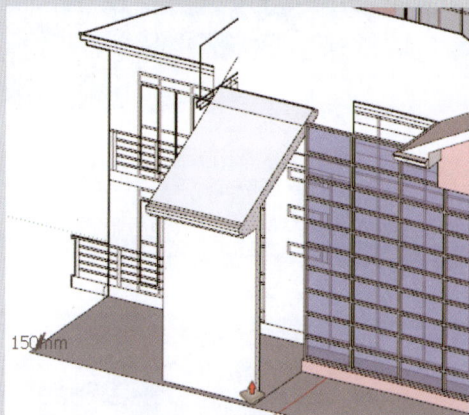

图6-60

**13** 在拉出的墙体横截面上绘制直线，将封闭面分割，以此可以拉出屋顶及屋檐，如图6-61所示。同理，在另一侧的横截面上也绘制直线进行面分割。

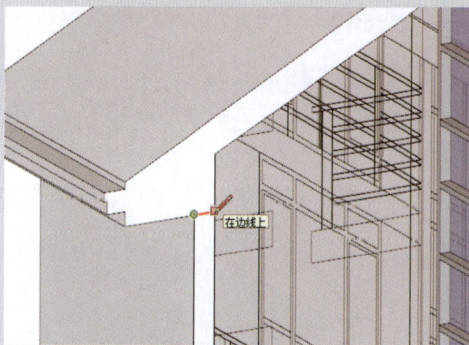

图6-61

**14** 利用【推/拉】工具，在墙体两侧分别拉出斜屋顶与屋檐，如图6-62所示。删除复制的西立面群组对象。

**15** 在西立面群组的外墙面上绘制矩形，作为一楼阳台及凸出建筑的地板横截面，如图6-63所示。

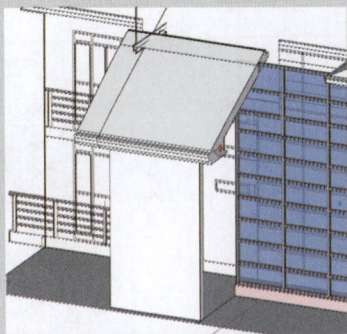

图6-62

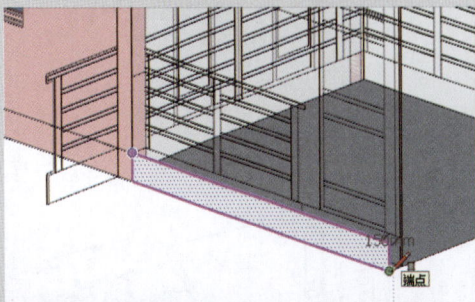

图6-63

**16** 利用【推/拉】工具💠，选取地板横截面往东立面方向拉出地板，拉至与幕墙地板相接，如图6-64所示。

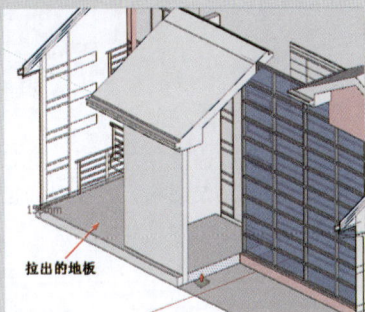

拉出的地板

图6-64

**17** 凸出建筑的另一侧（东侧）墙体不是一般墙体，是幕墙。做法与南立面的幕墙做法是完全一致的，做出的幕墙效果如图6-65所示。

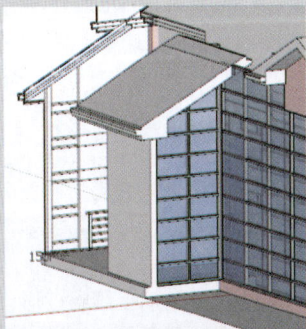

图6-65

**18** 同理，在凸出建筑的南立面也创建出幕墙，如图6-66所示。参考南立面图，通过利用【推/拉】工具💠补齐右侧幕墙上的屋檐，如图6-67所示。

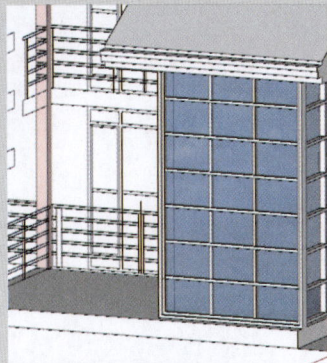

图6-66

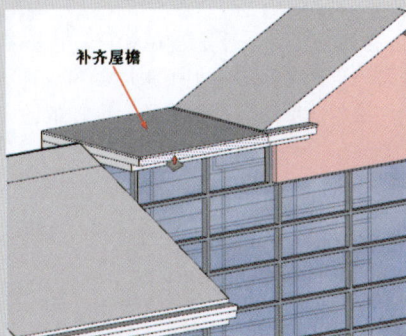

补齐屋檐

图6-67

**19** 参考西立面图绘制封闭面，接着补齐左侧阳台门顶部的屋檐，如图6-68所示。

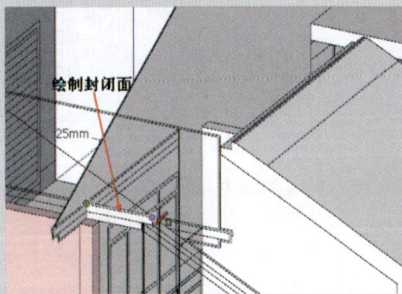

绘制封闭面

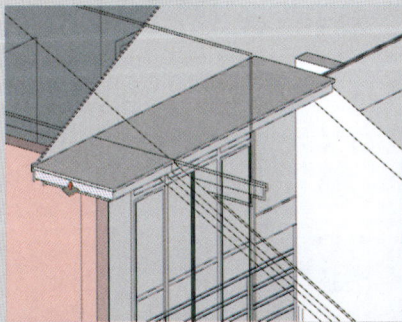

图6-68

**20** 可以把西立面群组中的屋檐部分给补齐，方法与上步骤相同，效果如图6-69所示。

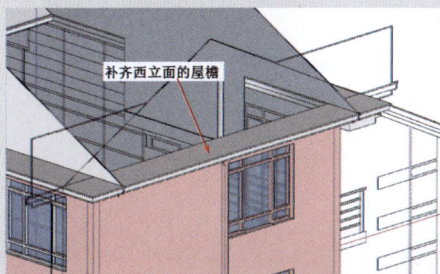

补齐西立面的屋檐

图6-69

**21** 利用【推/拉】工具，将一楼阳台（一楼阳台也称"露台"）地板向西立面方向拉出，拉出过程中需参考南立面图，如图6-70所示。

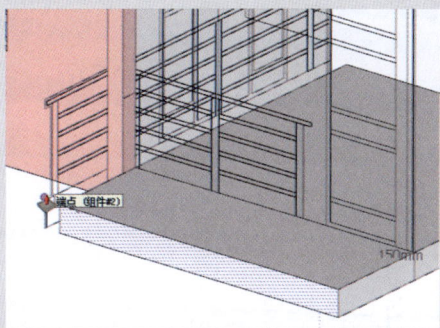

图6-70

**22** 绘制二楼阳台截面，然后利用【推/拉】工具，拉出二楼阳台，如图6-71所示。

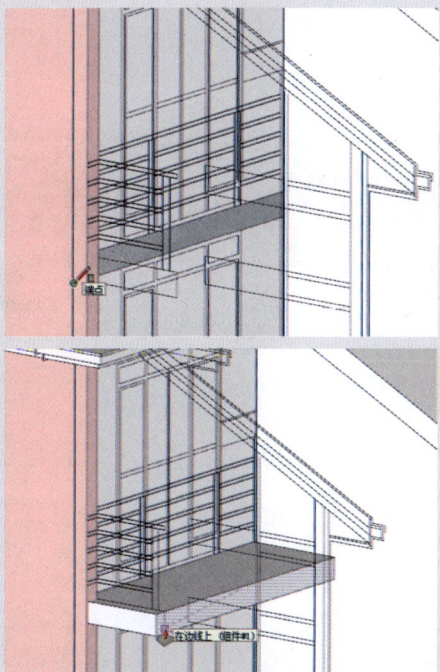

图6-71

**23** 创建南立面左侧的墙体。首先绘制封闭面（留出门洞），然后拉出200mm的墙体，如图6-72所示。

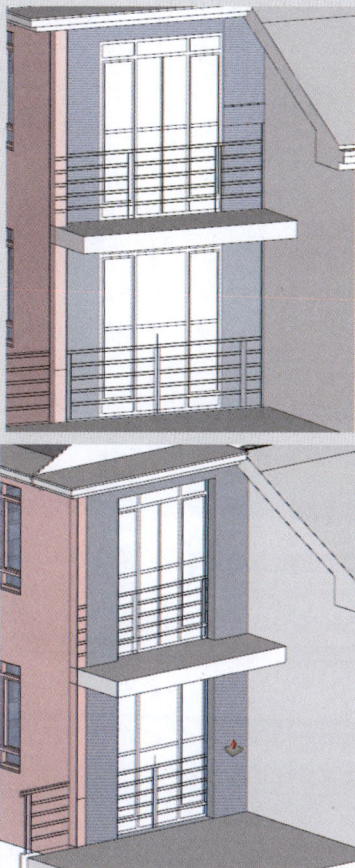

图6-72

**24** 将北立面群组中的二楼阳台门复制到南立面群组中，然后通过【比例】工具，调整门的大小。完成效果如图6-73所示。

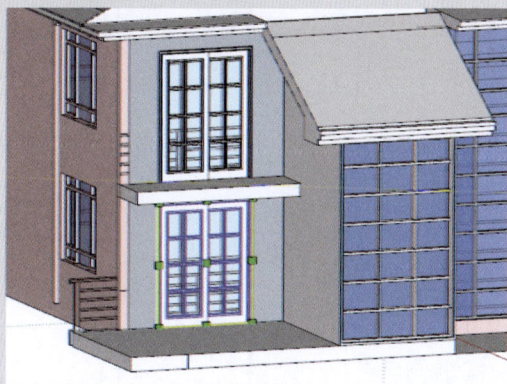

图6-73

**25** 一、二楼的阳台栏杆创建与北立面的阳台栏杆创建方法完全相同，先绘制栏杆路径直线（距离阳台边100mm），如图6-74所示。

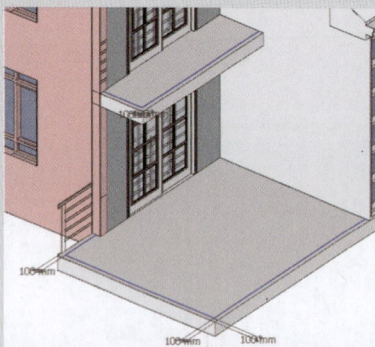

图6-74

㉖ 选取两层中的栏杆路径直线，利用坯子插件库中的【栏杆和楼梯-汉化-1.0】插件，创建高度为"900mm"的栏杆，如图6-75所示。

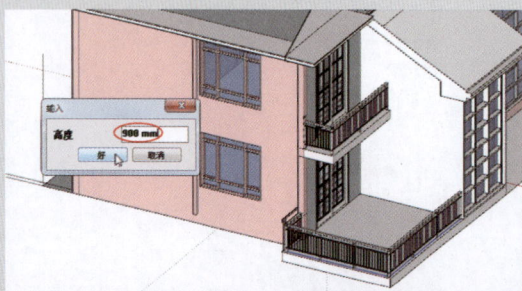

图6-75

**4. 创建东立面模型**

① 将东立面群组向西立面群组方向平移200mm。

② 双击东立面群组进入编辑状态。按Ctrl键选取封闭面和东立面图，右击，在弹出的快捷菜单中执行【交错平面】|【模型交错】命令，将封闭面进行拆分，如图6-76所示。

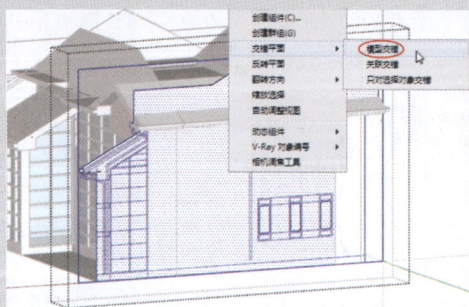

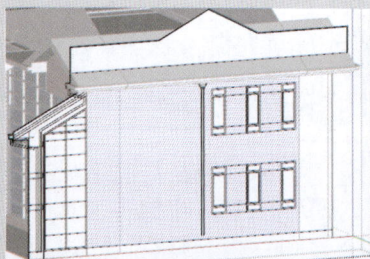

图6-76

③ 利用【推/拉】工具，先拉出200mm的墙体，接着拉出300mm的排水管道，如图6-77所示。

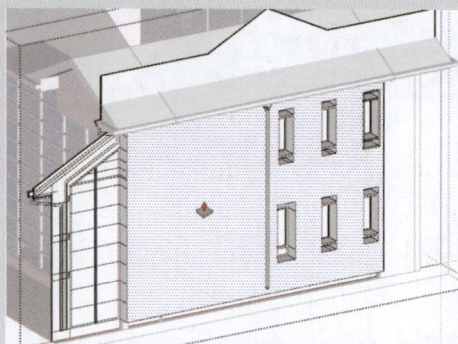

图6-77

④ 拉出窗框和玻璃，并将玻璃材质添加给玻璃对象，最终效果如图6-78所示。

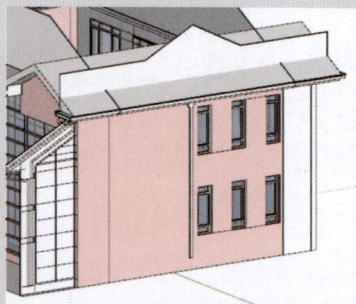

图6-78

⑤ 将四个立面图群组中的立面图和多余的面、线等隐藏，仅保留创建的墙体、门窗、阳台及栏杆等元素，如图6-79所示。

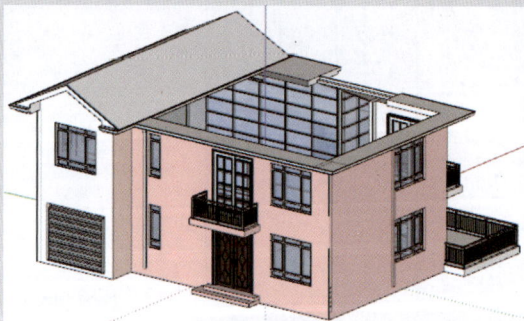

图6-79

**5. 创建屋顶模型**

对屋顶平面单独建模，推拉高度可以参照图纸，也可根据需要自行设置。

① 切换到俯视图。单击【矩形】按钮，在屋顶平面图群组中绘制封闭面，如图6-80所示。

② 选中绘制的封闭面，然后打开坯子插件库。在插件列表下找到"1001建筑工具集"建筑插件，在此插件中单击【自动创建坡度屋顶】按钮，弹出

AI+SketchUp 2024完全实训手册

创建坡屋顶的选项设置页面，输入坡屋顶参数（屋面斜度为27.75）后单击【创建坡屋顶】按钮，如图6-81所示。

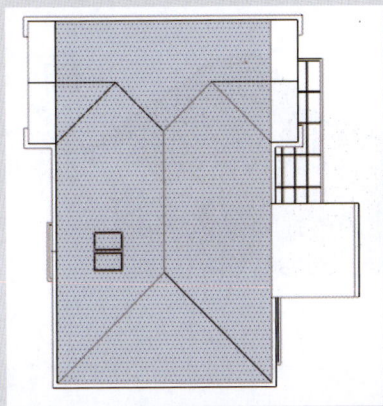

图6-80

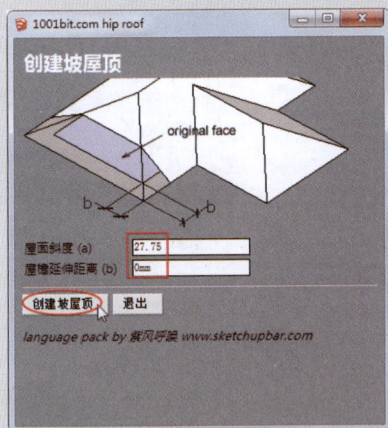

图6-81

**03** 切换到俯视图，将创建的坡屋顶平移到屋檐的相同位置的顶点上，如图6-82所示。

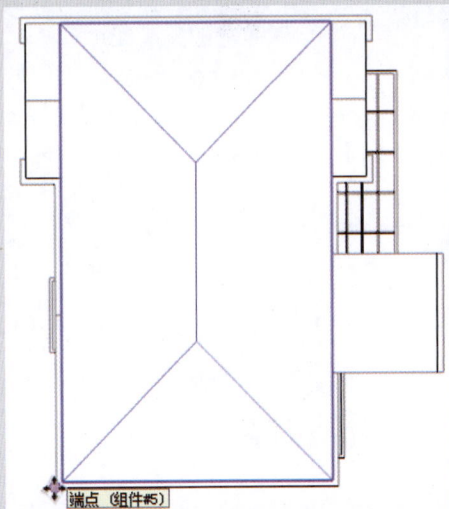

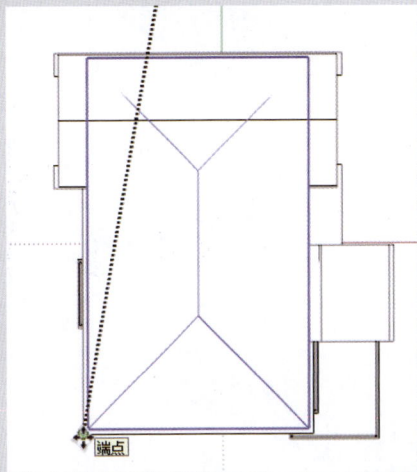

图6-82

**04** 由于坡屋顶与人字形屋顶的斜面有少许误差，可以重新绘制封闭面。将坡屋顶（自动生成的组件）炸开，如图6-83所示。

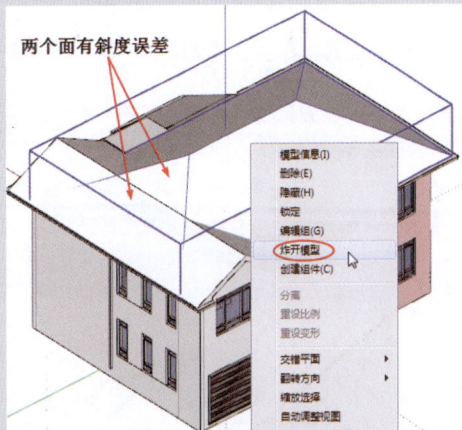

图6-83

**05** 炸开后删除有误差的面，如图6-84所示。

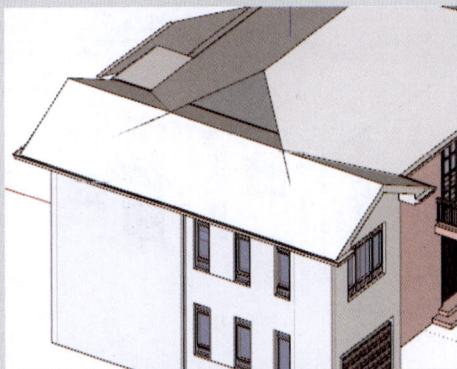

图6-84

**06** 利用【直线】工具 ✏ 重新绘制封闭面，如图6-85所示。

**07** 隐藏交叉的线，如图6-86所示。

图6-85

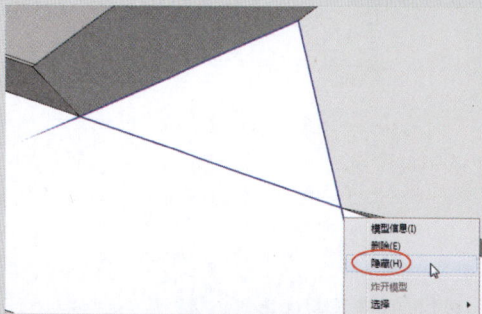

图6-86

**08** 坡屋顶修复的效果如图6-87所示。最终完成的别墅模型如图6-88所示。

图6-87

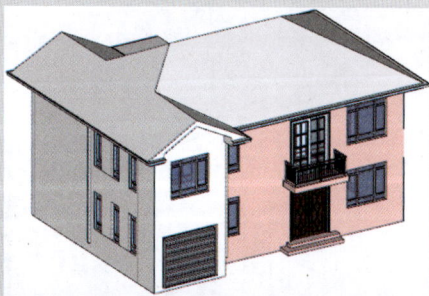

图6-88

### 6.1.3 填充建筑材质

对建好的别墅模型填充相应的材质，并为别墅绘制一个地面，填充砖铺地。

**1.填充建筑物材质**

**01** 在【材质】卷展栏中，首先为坡屋顶填充系统材质库中的【屋顶】|【西班牙式屋顶瓦】材质，如图6-89所示。

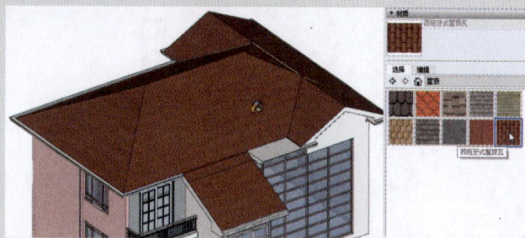

图6-89

**02** 填充墙面为系统材质库中的【瓦片】|【正方形玻璃瓦03】材质（实为"马赛克"材质），如图6-90所示。

图6-90

**03** 填充阳台地板、台阶的材质为系统材质库中的【石头】|【大理石Carrera】材质，如图6-91所示。

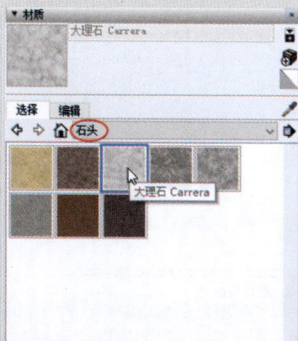

图6-91

**04** 为窗户及卷帘门填充系统材质库中的【金属】|
【铝】材质，如图6-92所示。

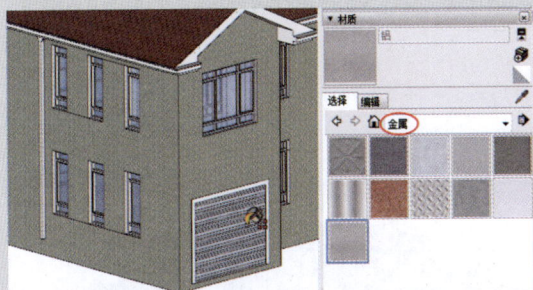

图6-92

**05** 为3个阳台门填充【木质纹】|【饰面木板01】材
质，如图6-93所示。

图6-93

### 2.别墅场地设计与材质填充

**01** 切换到俯视图。绘制一个大的矩形地面，如
图6-94所示。

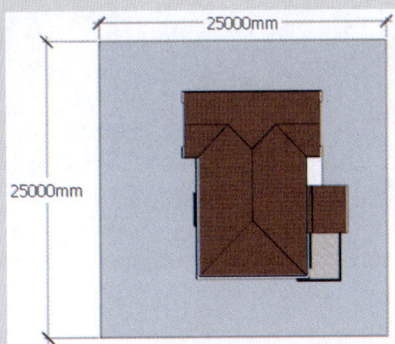

图6-94

**02** 单击【矩形】按钮，在大门位置绘制路面，
如图6-95所示。

图6-95

**03** 单击【偏移】按钮，将地面向内偏移
300mm，如图6-96所示。单击【推/拉】按钮，
将偏移的面拉出一定高度（高度为1200mm），形
成院落围墙，如图6-97所示。

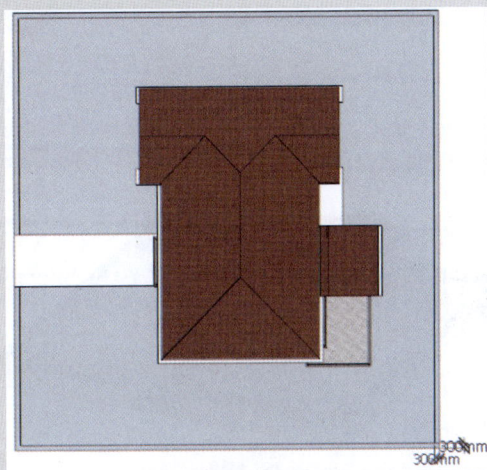

图6-96

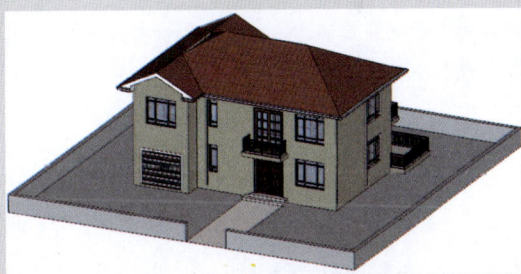

图6-97

**04** 在围墙上选取墙边线创建偏移为150mm的墙中
心线，如图6-98所示。

**05** 选取墙中心线，然后在坯子插件库【栏杆和楼
梯-汉化-1.0】插件列表中单击【栅格栏杆】按钮
，输入高度为"1000mm"，单击【好】按钮自
动创建围墙栏杆，如图6-99所示。

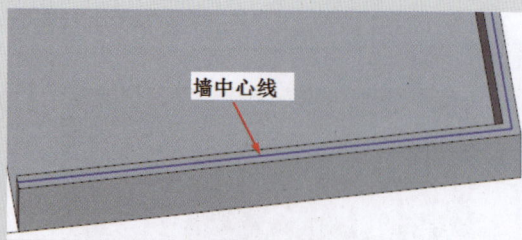

墙中心线

图6-98

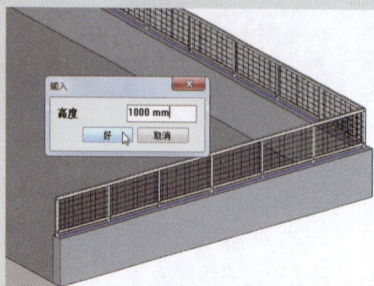

图6-99

**06** 给围墙填充【材质】卷展栏中的【砖、覆层和壁板】|【料石板】材质。给大门的路面填充【沥青和混凝土】|【新柏油路】材质。给围墙内的场地填充【园林绿化、地被层和植被】|【草被1】材质。效果如图6-100所示。

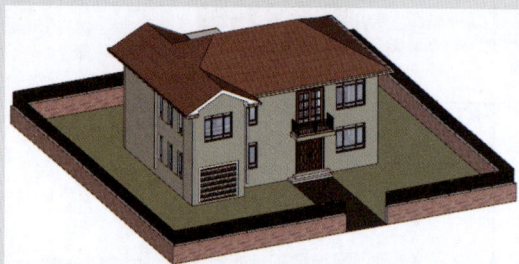

图6-100

**07** 在【组件】面板中单击【详细信息】按钮 ，然后执行【打开或创建本地集合】命令，选择本例源文件夹中的【组件1】文件夹，将该文件夹中的所有组件导入【组件】面板中，如图6-101所示。

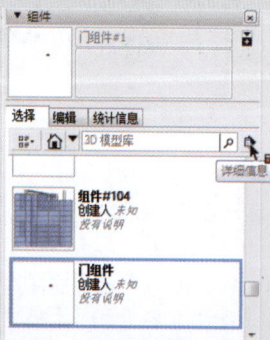

图6-101

**08** 选择"门组件"组件，将其放置到围墙中，然后通过平移、旋转及缩放等操作，完成门组件的放置，如图6-102所示。

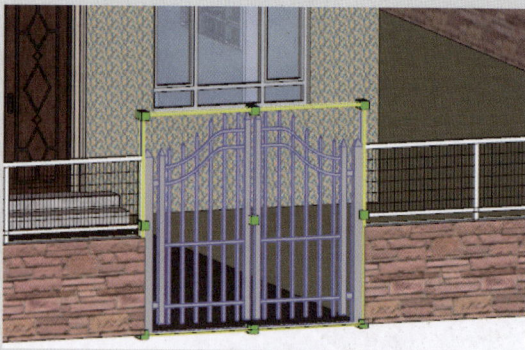

图6-102

**09** 陆续将休闲椅、灯柱、秋千、喷水池、人物、植物等组件放置到场地中，最终完成建模的别墅效果如图6-103所示。

图6-103

## 6.2 建筑结构设计案例

"云在亭"位于北京林业大学校园内的一片小树林中，占地面积120m²，是一座竹篾结构的景观亭，与优美的校园环境完美契合。图6-104所示为"云在亭"的部分实景图。

AI+SketchUp 2024完全实训手册

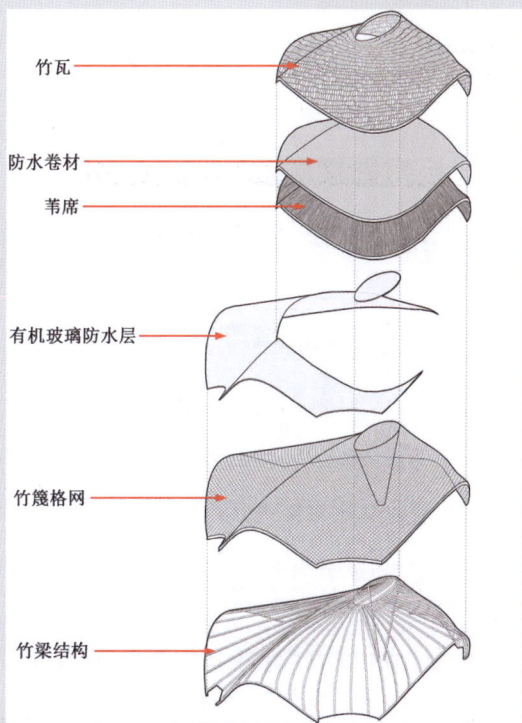

图6-104

"云在亭"的主体由竹瓦、防水卷材、苇席、有机玻璃防水层、竹篾格网和竹梁结构组成，如图6-105所示。

- 竹瓦
- 防水卷材
- 苇席
- 有机玻璃防水层
- 竹篾格网
- 竹梁结构

图6-105

"云在亭"的建模将通过使用SketchUp的相关建模工具和SUAPP插件库中的部分插件共同完成。本例中将要使用到的插件包括画点工具（SUAPP编号为188）、贝兹曲线（SUAPP编号为96）、三维旋转（SUAPP编号为295）、曲线放样（SUAPP编号为427）、线转圆柱（SUAPP编号为148）和拉线成面（SUAPP编号为156）。

◎提示··

如果用户的SUAPP插件库中没有本例中所使用的插件，可到插件库官网中搜索下载。怎样知道需要的SUAPP插件编号呢？需要在SUAPP官网中找到所使用的插件，然后单击【GIF】图标，在弹出的分页中即可查看到插件编号，如图6-106所示。

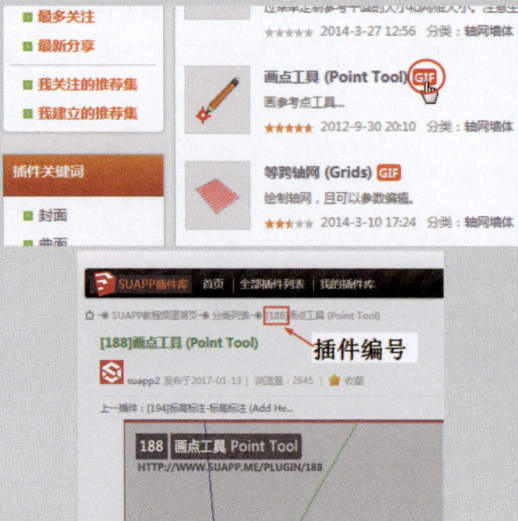

图6-106

整个建模流程包括导入参考图像、构建主体结构曲线、构建主体结构及其他组成结构设计。

## 6.2.1　导入参考图像

构建"云在亭"的主体曲线之前，需要导入"云在亭"项目的俯视图、立面图和剖面图等图像文件作为建模参考。

**01** 启动SketchUp Pro 2024，选择"建筑-毫米"模板后进入操作主界面。

**02** 执行【相机】|【平行投影】命令，切换相机视图为平行视图。

**03** 按F4键切换到俯视图（或单击【俯视图】按钮□）。

**04** 执行【文件】|【导入】命令，从本例源文件夹中导入"俯视图.jpg"图像文件，然后在坐标轴的原点双击，放置图像，如图6-107所示。

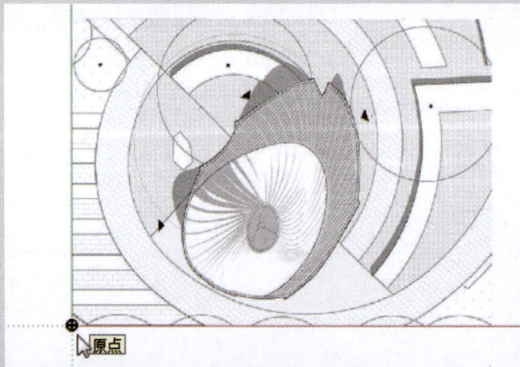

图6-107

◎提示·•·

双击放置图像，可以保留图像的原比例。

**05** 使用大工具集中的【移动】工具✛与【旋转】工具↻，将图像进行平移和旋转操作，结果如图6-108所示。

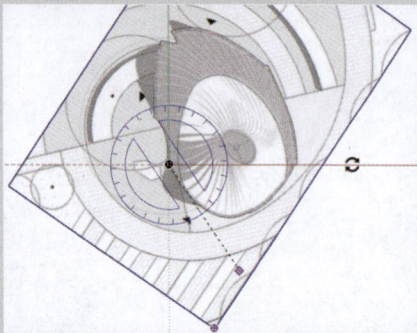

图6-108

**06** 按F6键切换到前视图。执行【文件】|【导入】命令，从本例源文件夹中导入"立面图.jpg"图像文件，并在原点位置双击放置图像，如图6-109所示。

图6-109

**07** 通过使用【移动】工具，将"立面图"图像平移，如图6-110所示。

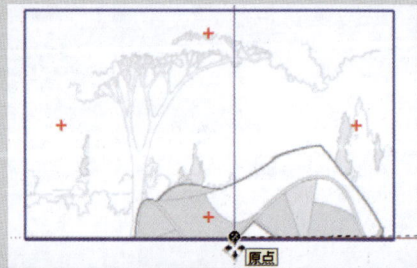

图6-110

**08** 旋转视图，可见"立面图"图像中的门洞曲线与"俯视图"图像中的门洞曲线不重合，说明比例不相等，需要适当缩放"立面图"图像，如图6-111所示。

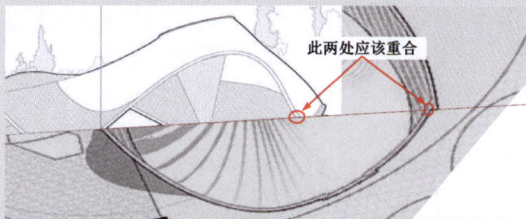

此两处应该重合

图6-111

**09** 使用【缩放】工具 🔲，将"立面图"图像进行缩放，缩放后再平移，以此核对两张图像中的门洞曲线是否重合，可反复多次缩放与平移操作，直至完全重合，如图6-112所示。

◎提示·○

　　每一次导入图像文件时图像都会不同，这一点请读者注意。

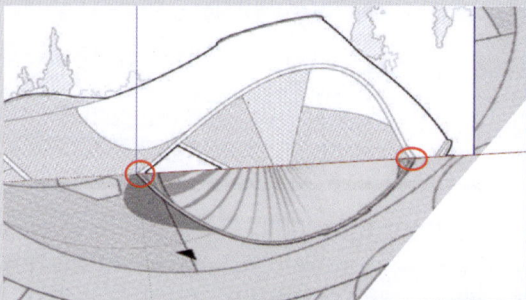

图6-112

## 6.2.2 构件主体结构曲线

　　主体的结构曲线构建方法是，先创建点，再参考背景图像来移动点，最后以点来构建空间曲线。

**01** 按F4键切换到俯视图。在SUAPP面板中输入插件编号188并按Enter键，随即显示【画点工具】插件图标✐画点工具，单击此插件图标，然后参考图像创建多个点，如图6-113所示。

**02** 按F6键切换到前视图。参考"立面图"的背景图像，使用【移动】工具，选取一个点将其平移到对应的立面图中门洞曲线上，如图6-114所示。

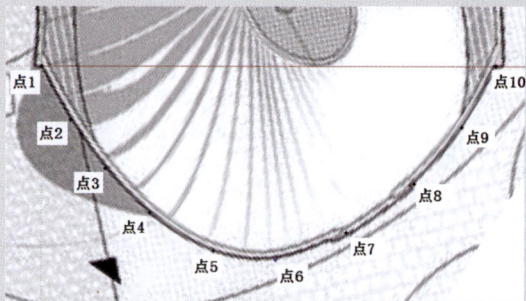

SUAPP Pro 3.4 (64bit)

188

画点工具

查看全部搜索结果

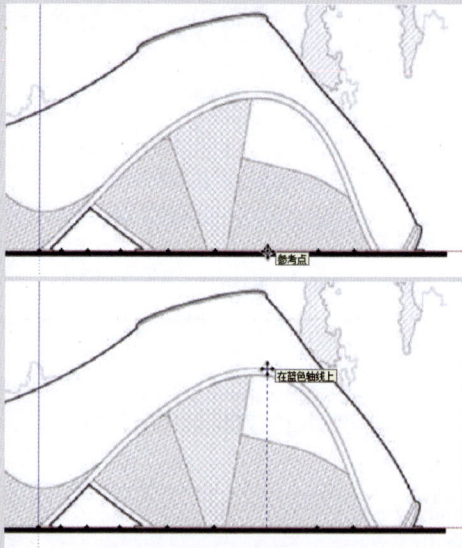

点1　点2　点3　点4　点5　点6　点7　点8　点9　点10

图6-113

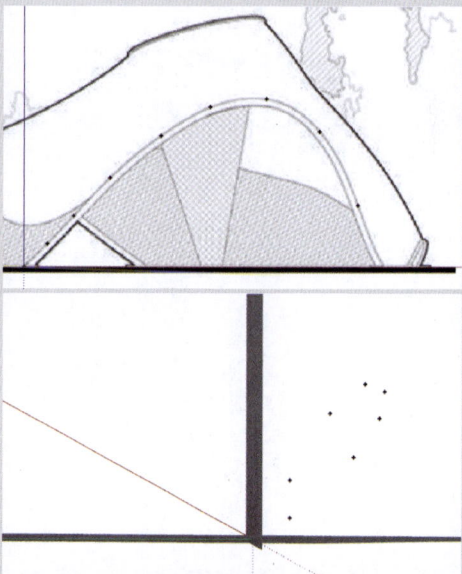

参考点

在蓝色轴线上

图6-114

**03** 同理，逐一将其余点平移到对应的位置上，旋转视图，可以看到这些点在空间中的位置，如图6-115所示。

图6-115

**04** 在SUAPP面板中输入插件编号96并按Enter键，在列出的搜索结果中单击【三次贝兹曲线】插件图标，然后在绘图区中依次选取点来创建贝兹曲线，选取最后一个点后双击，以此结束曲线创建，如图6-116所示。

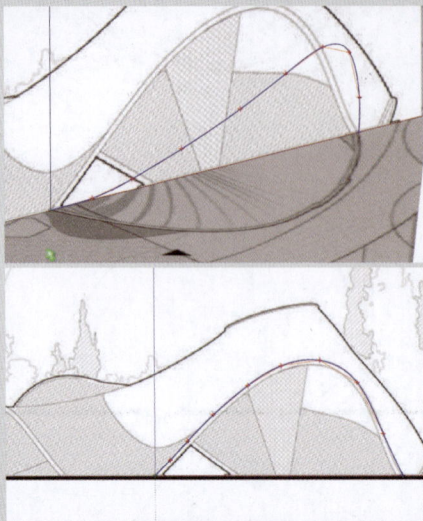

图6-116

**05** 将"立面图.jpg"图像顺时针旋转90°，如图6-117所示。

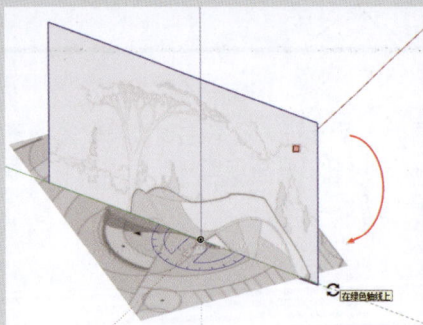

图6-117

**06** 切换到俯视图。再利用SUAPP面板中的【画点工具】插件，参考"俯视图"图像中的小门洞轮廓，创建9个点，如图6-118所示。

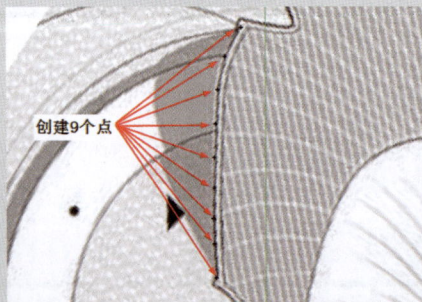

创建9个点

图6-118

**07** 按F8键切换到左视图。参考"立面图.jpg"图像，将上步骤创建的多个点平移到对应的位置。由于没有小门的正向视图，因此移动点时，先移动中间的点，然后在中间点两侧的点可以同时选取并平移，以此形成对称，如图6-119所示。

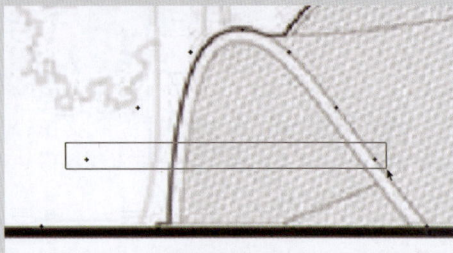

图6-119

**08** 再利用【三次贝兹曲线】插件，依次选取点来创建贝兹曲线，如图6-120所示。

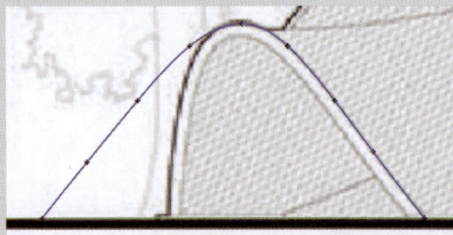

图6-120

**09** 利用【旋转】工具，将"立面图"图像顺时针旋转90°，如图6-121所示。

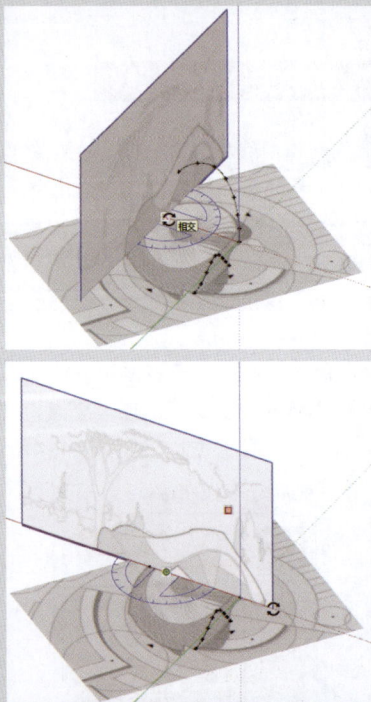

图6-121

⑩ 切换到俯视图。参考"俯视图"图像，利用【画点工具】插件工具创建多个点，如图6-122所示。

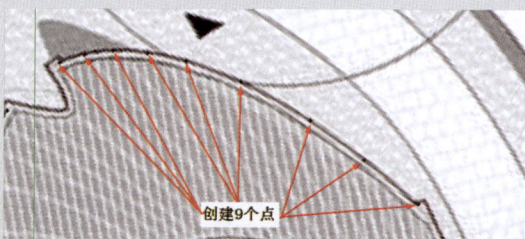
图6-122

⑪ 按F5键切换到后视图。适当平移"立面图"图像，也就是让第三个门洞的最高点竖直对应着多个点中的第5个点，如图6-123所示。

图6-123

⑫ 平移多个点，如图6-124所示。再使用【三次贝兹曲线】插件工具，创建贝兹曲线，如图6-125所示。最后调整贝兹曲线的平滑度，调整方法是，先平移点，然后右击贝兹曲线并在弹出的快捷菜单中执行【贝兹曲线–三次贝兹曲线】命令，拖动贝兹曲线的控制点到对应的点位置上即可。

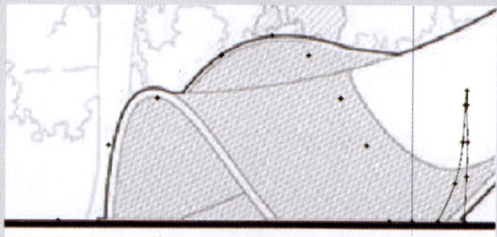
图6-124

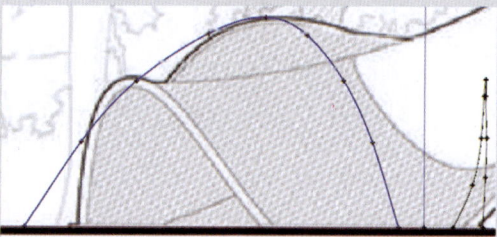
图6-125

⑬ 切换到俯视图。参考"俯视图"图像，利用【三次贝兹曲线】插件工具，创建贝兹曲线，将前面创建的3条空间曲线两两进行连接，如图6-126所示。

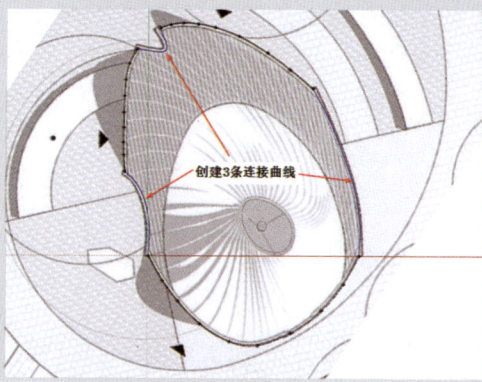

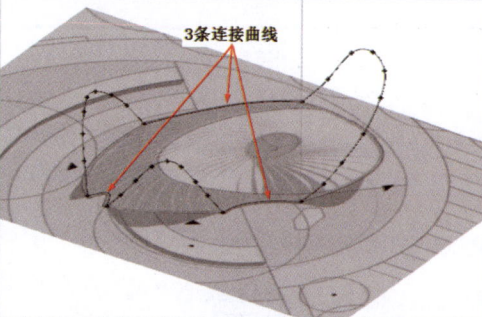
图6-126

⑭ 切换到后视图。使用【直线】工具，参考"立面图"图像绘制一条水平直线，如图6-127所示。

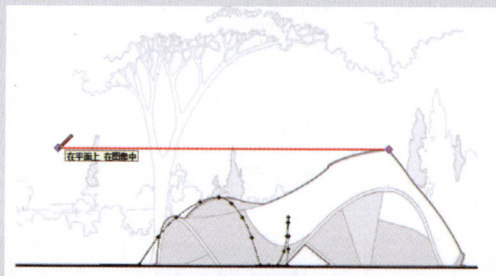
图6-127

⑮ 切换到俯视图。利用【三次贝兹曲线】插件工具，参考"俯视图"图像创建封闭的贝兹曲线（在绘制最后一个控制点时右击，并在弹出的快捷菜单中执行【用曲线闭合曲线】命令即可），如图6-128所示。

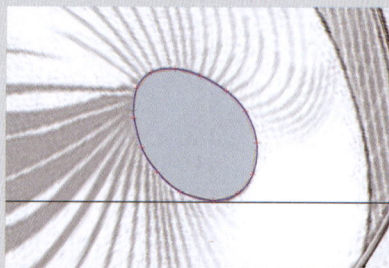
图6-128

16 删除封闭贝兹曲线内的面，仅保留封闭曲线。切换到后视图中，然后使用【移动】工具，将封闭的贝兹曲线平移到水平直线上，如图6-129所示。

图6-129

17 在SUAPP面板中输入"旋转"并按Enter键后进行搜索，搜索【三维旋转】插件。如果没有安装此插件，可单击【安装】按钮进行安装，然后再单击SUAPP面板下方出现的【同步】按钮进行插件同步。图6-130所示为安装完成【三维旋转】插件后的SUAPP面板。

图6-130

18 安装【三维旋转】插件后，单击【三维旋转】插件图标，在封闭曲线上选取旋转中心点，如图6-131所示。

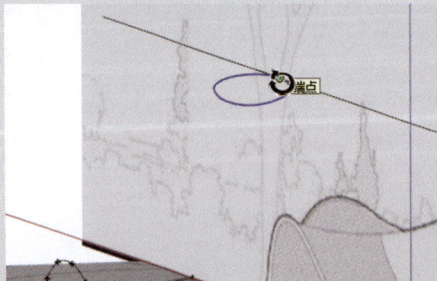
图6-131

19 切换到左视图。然后选取旋转的第一点，如图6-132所示。

20 选取旋转的第二点，将封闭的曲线旋转一定的角度，如图6-133所示。

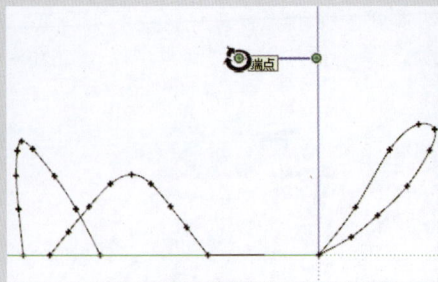
图6-132

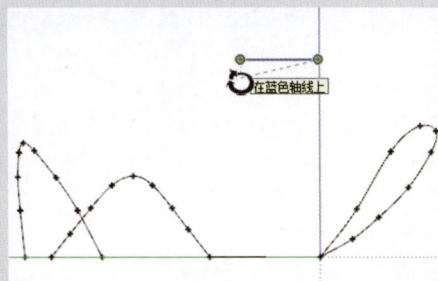

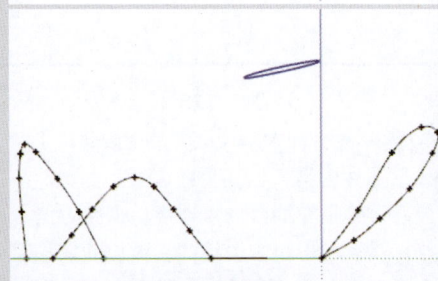
图6-133

21 切换到俯视图。利用【画点工具】插件工具，参考竹梁的布局来创建4个点。切换到左视图，使用【移动】工具将点垂直向上移动到相应位置上，如图6-134所示。

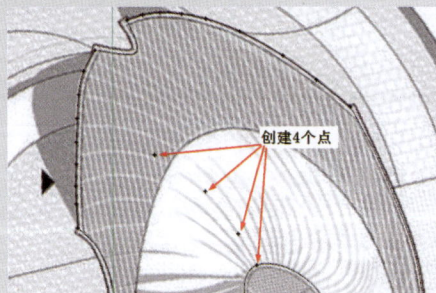

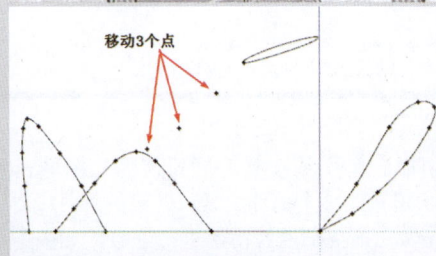
图6-134

AI+SketchUp 2024完全实训手册

㉒ 利用【三次贝兹曲线】插件工具，选取点来创建贝兹曲线，如图6-135所示。

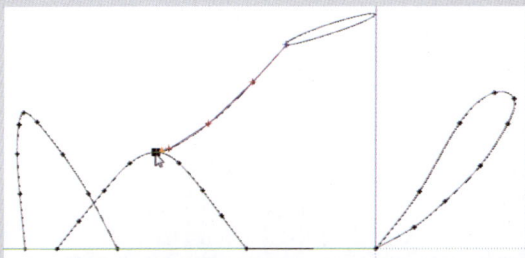

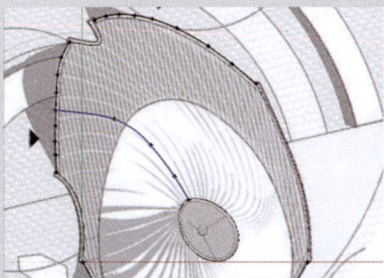

图6-135

㉓ 再切换到俯视图。利用【画点工具】插件工具，创建并移动点，结果如图6-136所示。

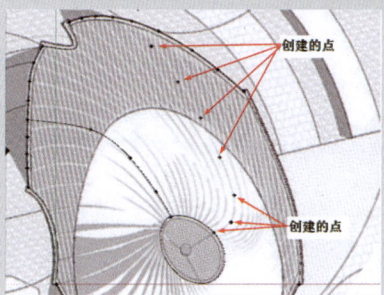

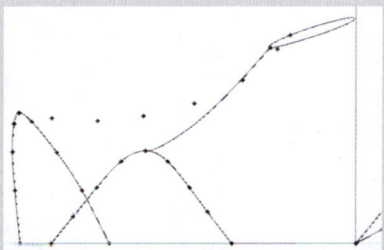

图6-136

㉔ 利用【三次贝兹曲线】插件工具依次选取点来创建贝兹曲线，如图6-137所示。

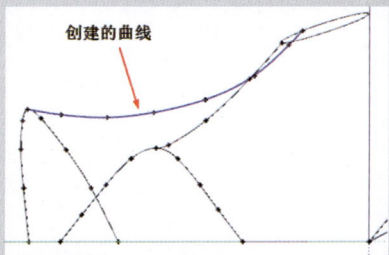

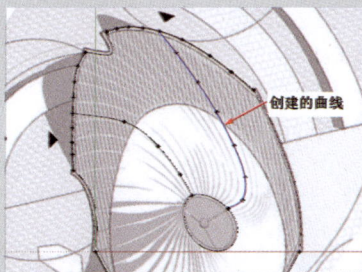

图6-137

㉕ 同理，再使用【画点工具】插件工具创建图6-138所示的点，然后切换到左视图并参考图像移动点到合适位置。

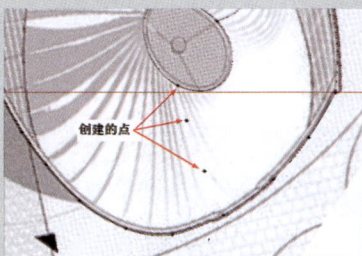

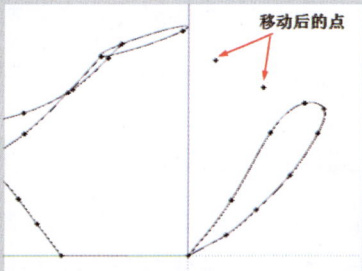

图6-138

㉖ 利用【三次贝兹曲线】插件工具选取点来创建贝兹曲线，如图6-139所示。

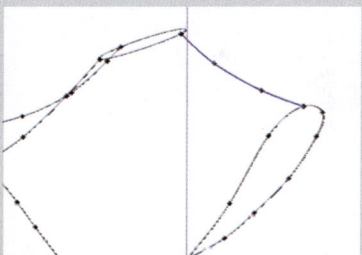

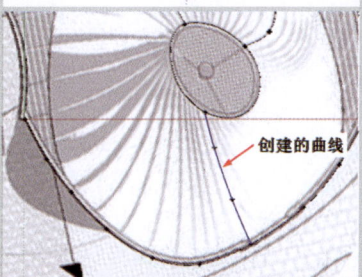

图6-139

㉗ 同理，按此方法再创建3条贝兹曲线，如图6-140
所示。至此完成"云在亭"模型的结构曲线构建。

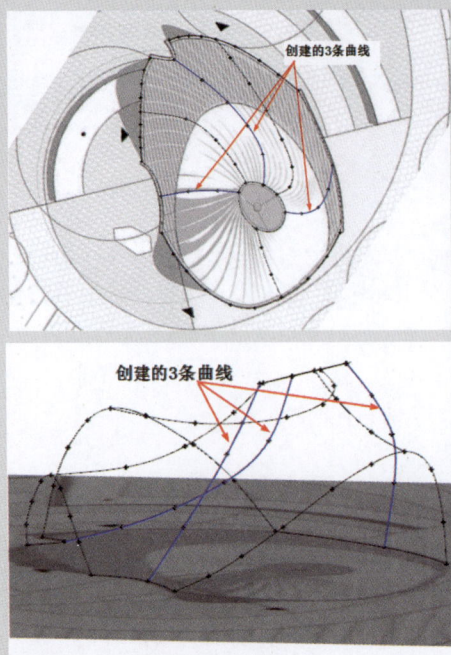

图6-140

### 6.2.3　主体结构设计

　　从图6-14中可以看出"云在亭"由多种材质和
结构组成，建模时需要将主体结构曲线复制出多
份，以作为各层结构设计的骨架曲线。主体结构包
括主体竹梁结构、竹篾格网、有机玻璃防水层、竹
瓦、防水卷材、苇席等。

#### 1. 主体竹梁结构设计

① 切换到俯视图。使用【移动】工具，按住Ctrl键
拖动主体结构曲线，将主体结构曲线复制两份，如
图6-141所示。

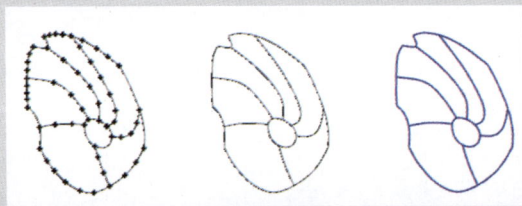

图6-141

② 选中"立面图"参考图像，右击并在弹出的快
捷菜单中执行【隐藏】命令进行隐藏。

③ 参考"俯视图"图像，选中相邻的两条轮廓线
（贝兹曲线），右击并在弹出的快捷菜单中执行
【贝兹曲线–转换为】|【固定段数多段线】命令，

弹出【参数设置】对话框，输入段数为13，单击
【好】按钮完成曲线的转换，如图6-142所示。

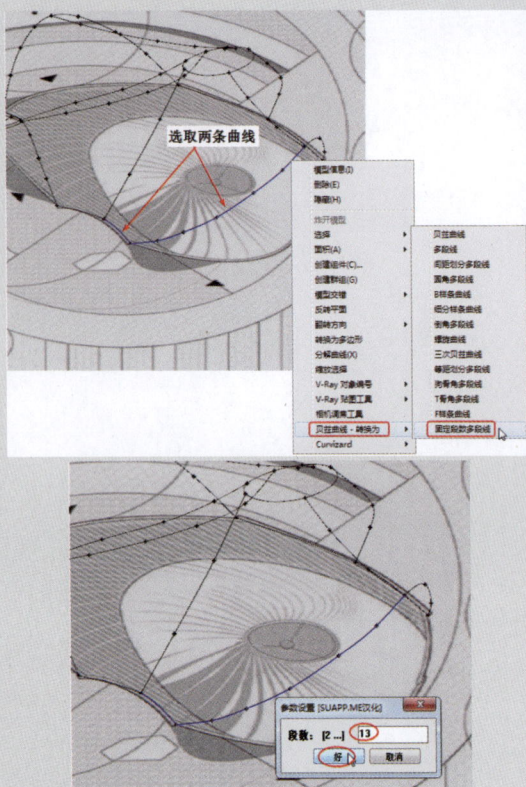

图6-142

④ 同样选取顶部的一段贝兹曲线，完成多段线的
转换，如图6-143所示。

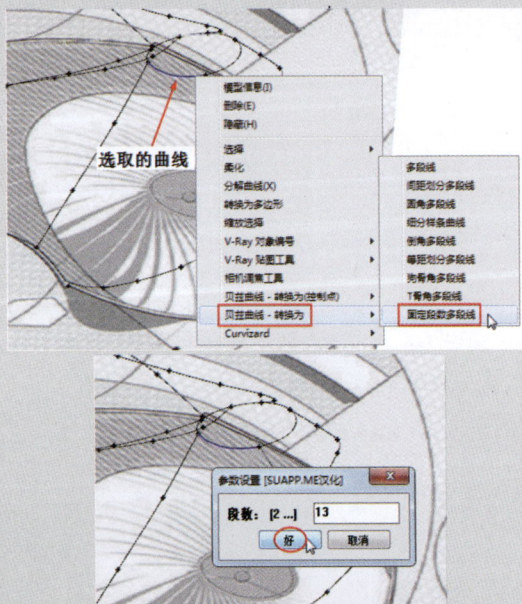

图6-143

**提示·○**

段数的确定可大致参考"俯视图"图像中的竹梁数量。如果骨架曲线中间的竹梁数为4，那么转多段线时输入的段数就应该是5，如图6-144所示。

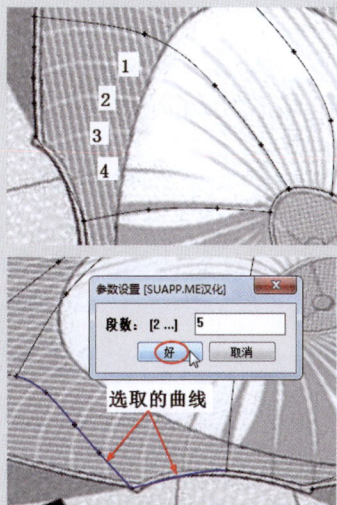

图6-144

**05** 以此类推，其余外形轮廓曲线及顶部的曲线，均按此方法进行转换。将转换完成的多段线复制一份，作为后续设计竹篾结构时的基本曲线。

**06** 在SUAPP面板中输入插件编号427并按Enter键搜索，搜出3个插件工具：轮廓放样、路径放样和曲线放样。单击【轮廓放样】插件图标，然后在绘图区中框选主体结构曲线，如图6-145所示。

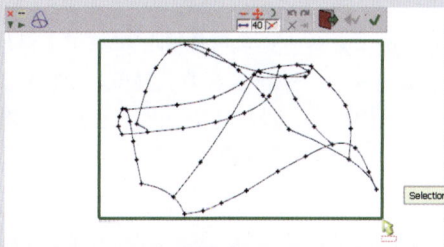

图6-145

**07** 框选曲线后单击放样工具栏中的【确定】按钮✓，进入预览模式查看轮廓线，如图6-146所示。

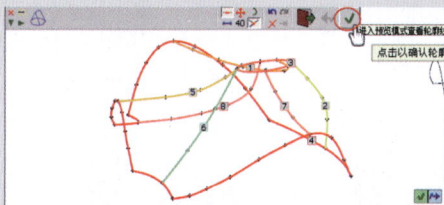

图6-146

**08** 在放样工具栏中单击【仅生成表面横向线框】按钮▤，再单击【确定】按钮✓，完成线框的创建，如图6-147所示。

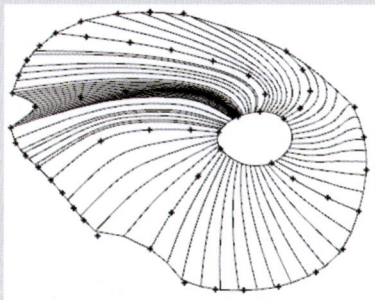

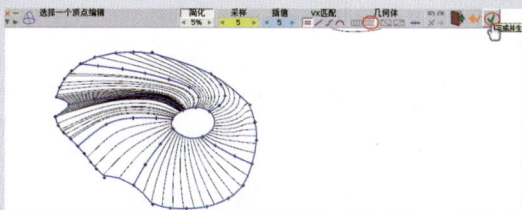

图6-147

**09** 选中整个线框模型（自动生成的组件），右击并在弹出的快捷菜单中执行【炸开模型】命令，炸开线框模型。然后参考【俯视图】图像中的竹梁，将多余的线删除，结果如图6-148所示。

**提示·○**

出现这种多余曲线，主要是分段的问题。可以重新选择贝兹曲线进行分段。

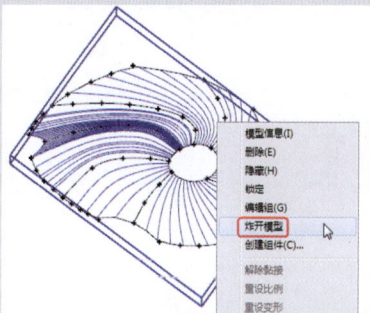

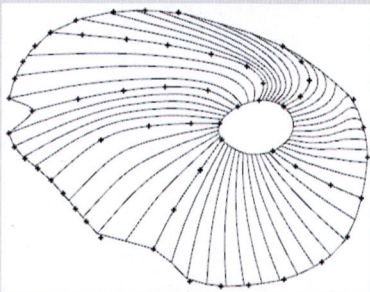

图6-148

111

⑩ 框选所有曲线，右击并在弹出的快捷菜单中执行【Curvizard】|【光滑曲线】命令，将多段线进行平滑处理，如图6-149所示。

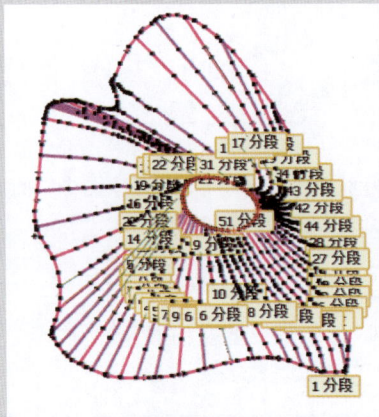

图6-149

⑪ 切换到俯视图。参考"俯视图"图像，使用【圆】工具绘制一个圆，此圆要稍大于图像中的圆，如图6-150所示。

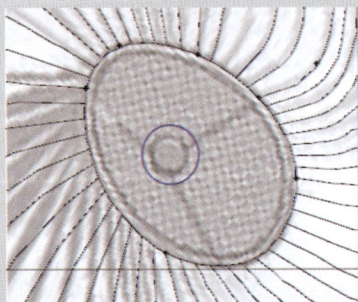

图6-150

⑫ 将顶部的圆和上步骤绘制的圆进行复制，如图6-151所示。

⑬ 将复制出来的两个圆分别转换成段数为30的多段线。

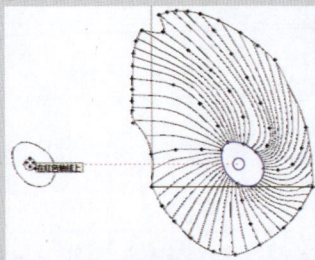

图6-151

⑭ 框选两个圆，再单击【曲线放样】插件图标，生成放样曲面预览。在弹出的放样工具栏中单击【仅生成表面纵向线框】按钮，然后选取预览的线框，弹出【预览及参数设置面板】对话框。设置线框顶部的顶点旋转角度为3°，使其扭曲，最终单击【确定】按钮完成线框的创建，如图6-152所示。

> **提示**
> 复制出来的圆如果是断开的，可以先使用【批量焊接】插件工具进行焊接，然后再转为多段线。

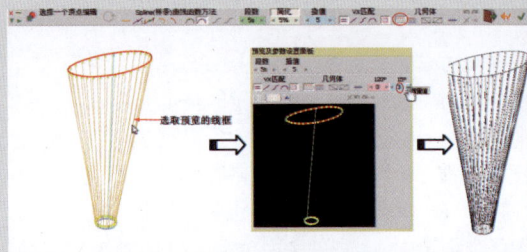

图6-152

⑮ 再次选中复制出来的两个圆，再单击【曲线放样】插件图标，生成放样曲面预览。在放样工具栏中设置段数为3，单击【仅生成表面纵向线框】按钮和【仅生成表面横向线框】按钮，最后单击【确定】按钮完成线框的创建，如图6-153所示。

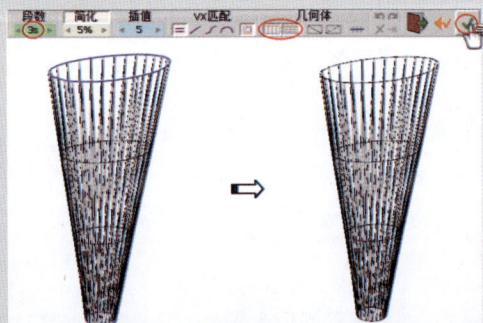

图6-153

⑯ 将创建的线框平移到先前的竹梁结构曲线中，如图6-154所示。然后右击并在弹出的快捷菜单中执行【炸开模型】命令将创建的线框炸开。

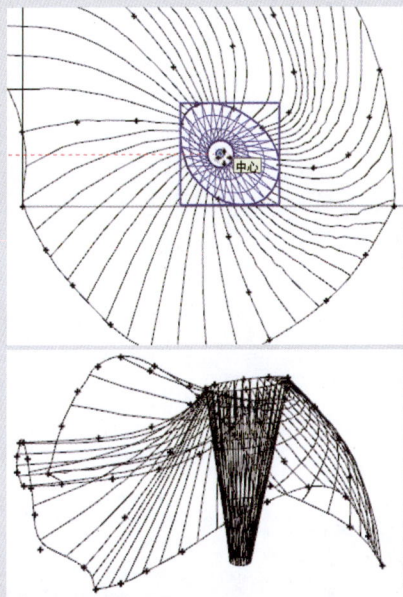

⑱ 创建的竹梁结构如图6-156所示。余下的内部线框中的曲线创建截面直径为20mm的圆柱，如图6-157所示。

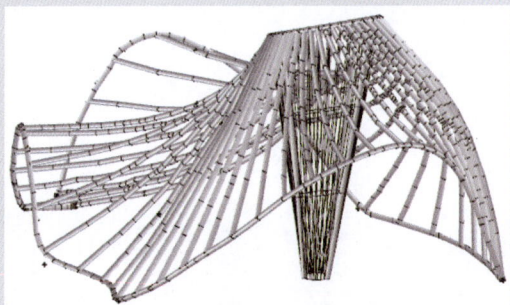

图6-156

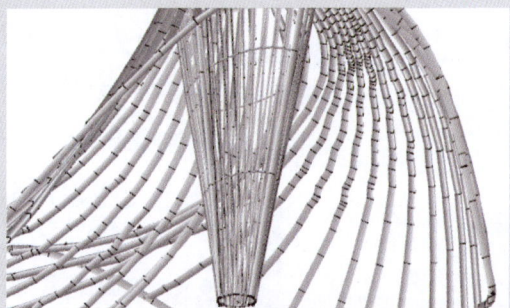

图6-157

### 2. 创建竹篾格网

在复制的多段线框中进行竹篾网格设计。

⑰ 在SUAPP面板中输入插件编号148，显示【线转圆柱】插件图标。选取所有竹梁结构曲线和线框内部的4条曲线，再单击【线转圆柱】插件图标，弹出【参数设置】对话框。在对话框中输入圆柱参数，单击【好】按钮创建竹梁结构，如图6-155所示。

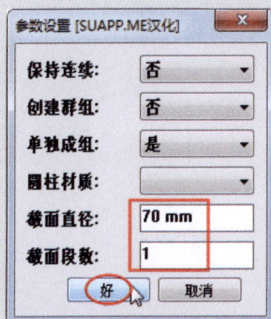

图6-155

① 选取图6-158所示的贝兹曲线转换成多段线，段数为10。同理，将其余贝兹曲线也转换成多段线。

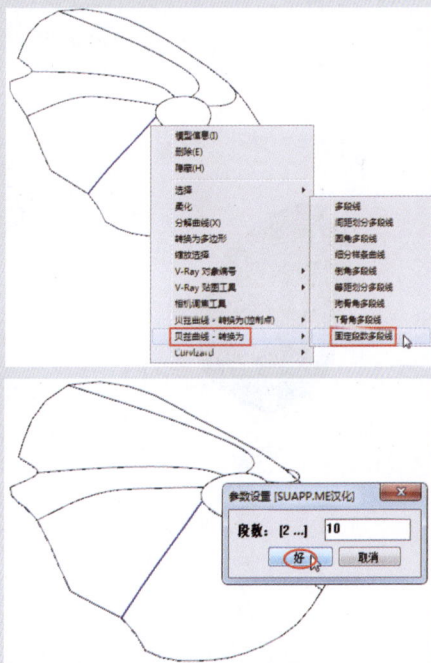

图6-158

**02** 框选多段线，再单击SUAPP面板中的【轮廓放样】插件图标 ⚙️，在放样工具栏中单击【仅生成表面纵向线框】和【仅生成表面横向线框】按钮，再单击【确定】按钮 ✔️，创建轮廓放样模型（自动成群组的线框模型），如图6-159所示。

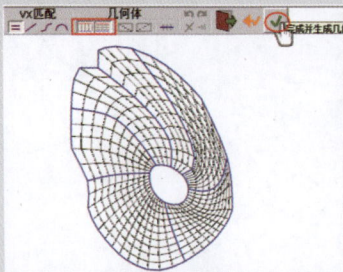

图6-159

**03** 双击线框模型，选取所有的曲线，按Ctrl+C组合键复制，如图6-160所示。接着将线框模型隐藏，仅显示原有的多段线。

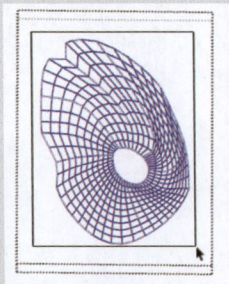

图6-160

**04** 再次框选多段线，单击【轮廓放样】插件图标 ⚙️，在弹出的放样工具栏中单击【以虚拟矩形模式生成表面】按钮 ▣，创建曲面模型（自动生成群组），如图6-161所示。

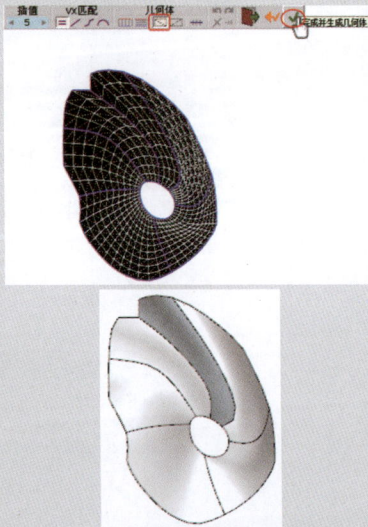

图6-161

**05** 选取曲面模型，右击并在弹出的快捷菜单中执行【柔化/平滑边线】命令，在默认面板的【柔化边线】卷展栏中拖动角度滑块到0位置，将会显示所有的平滑曲线，如图6-162所示。

◎提示 ·:·

注意，曲面模型中有个别曲面方向与其他曲面不一致，可以双击进入群组编辑状态，右击，选择【模型交错】命令，然后可以单独选取那个曲面（相反方向）并右击菜单中的【反向平面】命令。即可保证所有曲面的方向是一致的。最后需要炸开群组模型，重新创建群组，以保证群组中的所有曲面成一整体。另外，曲面操作后，尽量多复制几个副本以备使用。

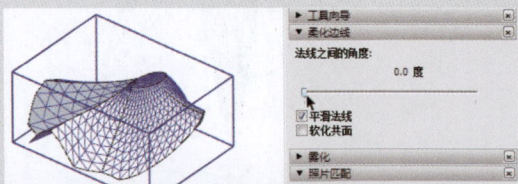

图6-162

**06** 双击曲面模型进入群组编辑状态中，选取所有曲线、曲面后，在SUAPP面板中单击【清理曲线】插件图标 ↻，完成曲面的清理，仅保留曲线。

**07** 执行【编辑】|【定点粘贴】命令，将先前按Ctrl+C组合键进行复制的曲线粘贴进来，此时不要动鼠标，直接按Delete键删除亮显的结构线，此举可以删除横线和竖线，仅保留斜线，结果如图6-163所示。如果发现还存在残留的横线和竖线，可手动选取来删除，也可以多次执行【定点粘贴】命令来反复删除。将曲面模型群组暂时隐藏。

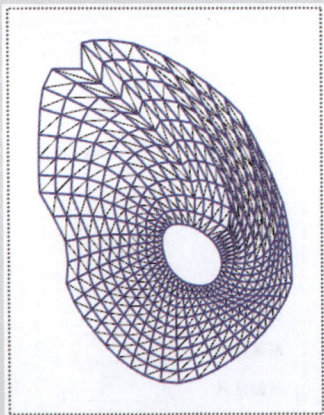

图6-163

**08** 同理，按此方法，再创建一个斜向相反的放样曲面模型（在放样工具栏中单击 按钮），定点粘贴并删除曲线后的结果如图6-164所示。

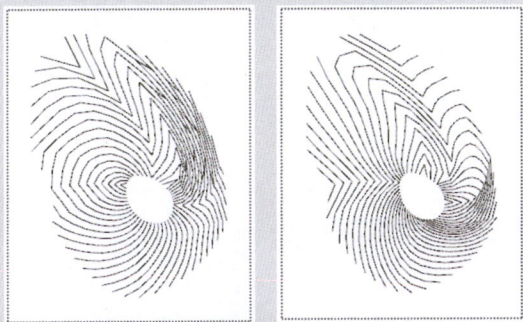

图6-164

**09** 显示隐藏的曲面模型群组，得到图6-165所示的网状曲线效果。框选所有曲面模型，右击并在弹出的快捷菜单中执行【炸开模型】命令，炸开群组。

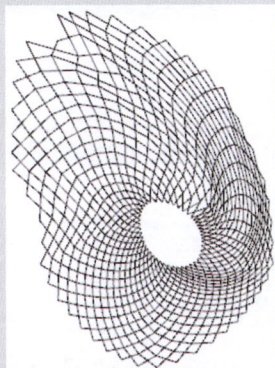

图6-165

**10** 框选网状曲线，在SUAPP面板中单击【线转圆柱】插件图标 ，创建截面直径为20mm的圆柱，如图6-166所示。

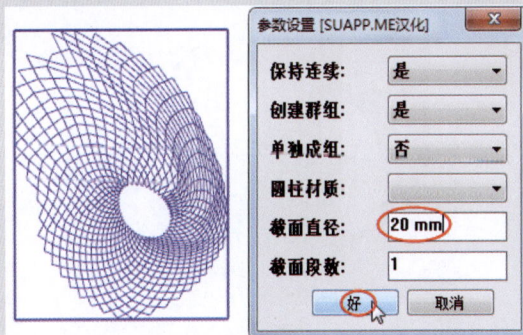

图6-166

**11** 创建的圆柱就是竹篾格网，如图6-167所示。自行为竹篾格网添加一种材质，然后将其平移到竹梁结构中，如图6-168所示。

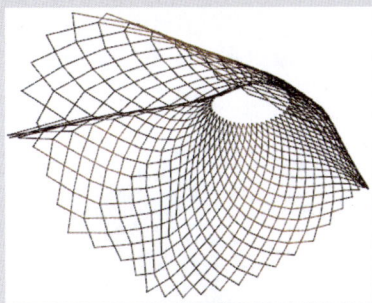

图6-167

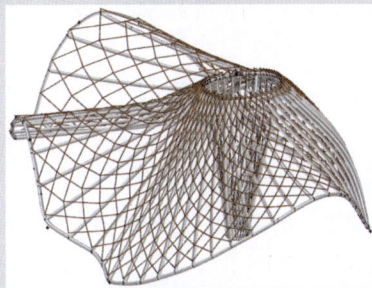

图6-168

### 3. 创建有机玻璃防水层

**01** 框选第一个复制的主体结构曲线，在SUAPP面板中单击【轮廓放样】插件图标 ，绘图区中显示放样预览和放样工具栏。

**02** 单击放样工具栏中的【确定】按钮 ，完成放样曲面模型的创建，如图6-169所示。

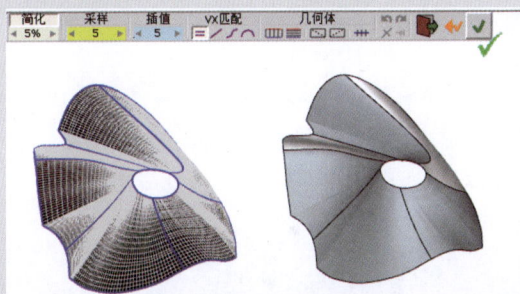

图6-169

**03** 双击曲面模型，进入群组编辑状态中。选中曲面，在SUAPP面板中搜索"加厚推拉"，然后单击【加厚推拉】插件图标 ，在数值栏中输入50mm，按Enter键完成曲面的加厚操作。创建了具有厚度的模型如图6-170所示。

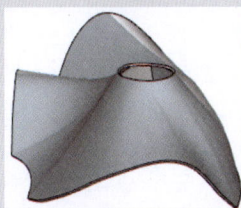

图6-170

第6章 建筑及结构设计案例

**04** 这个加厚的模型就是有机玻璃防水层，为其添加玻璃材质。最后平移到竹梁结构中，效果如图6-171所示。

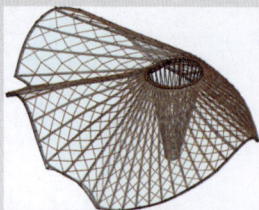

图6-171

**4. 创建竹瓦、防水卷材、苇席**

除了前面创建的竹梁结构、竹篾格网和有机玻璃防水层外，还有竹瓦、防水卷材和苇席需要创建。这3种结构的创建方法和过程是完全相同的，下面仅介绍创建竹瓦的过程。

**01** 显示隐藏的"俯视图"图像，然后将图像平移到第二个结构曲线位置上。

**02** 利用【画点曲线】插件工具，参考图像创建点，如图6-172所示。

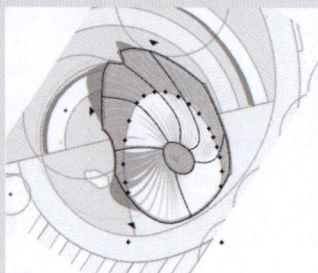

图6-172

**03** 利用【三次贝兹曲线】插件工具和【直线】工具✏️，参考这些点绘制出图6-173所示的封闭曲线。

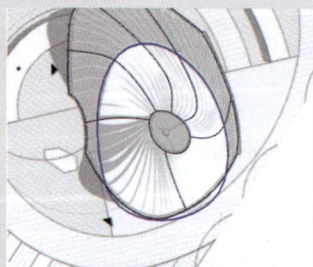

图6-173

**04** 框选主体结构曲线，单击【轮廓放样】插件图标🌀，绘图区中显示放样预览和放样工具栏。

**05** 单击放样工具栏中的【确定】按钮✅，完成放样曲面模型的创建，如图6-174所示。右击并在弹出的快捷菜单中执行【炸开模型】命令，炸开曲面模型。

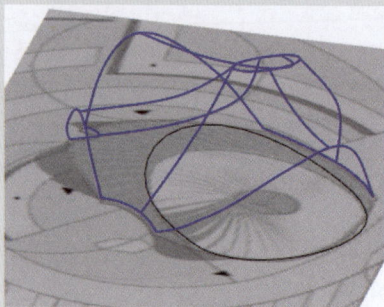

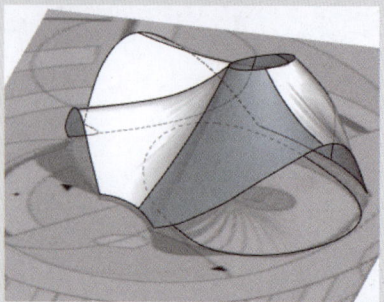

图6-174

**06** 选取封闭曲线，在SUAPP面板中输入156或"拉线成面"，然后单击【拉线成面】插件图标🐟，选取封闭曲线上的一点作为拉出起点，往上拉出曲面，如图6-175所示。

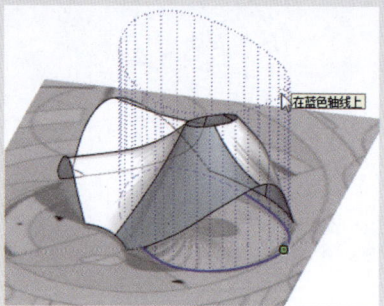

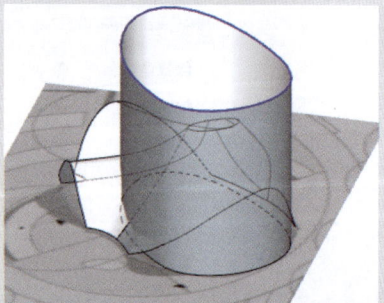

图6-175

**07** 利用SUAPP【生成泡泡】插件工具，创建上下封闭面，如图6-176所示。

**08** 框选放样曲面和拉伸面、封闭面，再右击并在弹出的快捷菜单中执行【模型交错】|【模型交错】命令，可得到模型相交曲线，如图6-177所示。

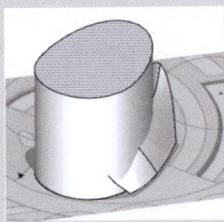

图6-176

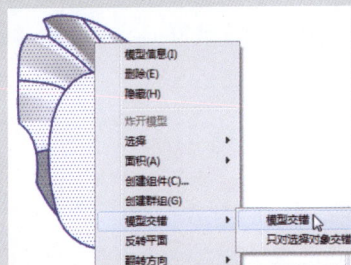

图6-177

**09** 产生相交曲线后，将多余曲面删除，结果如图6-178所示。

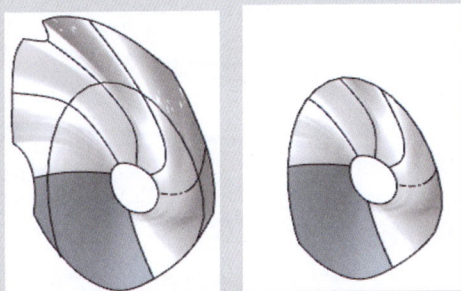

图6-178

**10** 利用【加厚推拉】插件工具，推拉出厚度为50mm的薄壳。

**11** 为创建的薄壳添加木材质，并将其平移到竹梁结构中。至此，完成"云在亭"的造型设计，如图6-179所示。

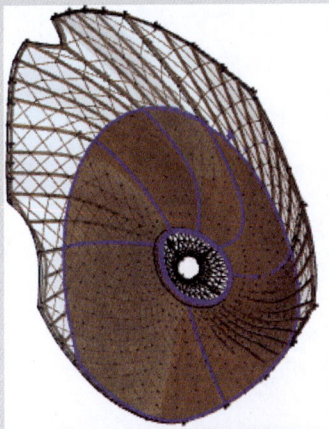

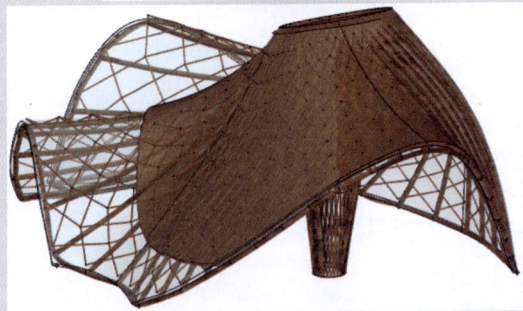

图6-179

# 第7章
# AI辅助场景渲染

本章探讨AI技术在场景渲染领域的应用。随着计算能力的持续提升和算法的不断优化，AI正在成为场景渲染的有力助手。从自动化生成场景元素，到智能优化渲染参数，再到快速预测成像效果，AI在提高场景渲染效率和质量方面发挥了重要作用。

## 7.1　V-Ray for SketchUp渲染器简介

V-Ray 渲染器是世界领先的计算机图形技术公司Chaos Group的产品。

过去在创建复杂的场景时，必须花大量时间调整光源的位置和强度才能得到理想的照明效果，而V-Ray for SketchUp具有全局照明和光线追踪的功能，在完全不需要放置任何光源的情况下，也可以渲染出很出色的图片，并且完全支持HDRI纹理，具有很强的着色引擎、灵活的材质设定、较快的渲染速度等特点。最为突出的是它的焦散功能，可以产生逼真的焦散效果，所以V-Ray又具有"焦散之王"的称号。

由于SketchUp没有内置的渲染器，因此要得到照片级的渲染效果，只能借助其他渲染器来完成。V-Ray渲染器是目前最为强大的全局照明渲染器之一，适用于建筑及产品的渲染。使用此渲染器，既能发挥出SketchUp的优势，还能弥补SketchUp的不足，从而创作出高质量的渲染作品。

### 7.1.1　V-Ray简介

目前，能应用在SketchUp 2024的V-Ray插件版本为V-Ray 6.20.04 for SketchUp 2024。

> **提示·**
>
> V-Ray 6.20.04 for SketchUp 2024是Chaos Group官方推出的简体中文版。

#### 1. V-Ray的优点

- 最为强大的渲染器之一，具有高质量的渲染效果，支持室内外场景及工业产品的渲染。
- 使用V-Ray可以在SketchUp中实时可视化设

计。在模型中穿行、添加材质、设置灯光和摄像机等，全部在场景实时画面中完成。

- V-Ray还支持其他三维软件，如3ds Max、Maya等，其使用方式及界面相似。
- 以插件的方式实现对SketchUp场景的渲染，实现与SketchUp的无缝整合，使用很方便。
- V-Ray 6带来全新的【V-Ray Frame Buffer】窗口。V-Ray 6内置合成功能，用户可以在调整颜色、组合渲染元素、保存预设以后使用，无须其他软件配合。
- 【Light Gen（灯光生成）】是一个全新的V-Ray 工具，自动生成SketchUp 场景的小样图，每张图都拥有不同的灯光预设。选择最喜欢的结果，单击即可渲染。

#### 2. V-Ray的材质分类

V-Ray的材质分为标准材质和常用材质，它还可以模拟出多种材质。

- V-Ray 标准材质包含内置的清漆层和布料光泽层。清漆层可以轻松创建刷清漆的木材等有反射层的材质，布料光泽层可以轻松创建丝绸布料和天鹅绒等，如图7-1所示。
- 角度混合材质是与观察角度有关的材质，如图7-2所示。

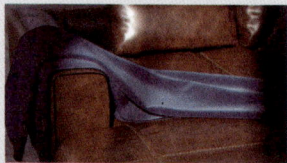

图7-1　　　　　　　图7-2

- 双面材质有一种半透明的效果，如图7-3和图7-4所示。

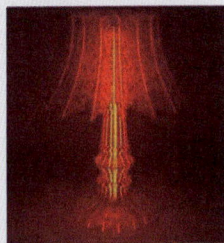
图7-3

图7-4

图7-5

图7-6

◎提示·。

利用双面材质可以对单面模型的正反面使用不同的材质，如图7-5所示。

■ 利用随机增加真实感材质可以创建更为真实的效果，如图7-6所示。

### 7.1.2　V-Ray 的渲染工具栏

图7-7所示为V-Ray的渲染工具栏。

在【V-Ray for SketchUp】工具栏中单击【资产编辑器】按钮◎，弹出【V-Ray Asset Editor】窗口，如图7-8所示。【V-Ray Asset Editor】窗口中包含用于管理V-Ray资产、进行渲染设置的选项卡及列表。

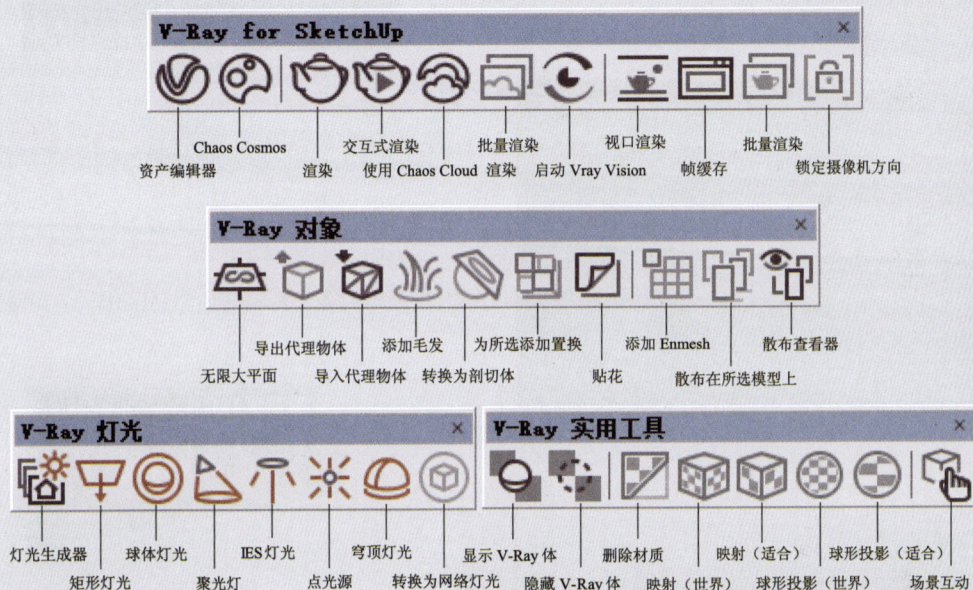

V-Ray for SketchUp

Chaos Cosmos　　　交互式渲染　　　批量渲染　　　视口渲染　　　批量渲染
资产编辑器　　　渲染　　使用 Chaos Cloud　渲染　　启动 Vray Vision　　帧缓存　　锁定摄像机方向

V-Ray 对象

导出代理物体　　　添加毛发　　　为所选添加置换　　　添加 Enmesh　　　散布查看器
无限大平面　　　导入代理物体　　转换为剖切体　　　贴花　　　散布在所选模型上

V-Ray 灯光

灯光生成器　　球体灯光　　IES灯光　　　穿顶灯光
矩形灯光　　聚光灯　　点光源　　转换为网络灯光

V-Ray 实用工具

显示 V-Ray 体　　　删除材质　　　映射（适合）　　　球形投影（适合）
隐藏 V-Ray 体　　映射（世界）　　球形投影（世界）　　场景互动

图7-7

◉ 【材质】选项卡

♀ 【灯光】选项卡

◇ 【几何体】选项卡

◈ 【渲染元素】选项卡

▣ 【纹理】选项卡

⚙ 【设置】选项卡

🫖 【渲染工具】下拉列表

▦ 【打开V-Ray帧缓存】下拉列表

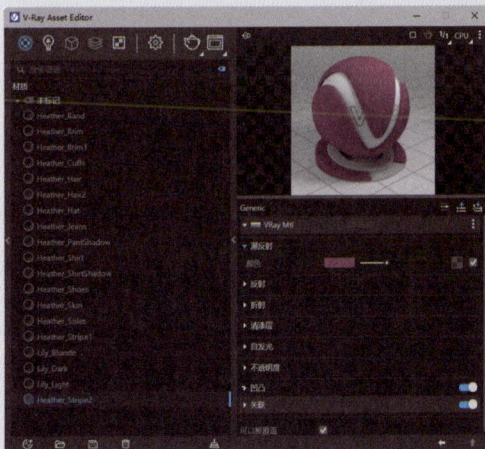
图7-8

【V-Ray Asset Editor】窗口中的选项卡将在后面章节中详细介绍。除了这几个选项卡用以控制渲染质量外，还可使用渲染工具进行渲染质量的后期处理，如图7-9所示。

图7-9

单击【打开V-Ray帧缓存】按钮■，弹出【V-Ray Frame Buffer】窗口，如图7-10所示，通过该窗口查看渲染过程。

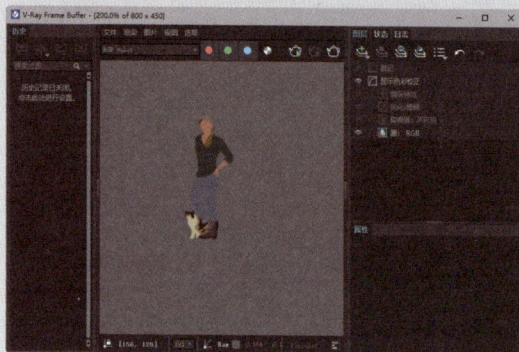
图7-10

提示·。

在【V-Ray Frame Buffer】窗口中，可将左侧的【历史】选项卡和右侧的【图层】【状态】和【日志】等选项卡隐藏，以便最大化显示渲染窗口。隐藏方法就是将中间的渲染窗口的边框往左或往右拖。

## 7.2  V-Ray渲染应用案例

本案例以室内厨房空间为渲染操作对象，以帮助读者掌握室内与室外布光的技巧。

本案例的渲染参考图如图7-11所示。对比渲染参考图，需要创建一个与渲染参考图中视角及摄像机位置都相同的场景，如图7-12所示。

由于材质的应用不是本节的重点，所以案例源文件中已经完成了材质的应用，接下来的操作以布光、调色及后期处理为主。

图7-11

图7-12

### 7.2.1  创建场景和布光

先创建场景再进行合理的布光。

#### 1.创建场景

01 打开本例源文件"室内厨房.skp"，如图7-13所示。

图7-13

02 调整好视图角度和摄像机位置，然后执行【视图】|【两点透视】命令，效果如图7-14所示。

图7-14

03 在【场景】卷展栏中单击【添加场景】按钮⊕，创建"场景号1"，如图7-15所示。

图7-15

## 2.布光

① 添加穹顶灯光。单击【无限大平面】按钮,
添加一个无限平面,如图7-16所示。

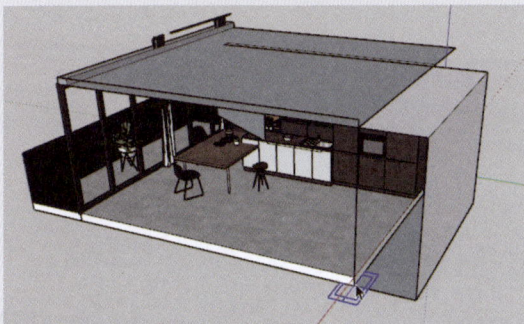

图7-16

② 单击【穹顶灯光】按钮,将穹顶灯光放置在
无限平面的相同位置,如图7-17所示。

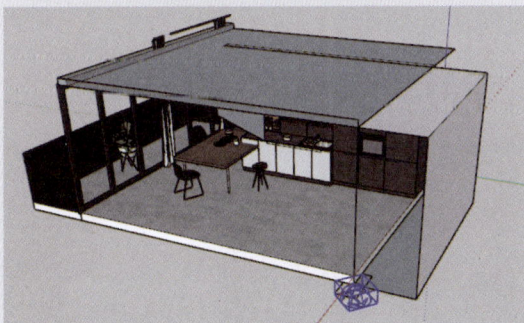

图7-17

③ 接下来为穹顶灯光添加HDRI,让室外有景色。
在【V-Ray Asset Editor】窗口中的【灯光】选项
卡中选中穹顶灯光,然后在右侧展开的【参数】卷
展栏中单击【纹理栏】按钮,如图7-18所示。

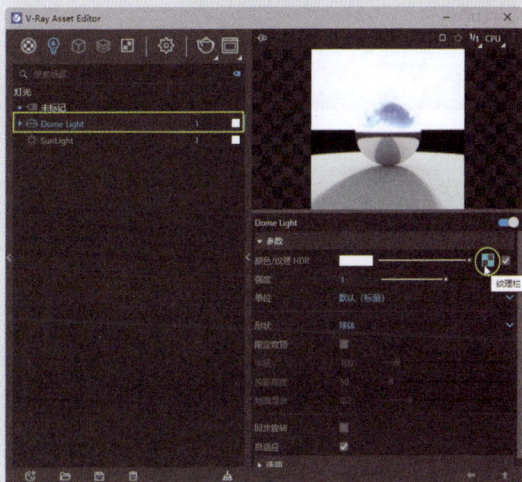

图7-18

④ 从本例源文件夹中打开图片文件"外景.jpg",
并设置穹顶灯光(V-Ray Dome Light)的强度值和
纹理选项,如图7-19所示。开启交互式渲染,并绘
制渲染区域,查看初次渲染效果,如图7-20所示。

⑤ 从渲染效果看,穹顶灯光太暗了,没有显示出
室外风景。在【灯光】选项卡中调整穹顶灯光的
强度为80,再次查看交互式渲染效果,如图7-21
所示。

第7章 AI辅助场景渲染

121

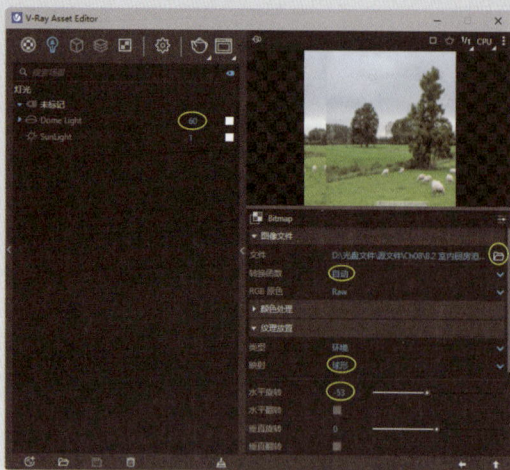

图7-19

图7-20

图7-21

图7-22

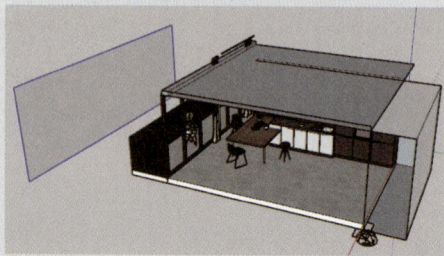

图7-23

**08** 利用【矩形】工具 ☑ 绘制矩形面，将房间封闭，避免其余杂光进入室内，并设置矩形灯光（V-Ray Rectangle Light）的光源强度为150，效果如图7-24所示。

图7-24

**09** 在【V-Ray Asset Editor】窗口的【灯光】选项卡中设置矩形灯光为【不可见】，设置太阳光源（SunLight）的强度为0，如图7-25所示。

**06** 虽然室外风景显现出来了，但室内无光。若要室外表现出晴天效果并在室内显示光照，可打开V-Ray自动创建的太阳光源，调整其日期与时间。交互式渲染结果如图7-22所示。

**07** 同理，若要表现出阴天的场景效果，则要关闭太阳光源，进而在窗外添加矩形灯光以模拟天光。单击【矩形灯光】按钮 ♈，并调整矩形灯光的大小及位置，如图7-23所示。

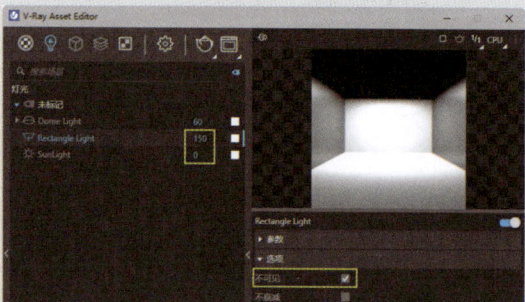

图7-25

⑩ 查看交互式渲染效果，发现已经有光反射到室内，如图7-26所示。

图7-26

⑪ 关闭【材质覆盖】后再看下材质的表现情况。从表现效果看，整个室内场景的光色较冷，局部区域照明不足，可以添加室内矩形灯光，或者修改某些材质的反射参数。

⑫ 采用修改材质反射参数的方法来改进。利用【材质】卷展栏中的【样本颜料】工具 🖊 在场景中拾取橱柜的材质，拾取的材质会在【V-Ray Asset Editor】窗口的【材质】选项卡中显示，然后修改其反射参数，如图7-27所示。

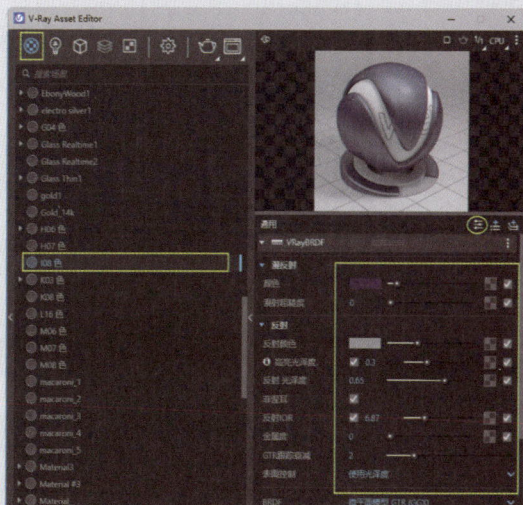

图7-27

⑬ 其余材质也按此方法进行参数的修改。在交互式渲染过程中如果发现窗帘过于反光，可以修改其漫反射的倍增值，如图7-28所示。

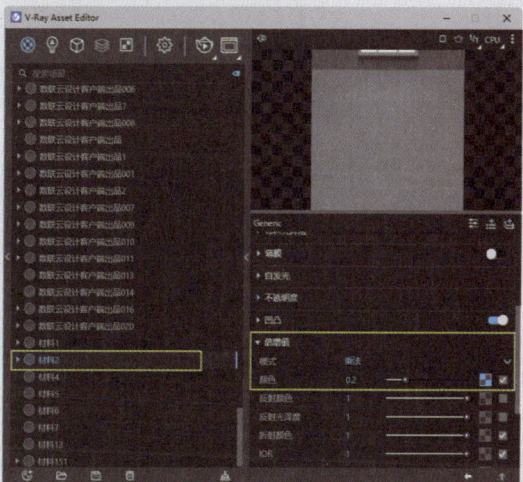

图7-28

## 7.2.2 渲染及效果图处理

前面的材质修改并且布光完成后，下面正式进行渐进式渲染。渲染后在【V-Ray Frame Buffer】窗口中进行图形处理。

① 取消交互式渲染，改为渐进式渲染，并在【V-Ray Frame Buffer】窗口中执行【视图】|【显示色彩空间】|【Gamma 2.0】命令，初期渲染效果如图7-29所示。

② 检查曝光，曝光位置就是窗外的光源位置。双击【双击展开】按钮█展开V-Ray帧缓存设置面板，针对曝光选项进行适当调整，如图7-30所示。

图7-29

图7-30

**03** 单击【创建图层】按钮🔲创建【色彩平衡】图层，设置色彩平衡选项，如图7-31所示。

图7-31

**04** 单击【创建图层】按钮🔲创建【电影色调映射】图层，设置电影色调选项，如图7-32所示。

图7-32

05 保存图片。至此，完成本案例室内厨房的渲染操作。最终的室内厨房渲染效果如图7-33所示。

图7-33

## 7.3 AI场景渲染

AI场景渲染是利用人工智能AI技术对虚拟场景进行高保真的渲染和合成，从而生成逼真自然的视觉效果。通过深度学习等AI算法，可以实现自动化、高度可控的场景渲染，大幅提高内容创作效率。

下面介绍几款基于SketchUp平台的AI场景渲染工具。

### 7.3.1 ArkoAI场景渲染

ArkoAI作为一款AI工具能够在SketchUp软件中对建筑BIM模型、室内设计模型进行实时渲染，得到真实场景的效果图，也可作为BIM建筑设计方案的资料提供者。

ArkoAI是一家专注于人工智能技术的公司，致力于为企业和个人提供创新的人工智能解决方案。该公司的核心业务包括机器学习、自然语言处理、计算机视觉和数据分析等领域的技术研发和应用。

ArkoAI是一个多用途的人工智能辅助设计工具，可与SketchUp、Rhino和Revit等软件交互。下面介绍详细的操作流程。

【例7-1】利用ArkoAI实时渲染

01 ArkoAI工具可在国内使用，首先进入其官网 https://arko.ai/，官网首页界面如图7-34所示。

◎提示•◎

官网默认为英文界面，可用浏览器的中文翻译插件谷歌翻译来翻译网页。

02 单击【免费试用】按钮进入分类页面，然后选择SketchUp与ArkoAI的交互插件进行下载，如图7-35所示。

◎提示•◎

ArkoAI并不是完全免费使用，而是试用，试用期不限，但限制渲染的次数，即免费试用30次。

图7-34

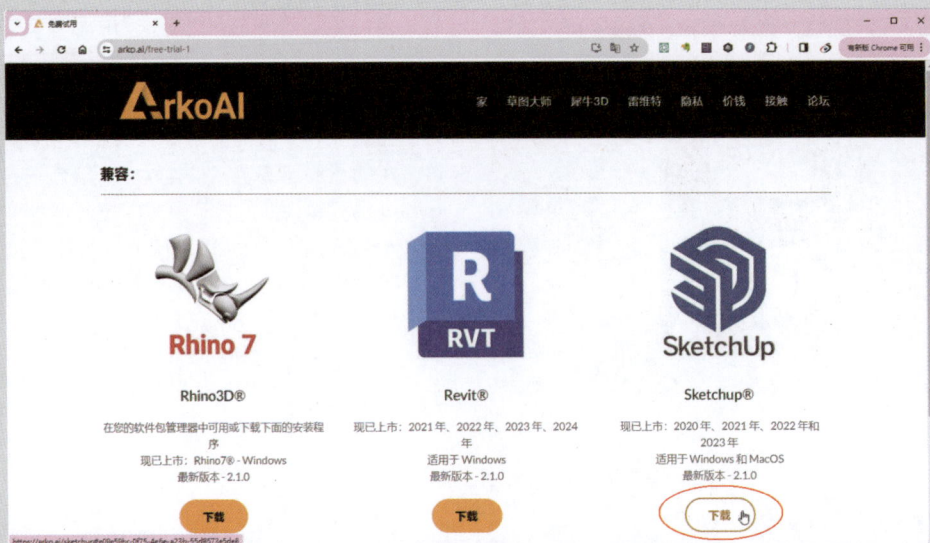

图7-35

03 下载插件程序ArkoAI-SketchUp-2.1.0.msi后，双击插件程序进行默认安装，如图7-36所示。

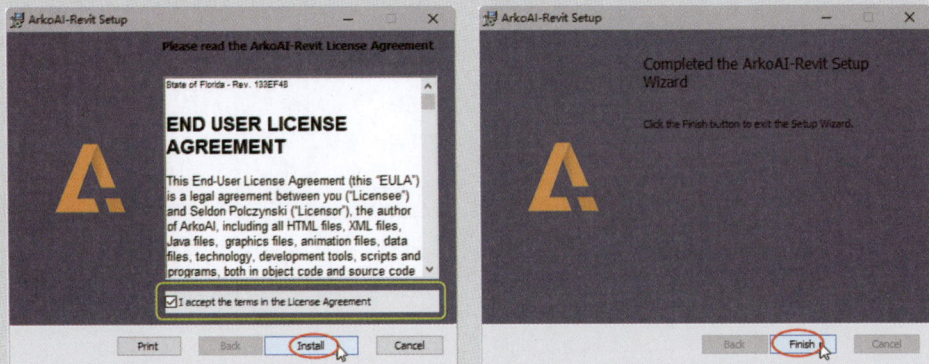

图7-36

04 启动SketchUp 2024，在主页界面中选择【建筑-毫米】模板后进入工作环境，如图7-37所示。

图7-37

**05** 在SketchUp 2024工作界面中，已经能够看见安装成功的ArkoAI工具，如图7-38所示。

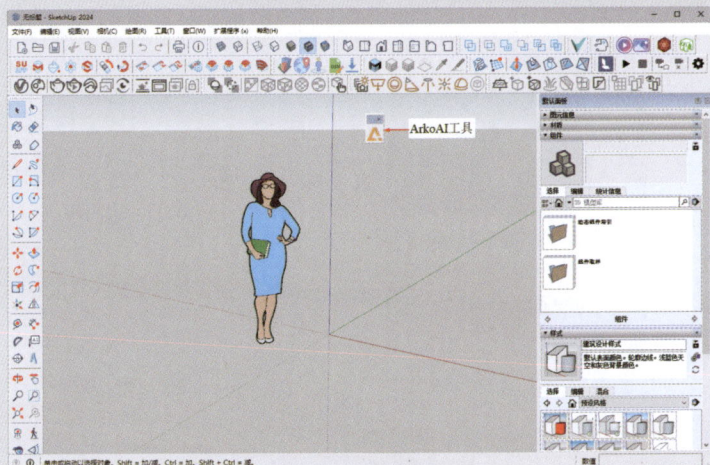

图7-38

**06** 打开本例源文件夹中的"酒店建筑.skp"文件，如图7-39所示。

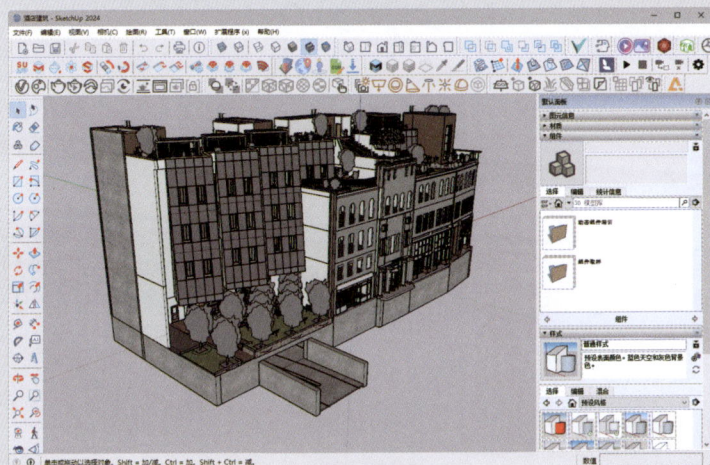

图7-39

**07** 在绘图区中通过鼠标旋转、平移及缩放等操作，将模型视图调整好，然后在默认面板的【场景】卷展栏中单击【添加场景】按钮⊕，创建场景视图，如图7-40所示。

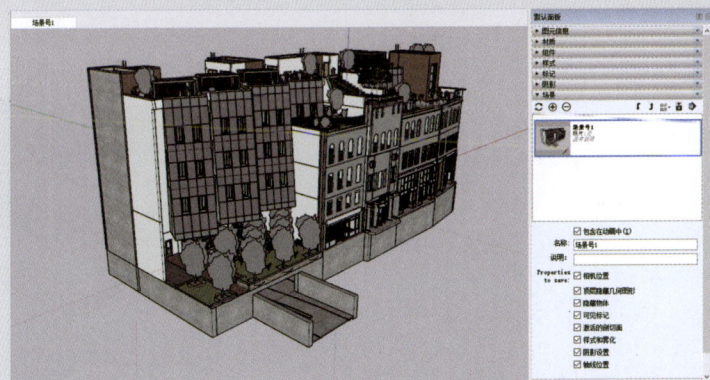

图7-40

**08** 单击【Start】按钮，启动ArkoAI插件程序。如果用户有了ArkoAI账号，可直接输入账号与密码登录，若是新用户，需单击【Sign Up】按钮进入ArkoAI官网注册一个账号，如图7-41所示。

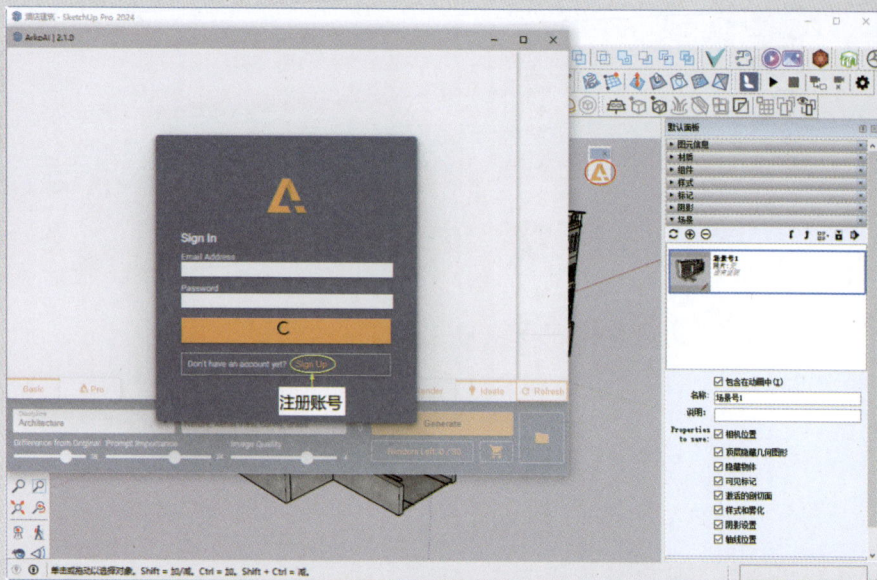

图7-41

> **◎提示·◎**
>
> 建议用谷歌Gmail邮箱或Outlook邮箱来注册，避免注册失败。

**09** 成功注册账号后登录ArkoAI，登录后会显示当前SketchUp中创建的场景视图，如图7-42所示。

> **◎提示·◎**
>
> ArkoAI有两种模式：Basic和Pro。前者是基础版本，后者是高级版本。在【Discipline】列表中选择场景类型，例如选择【Architecture】场景类型，在【Words or Positive prompts（正向提示词）】文本框中可输入一些关键的提示词，在【Negative prompts（反向提示词）】中可输入用户不希望效果图中出现的情况，例如画质差、噪点多等。【Send】文本框是输入种子数，值越大图像精度就越高。

**10** 由于是试用ArkoAI，目前只能使用Basic基础版，对于样例项目的这个效果图，可在【Words or Positive prompts（正向提示词）】文本框输入"Urban Architecture，Luxury Finishes，Mid-Century Modern，Luxury Hotels，Plants，Sunshine，Clear skies，white clouds，cityscape，masterpiece，best quality（城市建筑，豪华装修，中世纪现代，高级酒店，植物，阳

光，晴朗的天空，白云，城市景观，杰作，最佳质量）"，最后单击【Generate（生成）】按钮，自动生成效果图，如图7-43所示。

图7-42

图7-43

⑪ 可以看出试用版的渲染效果不是很理想，而且也没有AI生成式的场景布置功能，除非升级到Pro高级版本。在右下角单击■按钮，可找到ArkoAI自动保存的图像文件，如图7-44所示。

图7-44

## 7.3.2　VERAS智能渲染

Veras是一款人工智能驱动的可视化应用程序，适用于SketchUp、Revit、SketchUp和Web，可利用用户的基础模型来激发创造力和灵感。

Veras主要有以下三大功能。

### 1. 几何覆盖滑块

利用Veras创新的几何滑块功能释放精确度和创造力的力量。无论用户是建筑师、设计师，还是只是热衷于3D建模，我们的AI应用程序都可以让用户以精确度和想象力塑造用户的项目，如图7-45所示。

增加几何覆盖，为用户的项目探索无限的构思可能性。当用户将滑块推至更高的值时，用户的创作将超越模型的限制，让用户的想象力尽情发挥。

相反，对于遵守模型几何形状至关重要的项目，Veras 为用户提供了微调设计的灵活性。减小滑块值可确保用户的几何图形保持忠实于项目，同时仍然允许用户自由地覆盖材质，从而为用户提供对更精细细节的无与伦比的控制。

借助Veras的几何滑块，用户可以在创造力和精度之间取得完美平衡，将用户的项目提升到卓越的新高度。今天就尝试一下，见证用户设计的变革潜力。

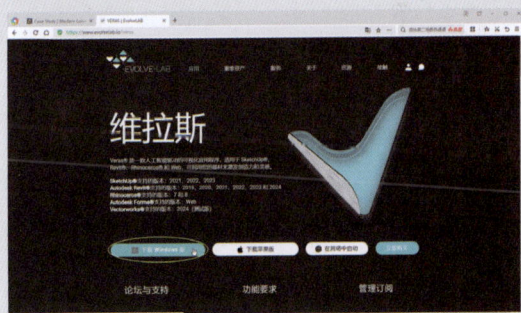

图7-45

### 2. 渲染选择

有了渲染选择功能，就可以完全掌控用户的视觉叙事。以前所未有的方式制作、定制和完善图像的每个细节。只需选择图像的一部分，用新的提示重新定义用户的愿景，然后进行渲染。就是这么简单。无论是想要更换家具的室内设计师、想要转换背景的可视化艺术家，还是专注于完善特定建筑元素的建筑师，Veras 都能让用户以无与伦比的精度进行实时调整。

### 3. 渲染种子

想象一下，用户能重温自己的创作历程吗？利用【Render from Same Seed（从相同种子渲染）】功能，可以毫不费力地回到过去，利用相同的种子作为起点，同时引入全新的文本提示。结果是保持一致性和创造性的和谐统一。

无论是在完善架构愿景、微调一个项目，还是在尝试各种设计迭代，Veras都能精确地进行无缝迭代。在探索无限可能的同时，忠实于用户的设计。

通过Veras的【Render from Same Seed（从同一种子渲染）】功能，可以获得前所未有的设计一致性和创意探索。

下面演示建筑AI渲染和室内装修AI渲染操作全流程。

### 【例7-2】AI场景渲染案例

① 进入Veras官网主页https://www.evolvelab.io/veras中，使用邮箱注册账号。Veras试用次数为30次，试用结束需要付费订阅。

② 下载Veras for windows插件程序，该插件程序可同时在SketchUp、Revit和Rhino软件中使用，如图7-46所示。

图7-46

③ 下载插件程序后，双击EvolveLAB_Veras_Setup.msi插件程序进行安装，请按默认设置进行安装，无须更改设置。安装成功后，会在SketchUp中显示【EvolveLAB Veras】工具图标。

04 在SketchUp中打开本例的素材源文件"现代豪华住宅.skp",旋转视图调整好模型视角,如图7-47所示。

05 单击【EvolveLAB Veras】按钮✅,弹出【EvolveLAB Veras - 1.6.2.1】窗口,如图7-48所示。

06 进入【EXPLORE(探索)】选项卡中,选择第一种建筑风格【Timber Autumn Realistic(木

材秋季写实)】,保留其他选项设置,再单击【RENDER】按钮,自动完成AI渲染,结果如图7-49所示。

> ◎提示·•
>
> 由于AI生成式图像具有不可重复性,所以每一次的渲染效果都是不同的。

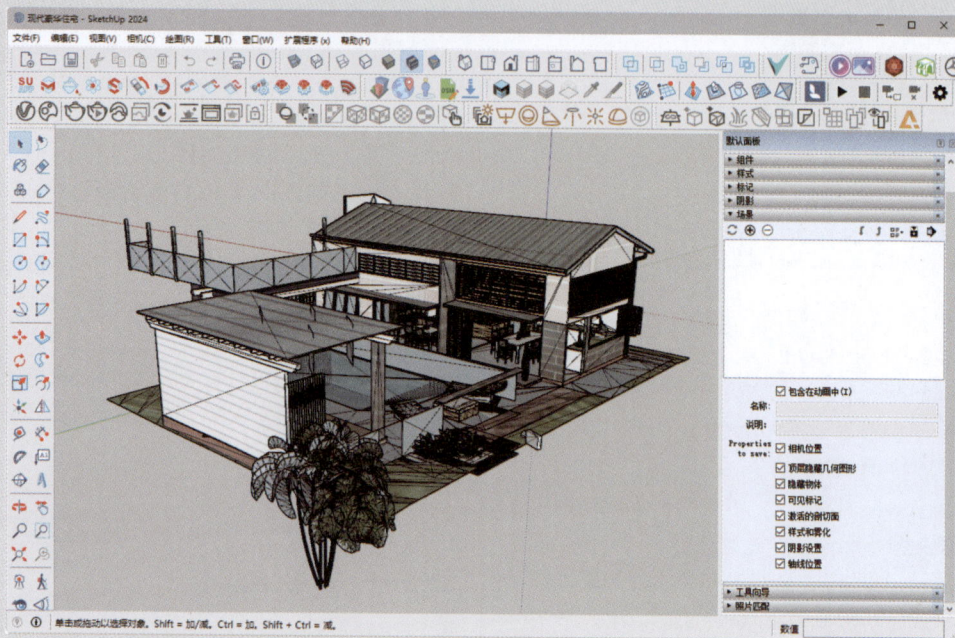

图7-47

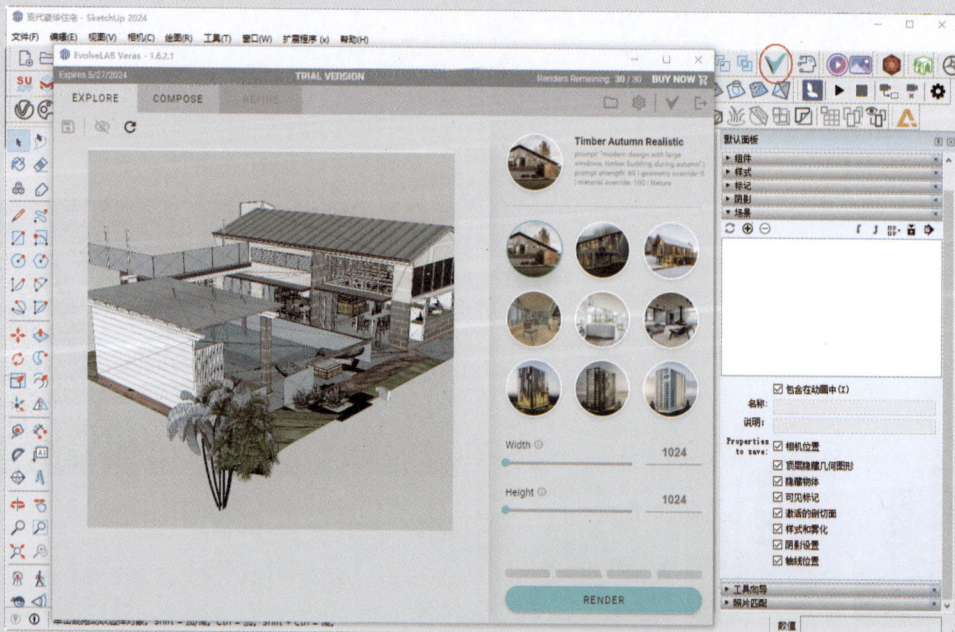

图7-48

**07** 切换到【COMPOSE（合成）】选项卡，稍微调整【Geometry Override（几何覆盖）】参数，输入Prompt提示词"Sea view room, wide view, sunny weather, modern style, wood and glass construction（海景房，视野宽阔，晴朗天气，现代风格，木质和玻璃结构）"，单击【RENDER】按钮，完成AI渲染，结果如图7-50所示。

**08** 切换到【REFINE（精细）】选项卡，在效果图上方单击 ✍ 按钮，然后在效果图中绘制要精细化渲染的区域，消除提示词，输入新提示词"Bar, transparent glass wall（吧台，透明玻璃墙）"，直接单击【RENDER SELECTION（渲染选择）】按钮，为绘制的区域重新渲染，结果如图7-51所示。

**09** 无须关闭【EvolveLAB Veras – 1.6.2.1】窗口。在SketchUp中选择调整模型视图，并创建场景视图，如图7-52所示。

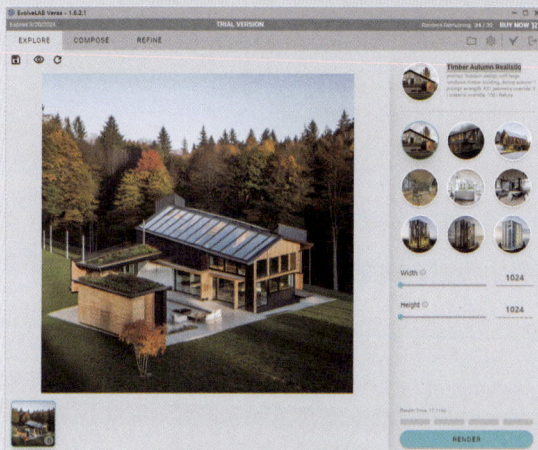

图7-49

图7-50

图7-51

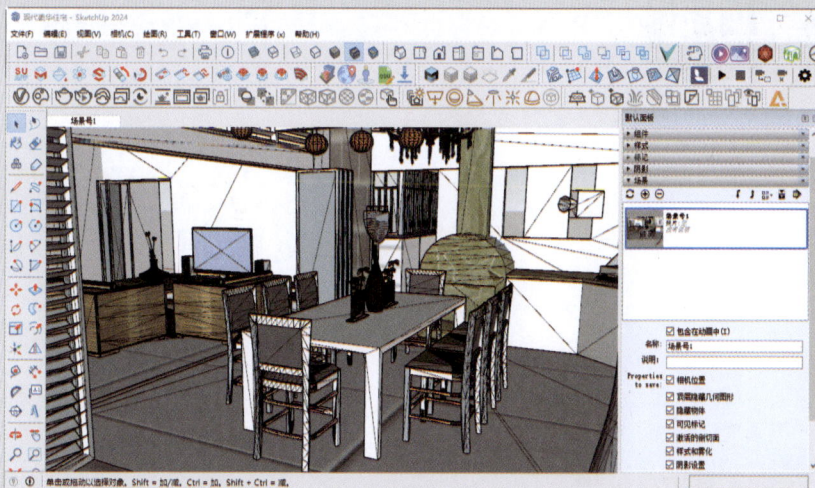

图7-52

131

⑩ 在【EvolveLAB Veras – 1.6.2.1】窗口中切换到【EXPLORE（探索）】选项卡。单击 ◉ 按钮和 ◉ 按钮，关闭之前的建筑渲染视图，显示新创建的场景视图如图7-53所示。

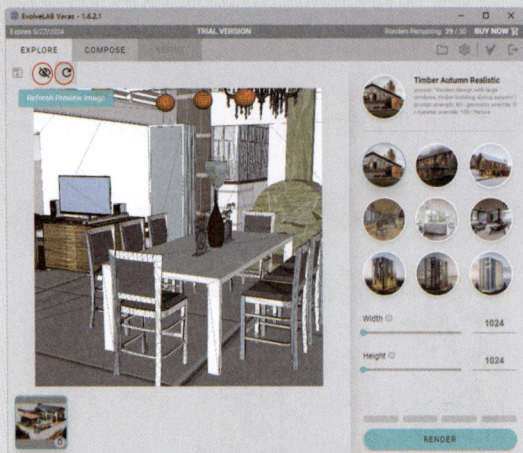

图7-53

⑪ 在图形区右侧选择【Living Room – Keep Materials】风格，然后单击【RENDER】按钮进行AI渲染，结果如图7-54所示。

⑫ 至此，完成AI渲染操作。关闭【EvolveLAB Veras – 1.6.2.1】窗口。

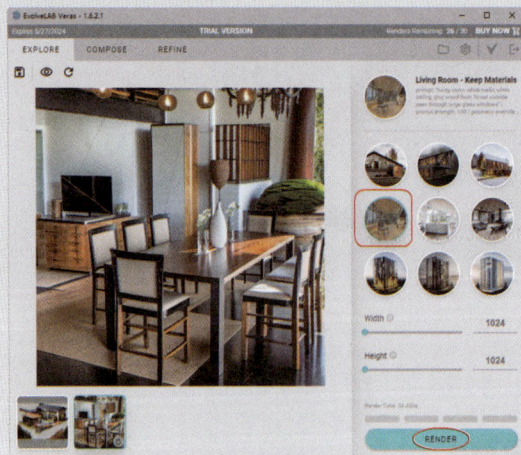

图7-54

## 7.4 AI生成式渲染

生成式AI渲染工具并非一个真正的渲染器，它是根据用户提供的模型或图进行AI算法后得到图像渲染效果。用户无须提供材质、数据模型，只需提供简单的基础模型就可以进行生成式图像的创建。

生成式AI渲染工具很多，本节重点介绍一款基于SketchUp的AI生成式渲染工具——SUAPP AIR灵感渲染。

### 7.4.1 SUAPP AIR灵感渲染

SUAPP AIR灵感渲染工具是已经调教好的AI图像算法工具。只需要简单调节参数，便可以给用户灵感并得到想要的"渲染图"，用以辅助推敲设计方案，提高前期方案阶段效率，目前支持城市设计、建筑设计、景观设计、室内家装、室内工装、手工模型、手绘插画等渲染类型。可以对模型初稿、手绘线稿、现场照片进行渲染出图。

SUAPP AIR灵感渲染有以下功能。

- 辅助方案推敲。
- 提供灵感思路。
- 生成概念效果图。
- 生成效果图配景。
- 提供多种方案搭配。
- 改造项目提供思路。

SUAPP AIR灵感渲染具有以下优势。

- 云端插件渲染，不需要很高的计算机配置，能打开SketchUp就行。
- 云端GPU服务器高速计算，不占用本地显卡和存储空间（有些AI产品的各种模型加起来上百个GB，还需要超贵的显卡）。
- 操作窗口非常简单，只有两个参数，任何"小白"都能上手。
- 效果更稳定可控，AI出图具有随机盲盒特性，但灵感渲染出图更加符合建筑设计大行业的标准和需求。
- 不需要到处收集关键词，只需要选择渲染类型，就算不用关键词，出图效果也普遍在一个比较高的水准上。目前大部分的AI产品都是在主推"文生图"，也就是通过"文字描述"让AI生成一些设计图。SUAPP灵感渲染主推的是根据体块模型，或者不是很完善的方案图纸让AI去再次发挥并细化找灵感方案。
- 氛围参考图功能，可以渲染各种风格氛围的效果，让AI指哪儿打哪儿。
- 局部重绘，修改不满意的地方，渲出来的图哪里不满意涂哪里。
- 渲染图发送到SketchUp，照片匹配辅助快速建模。
- 更新频率高，渲染类型目前已有56种，渲染风格500多种，还在持续增加中。更多好用的功能未来也会持续更新。

## 1. SUAPP AIR 下载与安装

仅当在SUAPP插件官网（https://www.suapp.com/）中下载SUAPP Pro 3.7.7插件并付费购买永久会员之后，才能使用SUAPP AIR灵感渲染。

【例7-3】下载与安装SUAPP AIR 灵感渲染

**01** 在SketchUp 2024中执行【扩展程序】|【Extension Warehouse】命令，弹出【Extension Warehouse】对话框。

**02** 在【Extension Warehouse】对话框的搜索栏输入"AI"并搜索，稍后显示SketchUp插件搜索结果，如图7-55所示。

**03** 在搜索结果中双击【AIR for SketchUp】插件，进入AIR for SketchUp插件详情页，单击【Install】按钮下载插件程序，如图7-56所示。最后关闭【Extension Warehouse】对话框。

**04** 下载完成后系统会自动安装AIR for SketchUp插件，在SketchUp工作界面中会显示【SUAPP AIR 灵感渲染】工具图标，如图7-57所示。

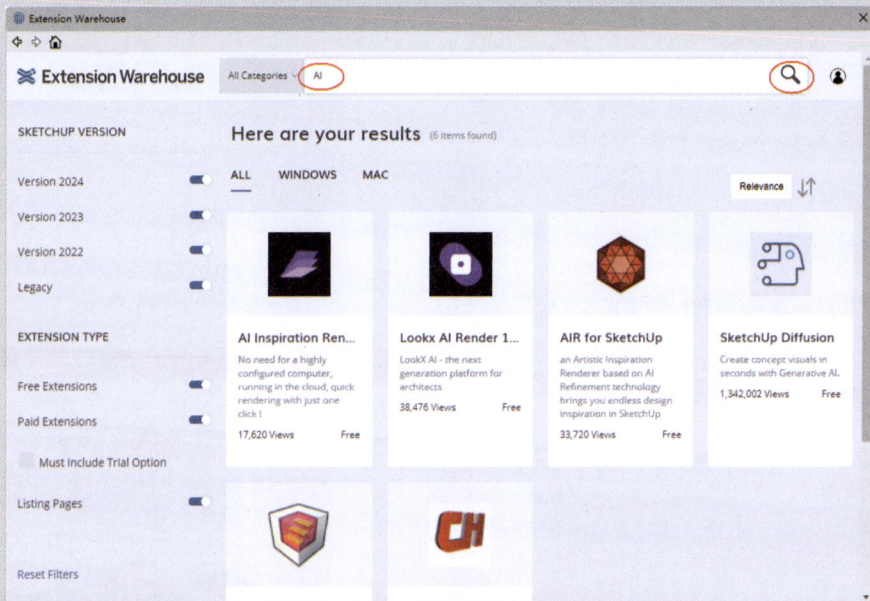

图7-55

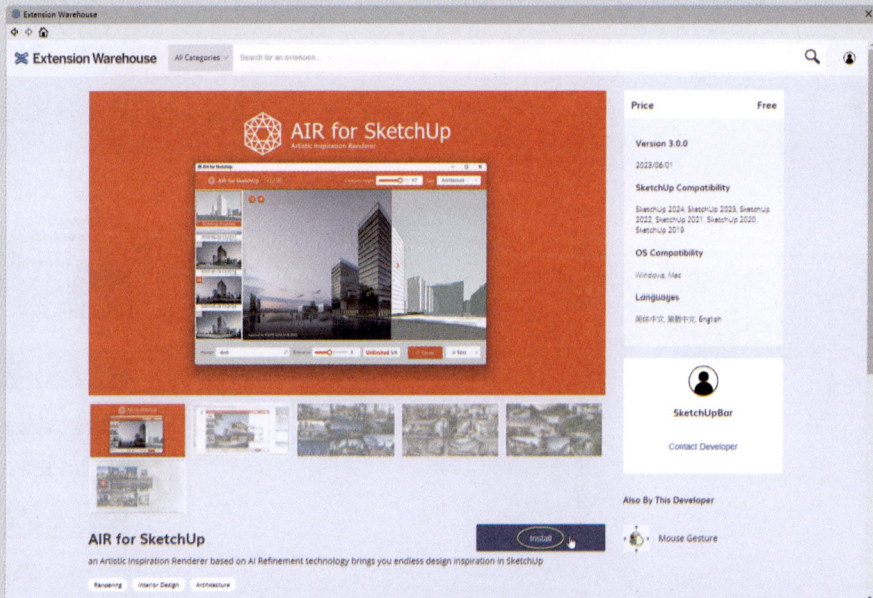

图7-56

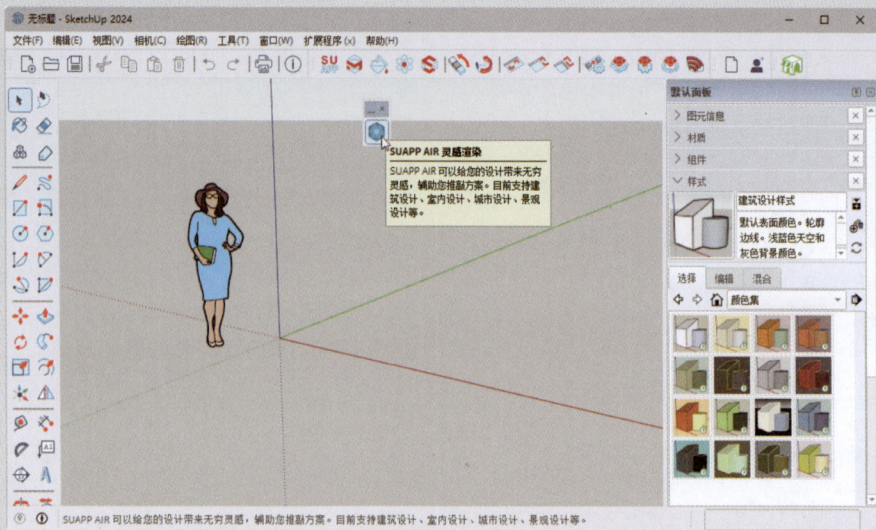

图7-57

### 2.SUAPP AIR渲染案例

下面用案例演示SUAPP AIR 灵感渲染如何进行建筑方案生成、室内装修设计方案生成、园林景观设计方案生成等。

**【例7-4】生成创意建筑渲染效果**

**01** 在SketchUp 2024中新建文件（选择米单位的模板）进入场景中。

**02** 在大工具集中单击【矩形】按钮，绘制建筑轮廓，如图7-58所示。

**03** 在大工具集中单击【推/拉】按钮，将轮廓拉出100m的高度，如图7-59所示。

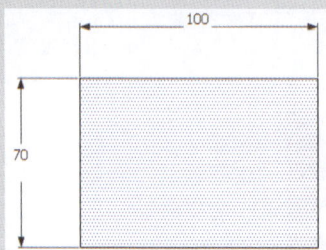

图7-58

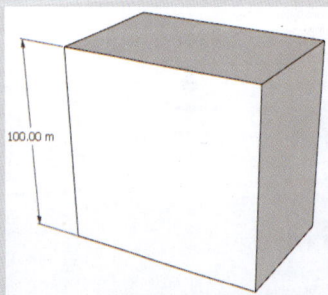

图7-59

**04** 单击【SUAPP AIR灵感渲染】按钮，打开【SUAPP AIR灵感渲染】窗口，单击【模型截图】按钮，以获取当前场景中的模型截图，如图7-60所示。

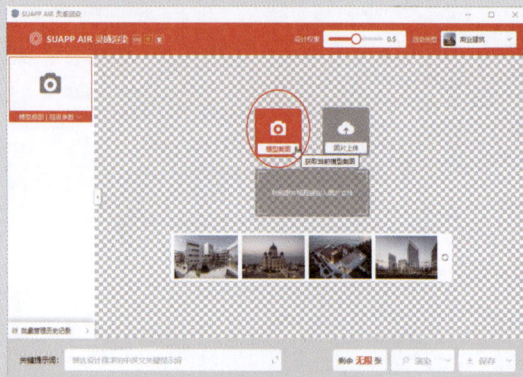

图7-60

**05** 随后【SUAPP AIR灵感渲染】窗口显示场景模型的截图，在【渲染类型】下拉列表中选择所需建筑类型（办公建筑）和建筑风格（风格01），如图7-61所示。

图7-61

AI+SketchUp 2024完全实训手册

**06** 在【SUAPP AIR灵感渲染】窗口底部的【关键提示词】文本框中可按照设计需要输入相关的要求，例如可输入一些渲染场景的基本要求，包括天气、时间、场地等。每输入一个提示词，须用逗号隔开，提示词输入完成后单击【渲染】按钮，如图7-62所示。

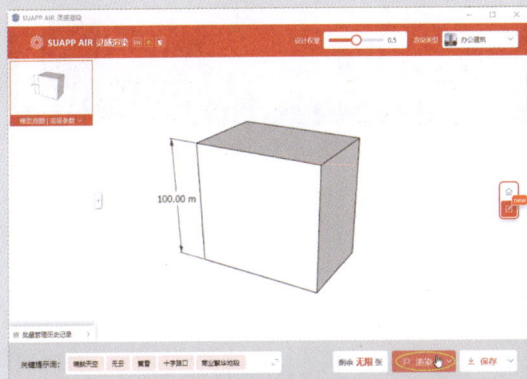

图7-62

**07** 随后AI进行场景渲染，结果如图7-63所示。默认状态下窗口中会显示渲染蒙版滑动条，拖动<箭头和>箭头可以改变渲染蒙版的位置，要完全展示渲染图像，可将渲染蒙版拖到窗口最右侧。

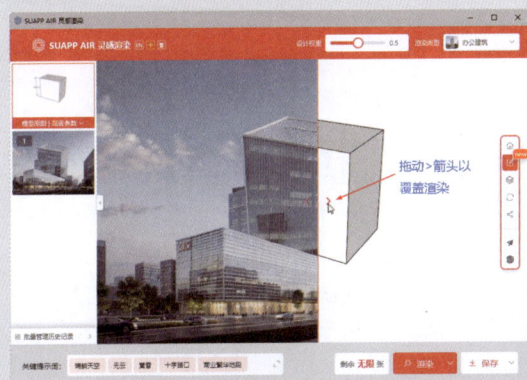

图7-63

**08** 图7-64所示为完全展示的渲染图像。

图7-64

**09** 如果对当前方案不满意，也可尝试改变建筑类型和建筑风格。图7-65～图7-67分别为"中式建筑风格""别墅建筑风格"和"工业建筑风格"。

图7-65

图7-66

图7-67

**10** 如果需要对局部区域进行重新渲染，或者消除不合理区域，可单击右侧工具栏中的【编辑模式】按钮，进入渲染编辑模式中，如图7-68所示。

图7-68

135

第7章 AI辅助场景渲染

⑪ 例如要消除掉天空中的云朵，单击编辑工具栏中的【魔法消除】按钮🧽，然后对云朵进行涂抹消除，再单击编辑工具栏中的【渲染生成】按钮，完成云朵的消除，如图7-69所示。

图7-69

⑫ 编辑工具栏中的其他编辑功能用户可以自行尝试，最后单击【保存】按钮，将渲染结果保存到本地文件夹中。

## 7.4.2 基于SD的SketchUp Diffusion渲染

Diffusion是SketchUp的一个AI图像生成和场景渲染的高级插件，是基于Stable Diffusion（SD）AI图像大模型的二次开发AI平台。Diffusion能够迅速生成概念视觉图，激发创意过程并支持设计叙述。它能更高效地传达设计细节，帮助在项目的各阶段进行构思、保持一致性并找到解决方案。

【例7-5】基于AI的场景渲染

在SketchUp中执行【扩展程序】|【Extension Warehouse】命令，打开【Extension Warehouse】对话框。

01 在【Extension Warehouse】对话框中选择第一个插件程序【SketchUp Diffusion】，如图7-70所示。

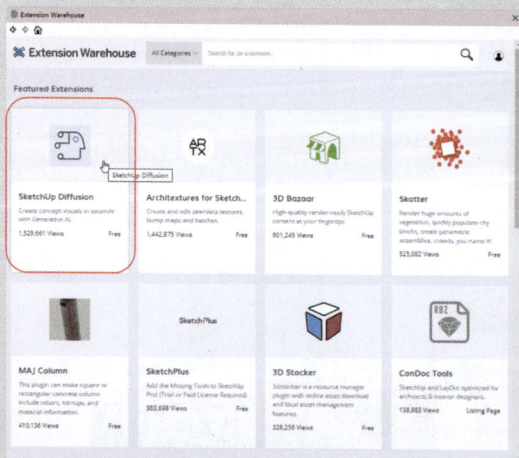

图7-70

02 进入【SketchUp Diffusion】插件下载页面，单击【Install】按钮，安装此插件程序，如图7-71所示。

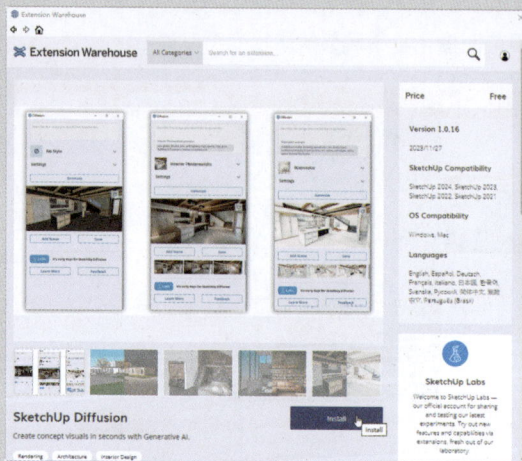

图7-71

03 Diffusion插件安装后，可执行【扩展程序】|【Diffusion】命令，打开【Diffusion】对话框，单击【开始试用】按钮，然后去SketchUp官网填写相关信息，如图7-72所示。

◎提示·∘

试用期仅7天，结束后要么升级为会员，要么重新注册新账号再继续试用。

AI+SketchUp 2024完全实训手册

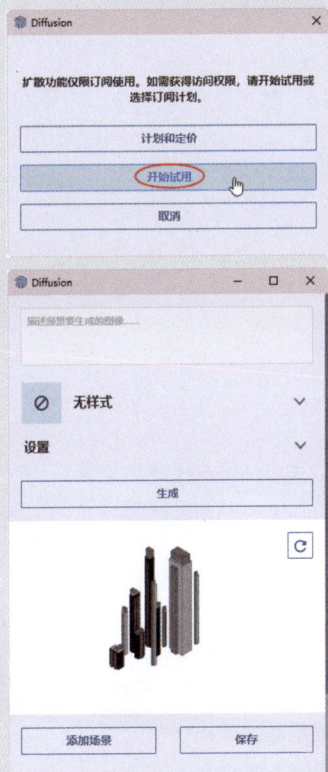

图7-72

④ 在提示词文本框内输入"Urban planning and design, architectural aerial view（城市规划设计，建筑鸟瞰图）"，在【样式】列表中选择【航拍总平面图】，单击【生成】按钮，生成规划建筑方案的渲染效果图，如图7-73所示。

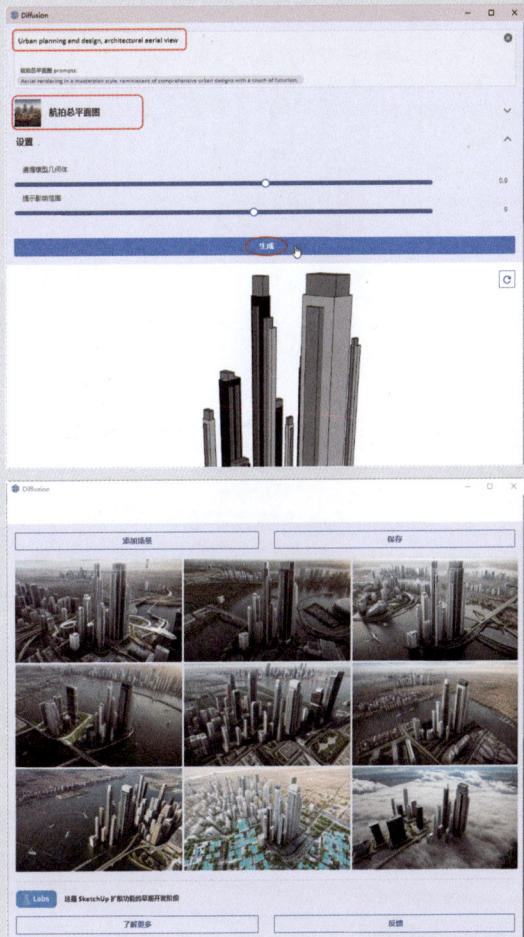

图7-73

⑤ 系统共生成了9幅AI渲染效果图，依次选择这些效果图，单击【保存】按钮进行图像文件保存。

# 第8章
# AI辅助建筑方案设计

本章将详细介绍如何使用AI技术来提高建筑设计的效率和质量。我们将探索AI如何帮助设计师创建更具创新性和可持续性的建筑方案，以及AI如何通过分析大量数据来预测和优化建筑设计的各方面。总的来说，本章将为读者提供关于AI在建筑设计中的实际应用和潜在价值的深入理解。

## 8.1 AI辅助建筑方案设计概述

人工智能AI辅助建筑方案设计是一种使用AI技术（利用AI工具或插件）来优化和提高建筑设计效率和质量的方法。这种方法利用AI的算法和数据处理能力，可以快速生成多种设计方案，并通过对各方案的分析和比较，帮助设计师做出最佳的设计决策。

### 8.1.1 建筑项目方案设计内容

项目方案设计是建筑设计过程中的关键阶段，它涵盖以下内容。

#### 1. 概念设计

在概念设计阶段，设计师会与业主讨论项目的愿景、目标和需求，确定项目的整体设计方向。设计师会提出创新的设计理念，并初步勾画出建筑的整体形态和功能布局。

#### 2. 空间规划设计

设计团队会进行室内外空间的规划和布局设计，确定不同功能区域的位置和交通流线，确保功能分区合理、灵活。这一步包括室内空间的大小、形状、结构，以及室外空间的景观设计等。

#### 3. 建筑立面设计

立面设计是指建筑外立面的设计，包括建筑外墙的材料、造型、开窗方式等。设计师会根据建筑的功能和风格，设计出具有美感和功能性的立面，体现设计理念和项目特色。

#### 4. 结构设计

结构设计是指建筑的结构系统设计，包括主体结构、基础结构等。设计师需要考虑到建筑的承重和稳定性，同时尽可能减少结构的材料和成本，在保证安全的前提下实现设计的要求。

#### 5. 设备系统设计

设备系统包括建筑的暖通空调系统、供水排水系统、电力系统、照明系统等。设计团队需要考虑到设备系统的舒适性、节能性和可维护性，确保建筑物能够提供舒适的使用环境。

#### 6. 可持续性设计

现代建筑注重可持续性发展，设计团队会考虑如何最大程度地减少能源消耗、节约资源、减少环境影响，包括能源利用效率、可再生能源应用、雨水收集利用等方面的设计。

#### 7. 施工工艺设计

设计团队会考虑到施工工艺的可行性和效率，设计出符合施工要求的工程方案，包括施工顺序、材料搭接、工艺细节等，确保设计方案能够顺利实施。

设计师会根据具体项目的需求和要求进行细化设计，以确保最终建筑物既符合功能需求，又具有美学和实用性。目前人工智能发展还有局限性，本章仅对前面两项进行AI操作演示。

### 8.1.2 AI规划设计工具和插件介绍

近年来，人工智能AI与CATIA结合使用的辅助设计工具主要体现在以下几方面。

#### 1. AI语言聊天大模型

当用户在设计过程中需要及时了解相关设计信息或其他知识时，可以通过人工智能AI进行语言、语音聊天对话，掌握最新、最先进的资讯，此类具有代表性的AI工具如ChatGPT、通义千问、文心一言、谷歌Bard、微软Copilot等，这类AI工具也称为AI语言大模型。

除了语言文字交流外，部分AI语言大模型还具备图像生成功能、视频生成功能、数据分析及PPT制作功能等。

### 2. AI图像生成大模型

AI图像生成大模型是一种利用人工智能技术，根据文本或其他输入，自动创造出逼真的图像的模型。这类模型通常基于深度神经网络，如Transformer或扩散模型，进行大规模的预训练和微调，以提高图像生成的质量和多样性。

AI图像生成大模型有很多应用场景，例如游戏、动画、艺术、设计、教育等。它们也可以与其他模态的生成模型结合，如文本、音频、视频、3D模型等，实现更丰富的创作效果。目前，有很多知名的AI图像生成大模型。

- Midjourney：一款由Leap Motion开发的AI图像生成工具，它可以根据用户输入的文字描述，自动创造出逼真的图像。它利用深度学习的技术，如Transformer和扩散模型来进行大规模的预训练和微调，以提高图像生成的质量和多样性，Midjourney有很多应用场景，例如游戏、动画、艺术、设计、教育等。它也可以与其他模态的生成模型结合，如文本、音频、视频、3D模型等，实现更丰富的创作效果。

- DALL-E 3：此图像生成AI工具与ChatGPT都是由OpenAI公司开发，能够从由文本描述组成的提示中生成原始、真实、逼真的图像和艺术。DALL-E 3有很多应用场景，例如游戏、动画、艺术、设计、教育等。它也可以与其他模态的生成模型结合，如文本、音频、视频、3D模型等，实现更丰富的创作效果。

- Imagen：由谷歌开发，基于Transformer模型，能够利用预训练语言模型中的知识，从文本生成图像。

- Stable Diffusion：由慕尼黑大学的CompVis小组开发，基于潜在扩散模型，能够在潜在空间迭代去噪生成图像。

- 通义万相：由阿里云开发的AI图像生成大模型，它可以根据用户输入的文字内容，生成符合语义描述的不同风格的图像，或者根据用户输入的图像，生成不同用途的图像结果。

- 文心一格：文心一格基于百度文心大模型和知识图谱能力，创新性地设计知识理解与扩展、图像融合引导优化方案，将文字、AI创造力、人类判断力有机融合，形成尊重原文、富有创造力并符合各种风格的作品。

- 其他AI模型：其他许多大模型是基于ChatGPT、Midjourney、DALL-E 3、Stable Diffusion等训练出来的模型，此类模型跟商业

应用紧密联系，诸如化工机械类、产品设计类、平面设计类、BIM建筑设计类、室内设计类、摄影摄像类、医学影像类等AI专属工具，当然还有在工业领域应用十分广泛的华为盘古大模型。华为盘古大模型目前仅与企业合作使用人工智能，个人用户暂无法使用。

### 3. 应用于建筑项目方案设计的AI工具

目前，人工智能AI在建筑方案设计阶段可用工具不多，仅局限于项目背景分析、规划布局设计、立面设计、外观风格设计和室内空间设计等的使用。

- 概念设计阶段：在此阶段中，文字表述部分可用AI工具，包括ChatGPT、文心一言、通义千问之类的语言大模型来自动生成。

- 建筑规划设计：在此阶段中，可用的AI工具有Stable Diffusion，可用于彩色总平面图设计、建筑线稿图设计、鸟瞰图设计等。在建筑效果图方面可使用的AI工具比较多，但都是基于Stable Diffusion开发而来，有独立的网页端AI应用和SketchUp插件应用，例如SUAPP AIR 灵感渲染AI工具。SUAPP AIR 灵感渲染除了能够渲染图像外，更是一款非常智能的AI建筑方案设计工具。

## 8.2　AI辅助建筑规划设计

AI在建筑规划设计中的应用正在改变这个行业。AI可以自动完成一些烦琐的任务，例如设计草图、规划空间、维度计算等，从而节省设计师的时间。还可以帮助设计师生成大量的设计方案，利用算法从中选出最优解。

本节隆重推荐一个国内AI辅助建筑设计的平台——AI元技能。AI元技能平台完全向用户免费开放，网址为https://yuanjineng.cn/。图8-1所示为AI元技能平台的首页。

AI元技能平台实质是基于人工智能算法的Stable Diffusion大模型，是当今主流的AI大模型，深入到各行各业中扮演重要角色。Stable Diffusion大模型是开源模型，也就是能够在本地计算机中布置的AI模型。一般不支持个人计算机，需要服务器级别的主机，对GPU芯片的性能要求很高。

在Stable Diffusion中，可以插入很多专业和设计需求的AI训练模型，例如基于LoRA技术的训练模型，每个人都可以训练出适合自己的专业AI模型。

图8-1

接下来介绍几款在AI元技能平台中的辅助建筑规划设计的大模型，包括建筑平面图的彩图生成、建筑手绘线稿图生成和手绘彩色图生成。

## 8.2.1 AI辅助生成彩色总平面图

总平面图在建筑规划设计中扮演着重要的角色，它是一种俯视图，展示建筑物在水平平面上的布局和组织。给总平面图增加彩色渲染可以进一步提高图形的可读性和表现力。彩色渲染可以用来突出不同区域、功能或特征，使总平面图更生动、直观。

【例8-1】上机操作——AI辅助生成彩色总平面图

操作步骤如下。

01 进入AI元技能大平台的官网首页。

02 在首页界面的顶部选择【LoRA模型】分类标签，进入到LoRA模型的浏览页面，如图8-2所示。

03 LoRA模型的浏览页面中有许多跟建筑设计、规划设计、室内设计等相关的AI训练模型。浏览到**总平面-lora模型**区域时，选中【01-AARG总平面】AI训练模型类型，如图8-3所示。

◎提示••

　　LoRA是一种基于适配器的有效微调模型的技术。其基本思想是设计一个低秩矩阵，然后将其添加到原始矩阵中。这种技术通常用于深度学习模型的微调过程中。LoRA模型指的是以LoRA作为底层技术而训练的AI训练模型。

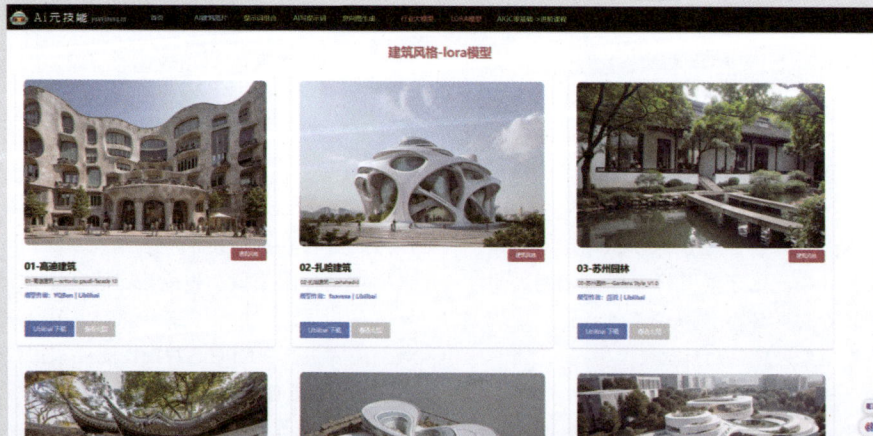

图8-2

04 随后进入LibLib AI网站，这个网站集模型发布、模型使用于一体。由于AI平台是基于云服务器部署的，因此用户每日用完免费的300点之后，需购买点继续使用，如图8-4所示。

05 初次使用LibLib AI网站的AI训练模型，用户需要使用手机号注册账户。在所选的AI训练模型中有一个示例模板，可以将这个模板的相关提示词和设置参数用在自己的图像生成中。在本例中，为了减少演示时间，直接使用示例中的原图进行操作。原图已经保存在本例源文件夹中。

06 在示例中单击左图（渲染效果图），弹出该示例的参数信息面板，单击【一键生图】按钮，如图8-5所示。

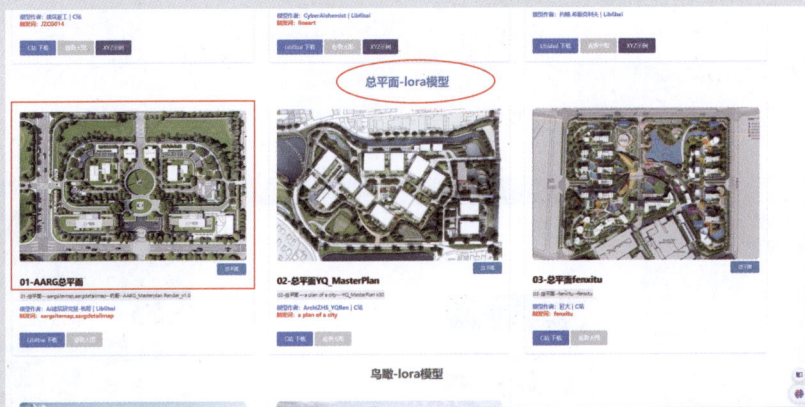

图8-3

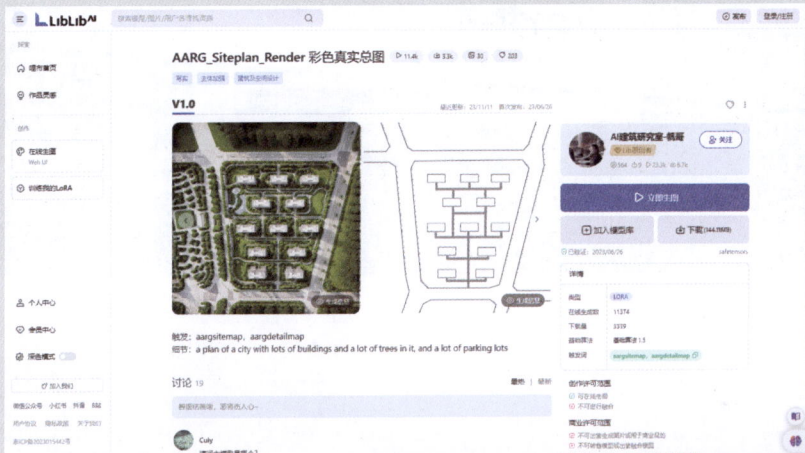

图8-4

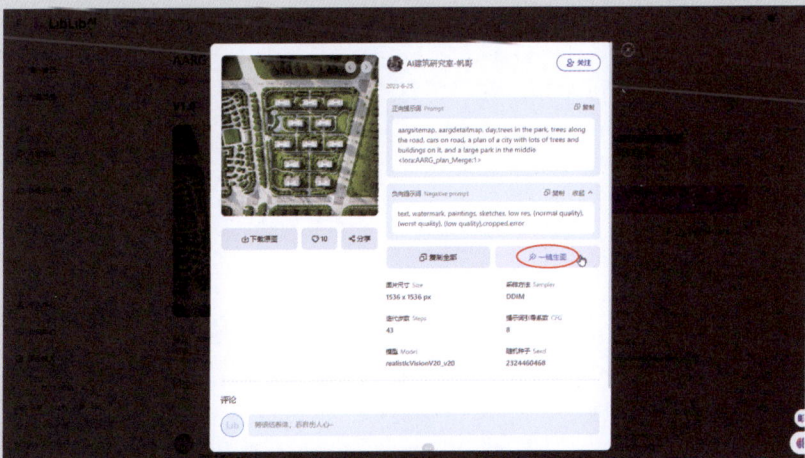

图8-5

**07** 在弹出的【一键填充生成信息】面板中单击【一键填充】按钮，会将面板中的设置信息全部复制，并自动应用到新的渲染项目中，如图8-6所示。

**08** 一键填充信息后，自动切换到Stable Diffusion大模型UI界面中，这个UI界面并非Stable Diffusion的原生界面，而是经过Python代码修改而成的结果，但Stable Diffusion的全部功能均具备，如图8-7所示。

**09** 可看到操作界面中已经自动填写了相关的图像生成信息，用户可以根据项目的不同来编辑提示词（输入必须要达到的目的）和负向提示词（输入不能出现的情况），以及下方的详细设置参数。首先

在界面左上角的【CHECKPOINT】下拉列表中重新选择 GhostMix鬼混_V2.0.safetensors 基础模型，接着重新选择【采用方法】下拉列表中的【DDIM】选项，其他参数不改动。

**10** 单击【ControlNet（控制网络）】右侧的展开按钮 ᐳ，展开ControlNet的所有选项，接着将本例源文件夹中的"zpmt.png"拖放到图像原图区域中，如图8-8所示。

**11** 接着在图片下方设置各项参数，如图8-9所示。

**12** 单击【开始生图】按钮，自动完成总平面图的渲染，结果如图8-10所示。

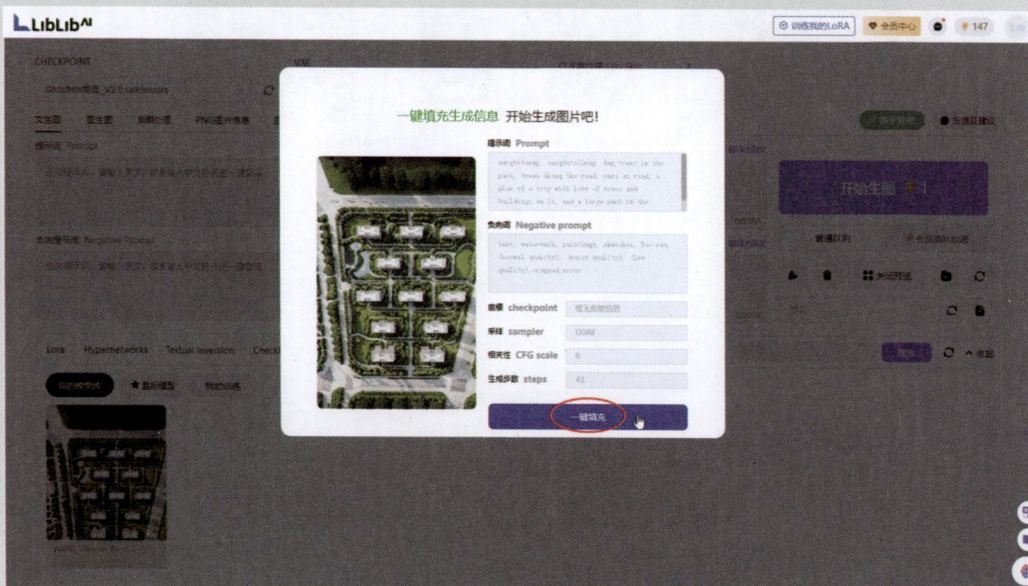

图8-6

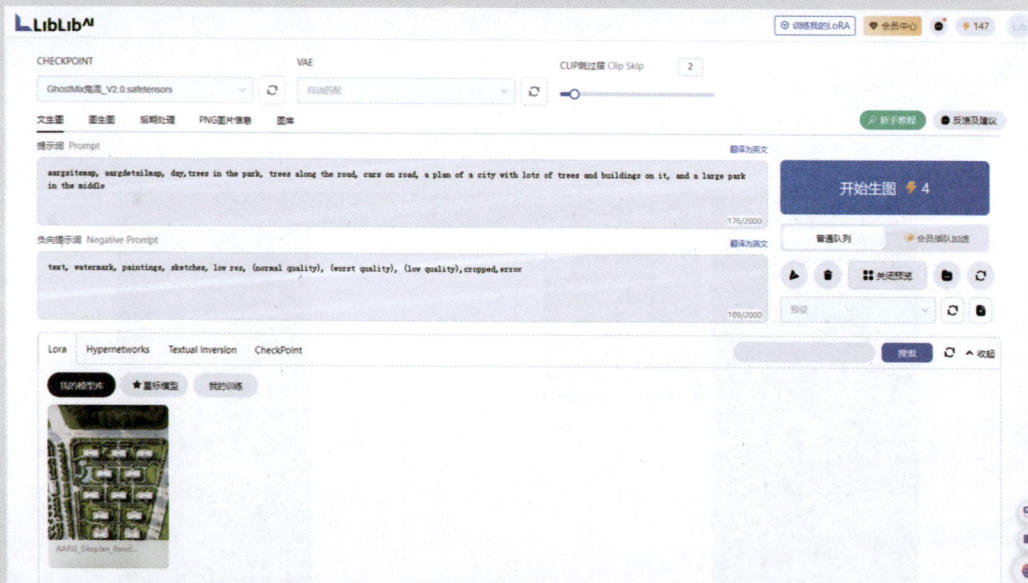

图8-7

图8-8

图8-9

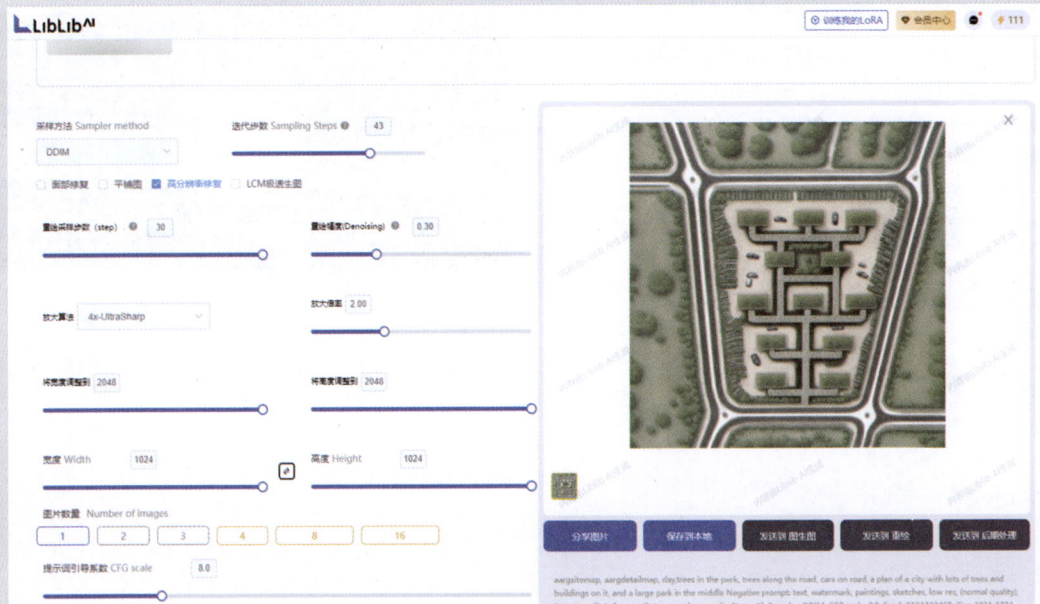

图8-10

⓭ 如果需要其他效果，可通过条件参数去重新生成，但耗费时间较长，这里不再赘述，大家自行完成。单击【保存到本地】按钮，保存渲染效果图。

## 8.2.2  AI辅助生成手绘建筑线稿图

在AI元技能平台中提供了6个用于手绘线稿图的AI训练模型，分别表达了两种手绘线稿图模式：手绘建筑线稿图和图片转建筑线稿，如图8-11所示。

图8-11

01
02
03
04
05
06
07
08
09

图8-11所示的6个AI训练模型分别代表了6种手绘线稿创建方式和风格。第1、2和5种为黑白色线稿AI训练模型，其余三种为彩色线稿AI训练模型。这里建议选择第3种，既可生成黑白色线稿图，也能生成彩色线稿图，仅通过一个设置即可。下面介绍详细的操作步骤。

### 【例8-2】上机操作——AI辅助生成手绘线稿图

操作步骤如下。

**01** 在AI元技能平台首页的【线稿–LoRA模型】类型区域中选择【03-老王建筑手绘】训练模型，进入LibLib AI网站。

**02** 使用这个AI训练模型之前，先阅读模型作者的留言，特别留意"触发词"，需在提示词框中输入"lwsh，pen and ink drawing"作为引导，否则将会自动生成彩色手绘线稿图。

**03** 本次演示仍然以示例模板的参数作为生成手绘线稿图的基础参数，根据实际情况再微调局部参数即可。选中左侧示例图，在弹出的示例参数面板中单击【一键生图】按钮，再在弹出的【一键填充生成信息】面板中单击【一键填充】按钮，如图8-12所示。

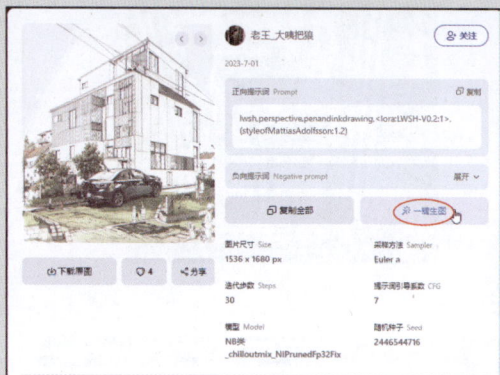

图8-12

**04** 随后进入Stable Diffusion界面中，在LoRA选项卡中可以看见所选的AI训练模型已经在【我的模型库】列表中。

> **提示**
>
> 一般来讲，反向提示词都是差不多的，无须修改。仅仅按照自己的需求来修改提示词文本，但触发词不能删除（如果有触发词）。根据AI训练模型的作者留言中可知，黑白色的手绘线稿图需要触发词，而示例模型中没有"pen and ink drawing"这个触发词，然后再在后面添加新的提示词，新的提示词可以在AI元技能首页中单击顶部的【AI写提示词】分类选项，通过开通VIP付费来使用这个AI写提示词功能，如图8-13所示。没有好的提示词，生成的效果是达不到用户需求的。

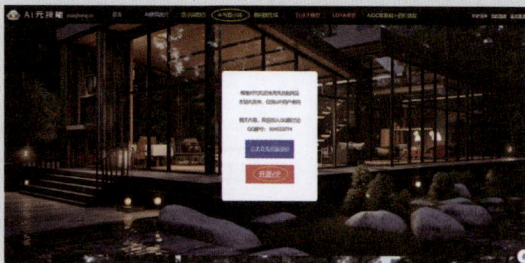

图8-13

**05** 接下来在提示词文本框中修改提示词，先删除"<lora:LWSH–V0.2:1>，"字符，再在提示词的最后面添加"pen and ink drawing"触发词，接着书写新的提示词，可用中文书写，如写"一幢建筑"，也可直接用英文书写"a building"，如图8-14所示。

**06** 单击提示词文本框右上角位置的【翻译为英文】按钮，自动将中文提示词更改为英文提示词。

**07** 在【CHECKPONT】下拉列表中选择AWPainting_v1.2.safetensors基础模型，在【我的模型库】中选中【建筑手绘线稿_1.0】AI训练模型，其他选项及参数保留不变，单击【开始生图】按钮，自动生成铅笔画的手绘线稿图，如图8-15所示。

> **提示**
>
> 如果更改采样方法，例如在【采样方法】下拉列表中另选【Euler】选项，就会生成不同的建筑风格。

图8-14

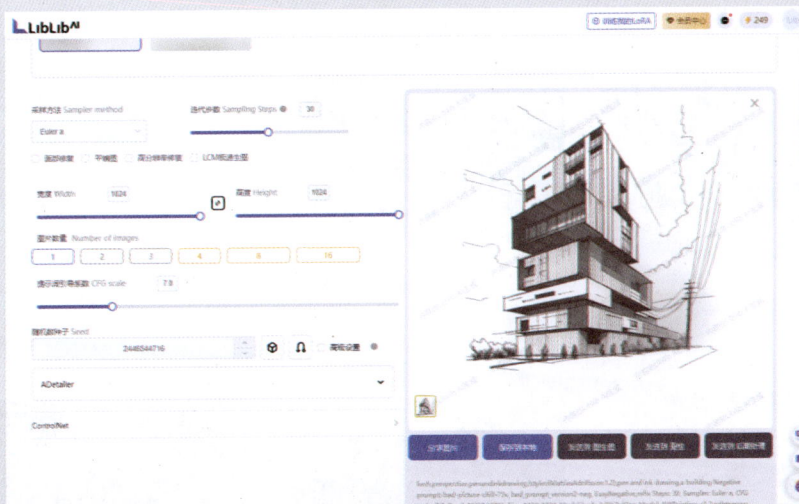

图8-15

**08** 最后将图像文件保存到本地。

**09** 如果要生成鲜艳的、彩色的手绘线稿图，可在AI元技能首页中选择【线稿-LoRA模型】区域中的【04-崔工手绘】AI训练模型。这里不再演示。操作方法和本例的黑白色手绘方法是完全相同的。

### 8.2.3　AI辅助鸟瞰图设计

鸟瞰图在建筑规划设计中起着重要作用，主要体现在以下几方面。

■ **整体布局与设计评估**：鸟瞰图为设计师和规划者提供了整体的视角，有助于他们更好地评估建筑物与周围环境的关系。通过俯瞰全貌，可以更好地进行整体布局设计，确保建筑物与周边景观、道路、绿化等元素协调一致。

■ **空间关系的理解**：鸟瞰图有助于理解建筑物之间的空间关系，包括建筑物之间的距离、相对位置、通道布置等。这对于建筑群、城市区域或大型规划项目至关重要，有助于确保空间的合理利用和流畅的连接。

■ **交通与流线规划**：通过鸟瞰图，规划者可以更好地分析交通流线，包括道路、步行道、自行车道等。这有助于规划出更为便捷、高效的交通系统，提升整体交通运输体验。

■ **地形与地貌分析**：鸟瞰图还可用于分析地形和地貌，包括地势高低、水域分布等。这对于选择合适的建筑场地、确定水系位置、考虑自然环境因素等方面非常重要。

■ **项目宣传与展示**：鸟瞰图通常用于项目宣传和展示，通过生动的俯瞰效果展示规划设计的魅力。这对于吸引投资、获取项目支持以及向公众传达设计意图都具有积极的影响。

本节仍将Stable Diffusion大模型作为AI工具进行介绍，下面简要介绍操作流程。

【例8-3】上机操作——AI辅助鸟瞰图设计

操作步骤如下。

**01** 在AI元技能首页的【鸟瞰-LoRA模型】区域中选择【01-鸟瞰增强】AI训练模型，如图8-16所示。

【01-鸟瞰增强】AI训练模型是模型作者修改名称后的结果，该模型实际名称为CHILLOUTMIX。

如果自己能够输入提示词和设置参数，可直接单击【立即生图】按钮，这种方法业内称作"选择底模"或"使用底模"。

02 进入LibLib AI平台，可见鸟瞰增强模型中有两个示例，两个示例用的训练模型是相同的。选择右图示例作为本次演示参考，如图8-17所示。

03 在弹出的示例参数面板中单击【一键生图】按钮，再在弹出的【一键填充生成信息】面板中单击【一键填充】按钮，如图8-18所示。

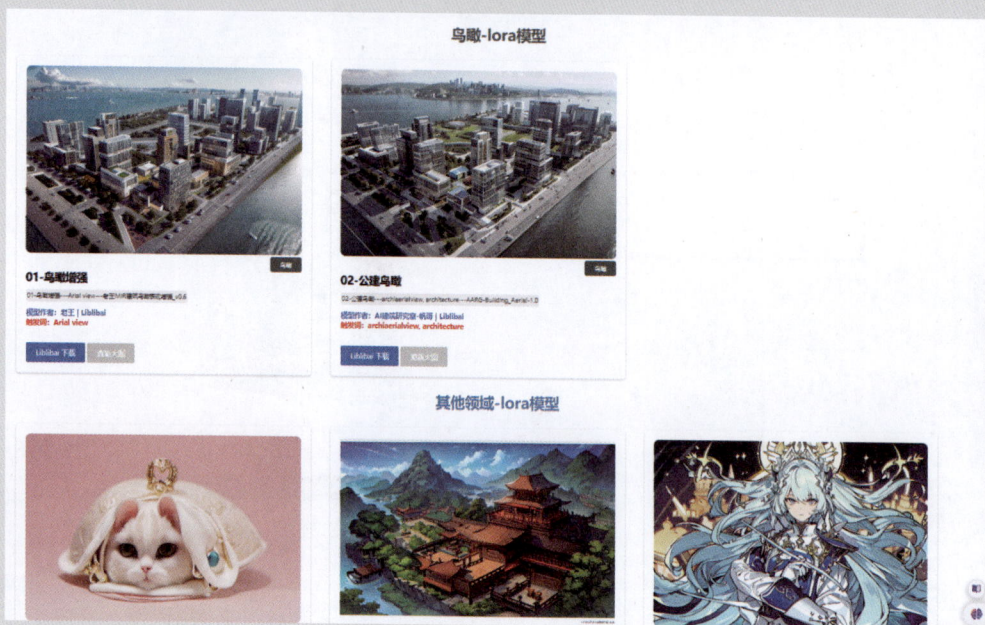

图8-16

图8-17

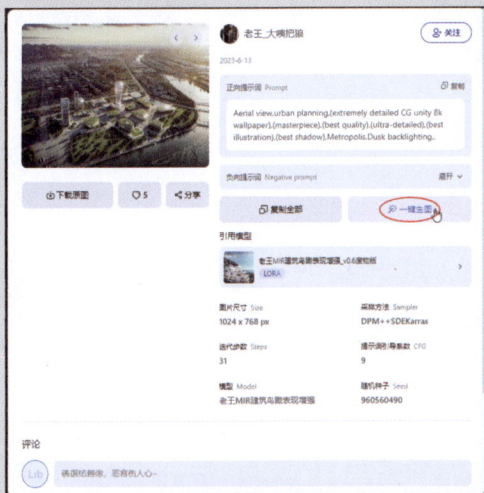

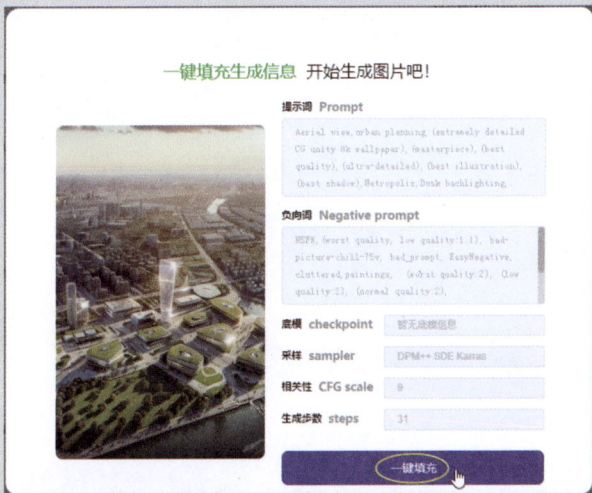

图8-18

**04** 随后进入Stable Diffusion操作界面中。鸟瞰图的提示词很有特点，几乎每一个关键词都要用括号括起来，如果取消括号而直接输入关键词，最终效果是很不理想的，这就是该AI训练模型的特色。如果不创建鸟瞰图，可以不执行这套规则。鸟瞰图的触发词是Arial view，每一次生成鸟瞰图，都要提前输入这个触发词，后面才跟着输入与城市布局、建筑风格、地形、天气、图像质量等相关的关键词。仅仅为了演示，采用示例中的提示词，单击【开始生图】按钮，生成城市规划设计的鸟瞰图，如图8-19所示。

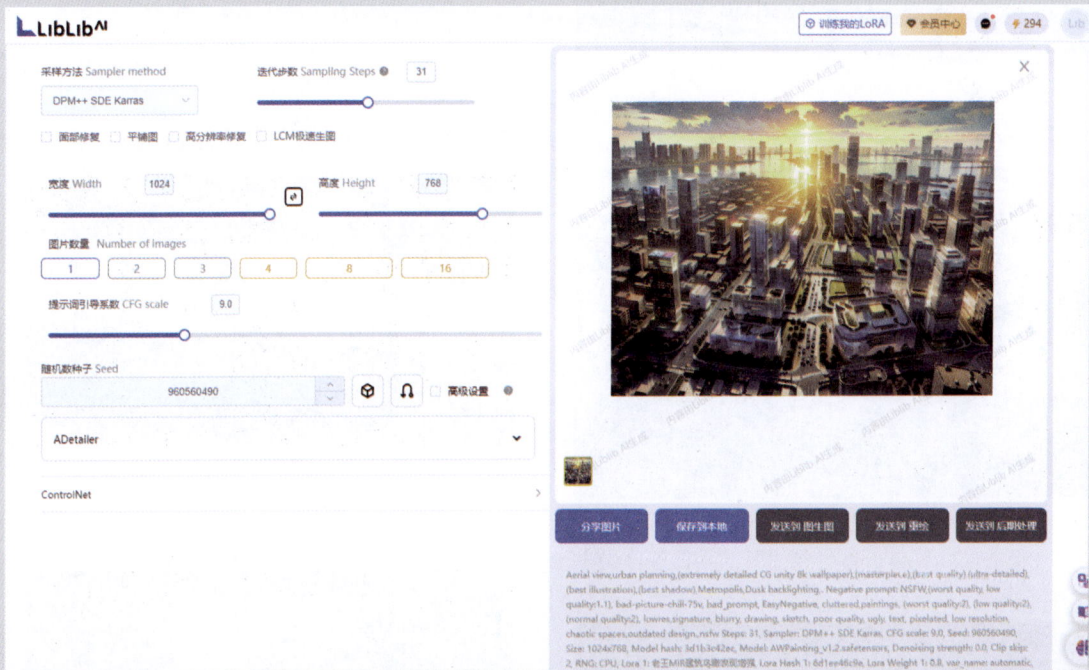

图8-19

# 8.3 AI辅助建筑立面设计

本节将利用国内AI平台（通义万相）分别生成现代建筑、园林景观建筑、传统乡村建筑等风格的效果图。

147

## 8.3.1　生成建筑立面效果图

通义万相是由阿里云开发的AI图像生成大模型，它可以根据用户输入的文字内容，生成符合语义描述的不同风格的图像，或者根据用户输入的图像，生成不同用途的图像结果。

通义万相AI工具免费向用户开放，每天图片生成次数限制为50次，如果继续免费使用，可同时注册多个账号。

**【例8-4】上机操作——AI辅助建筑立面设计**

**01** 通过浏览器进入通义万相官网（https://tongyi.aliyun.com/）首页，如图8-20所示。

图8-20

**02** 初次使用需要注册账号，单击首页右上角的【登录/注册】按钮，弹出的注册页面如图8-21所示。

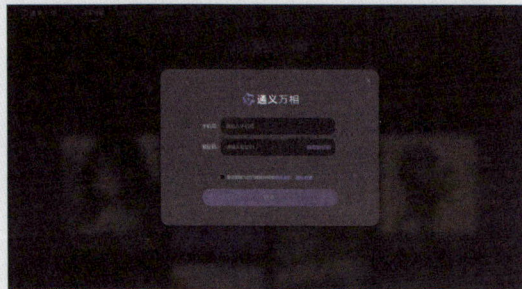

图8-21

**03** 注册账号后可单击首页界面中的【创意作画】按钮，进入AI绘画界面中。界面如图8-22所示。

图8-22

**04** 通义万相的使用非常简单，在左侧面板中可选择图像生成模式、咒语（图像渲染的风格）、图像尺寸比例等。图像生成模式有三种，分别是文本生成图像、相似图像生成和图像风格迁移。

**05** 默认的图像生成模式为【文本生成图像】，本例我们将生成一种中国南方农村风格的建筑，因此，在提示词文本框中可输入"农房，村庄，中国南方农村，远景，破旧房屋，土坯房，庭院，无人，门，庄稼，植物，晴朗的天气，田野，门前溪流，小河，河水"。

> **◎提示・◦**
>
> 在通义万相中，提示词的规则比较简单，按照用户的想法进行输入即可，没有所谓的触发词，只有关键词，AI会自动计算分析，并尽可能将最好的结果给予用户。

**06** 至于咒语，不用刻意去选择，默认即可。除非要生成水墨画、铅笔画或其他类型的画才会选择咒语。咒语列表下方的图像尺寸比例有三种：1:1、16:9和9:16，这里保留默认的1:1的尺寸比例，再单击【生成创意画作】按钮，随后自行生成图像，如图8-23所示。可见生成的效果非常强，与高清拍摄的相片媲美，完全符合提示词的基本要求。

图8-23

**07** 单击选中其中一幅图，可以查看大图，如图8-24所示。

图8-24

**08** 接下来重新输入提示词"艺术建筑，造型新颖独特，地中海风情，超级艺术感，晴朗的天空，海边，沙滩，游玩的人"，重新生成创意画作，效果如图8-25所示。

图8-25

09 再次重新输入提示词"传统，苏州园林，旧，元林，水，池，白墙，窗，门，白墙黑瓦，园林植物，庭院，景观设计，阳光明媚，逼真，最佳画质"，单击【生成创意画作】按钮后，自动生成效果图，如图8-26所示。

图8-26

10 如果要保存效果图，可将光标移动至要保存的图像位置，会显示【下载】按钮 📥，将图像保存到本地文件夹中，如图8-27所示。

图8-27

## 8.3.2 AI图像填充

从上一案例中可以看出，虽然通义万相的AI生成功能十分强大，但存在一个严重缺点：图像显示不完整。如果要想看见更多的景象，需要利用AI工具将图像扩展。下面介绍一款免费的AI扩展图像工具——Photoshop的Alpaca插件。

Alpaca插件完全免费，但要在Photoshop中使用此工具来生成产品线稿图、产品效果图等，AI功能十分强大。接下来将以此AI工具进行演示。

> ◎提示·◦
>
> Alpaca插件配合Photoshop软件使用，大家可以安装Adobe Photoshop 2023或Adobe Photoshop 2024软件。官网中下载的Alpaca插件是英文版。

下面介绍Alpaca插件的演示过程。

【例8-5】上机操作——AI图像填充

01 Alpaca插件可以从Alpaca官网（https://www.alpacaml.com/dashboard/home）中免费下载，如图8-28所示。

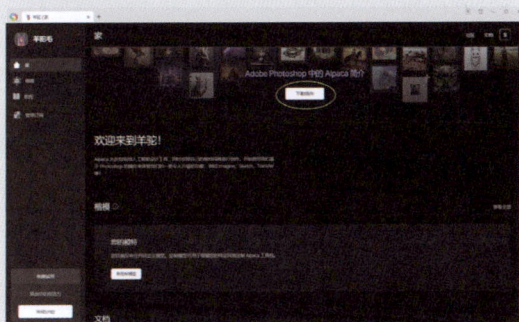

图8-28

02 将下载的Alpaca插件压缩包文件复制到"C（笔者默认安装Photoshop的磁盘）:\Program Files\Adobe\Adobe Photoshop 2024\Plug-ins"路径下，然后将其解压到当前文件夹中。

> ◎提示·◦
>
> 如果读者的计算机C盘内存量不够大，可将Photoshop安装在D、E等磁盘中。笔者安装的版本是Adobe Photoshop 2024。

03 启动Photoshop 2024，在主页界面中单击【新文件】按钮，新建一个Photoshop文件，如图8-29所示。随后自动进入Photoshop的工作界面中。

图8-29

04 在Photoshop工作界面的顶部。执行【增效工具】|【Alpaca】|【Alpaca】命令，将Alpaca插件程序调出来，如图8-30所示。

05 初次使用Alpaca插件时，需要用户注册账号，注册账号时会自动打开Alpaca官网。

◎提示·◦

注册所用的邮箱有限制，国内的163邮箱、新浪邮箱、网易邮箱、QQ邮箱等邮箱均不能注册，建议使用Outlook邮箱（https://login.microsoftonline.com）和tutanota邮箱（https://mail.tutanota.com）。一般安装Office后都会自动安装此邮箱，也就是新用户还要提前注册一个Outlook邮箱。

06 注册账号后，在Photoshop中登录Alpaca，图8-31所示为登录Alpaca的界面。Alpaca有6大功能：图像生成、线稿上色、风格转换、AI填充、无损放大和深度图。

07 执行【文件】|【打开】命令，将本例源文件夹中的"农村建筑.png"图像打开在图形区中，如图8-32所示。此图像文件就是前面案例中通义万相中生成的建筑效果图。

08 在Photoshop的工具栏中单击【裁剪工具】按钮 🔲，图像周边显示裁剪框，拖动裁剪框使其变大，如图8-33所示。

09 在Photoshop的工具栏中单击【矩形选框工具】按钮 🔲，然后绘制一个矩形框，将边框和图像部分包含，如图8-34所示。

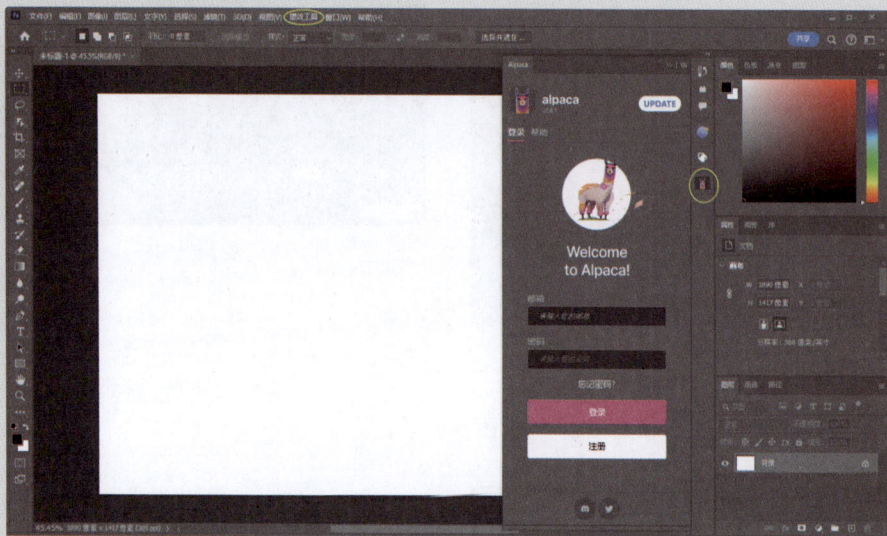

图8-30

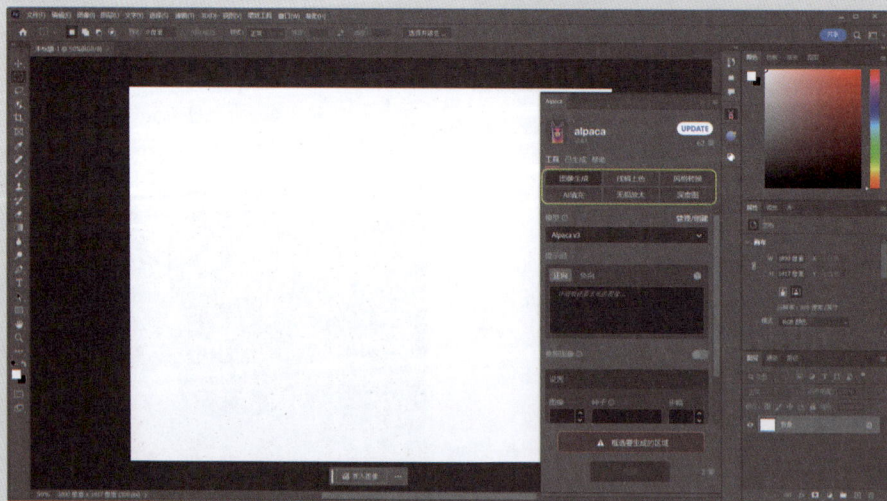

图8-31

AI+SketchUp 2024完全实训手册

图8-32

拖动边框

图8-33

W: 1139 像素
H: 1708 像素

图8-34

绘制矩形选择框有一定的要求，不能只绘制扩大区域部分，必须将图像部分包含进去，AI才会根据这部分图像进行想象填充。

⑩ 绘制矩形选框后，在Alpaca的【工具】选项卡中单击【AI填充】按钮，无须再输入任何提示词，直接单击【生成】按钮，Alpaca会自动生成4张扩展图像，如图8-35所示。

图8-35

⑪ 双击选择第4张图像，将生成的扩展图导入图形区的矩形选择框中，如图8-36所示。

图8-36

⑫ 继续绘制矩形选择框，然后生成AI图像并导入矩形选择框中，如图8-37所示。

图8-37

⑬ 最后完成其余区域的填充，生成的扩展图像如图8-38所示。相比原图更有意境。

⑭ 最后将图像保存。

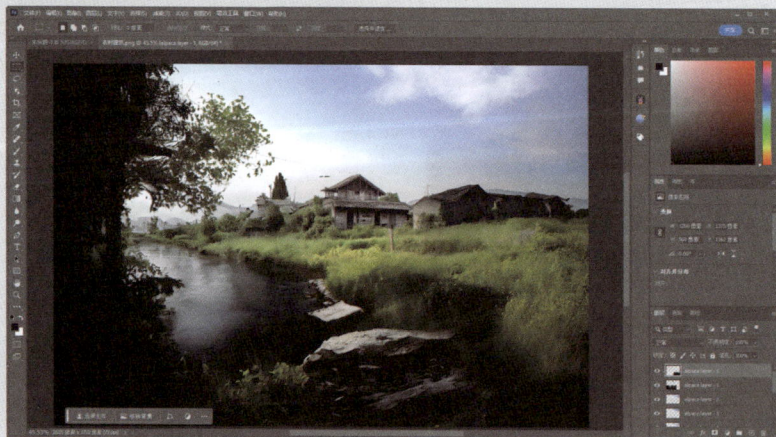

图8-38

AI+SketchUp 2024完全实训手册

## 8.4 AI辅助建筑室内方案设计

有了AI的加持，室内设计师可以为客户提供更为高效的设计服务，例如在施工现场为客户演示用AI生成各种设计方案，可以在现场快速解决客户的基本需求。

辅助室内设计的AI工具有很多，大多收费昂贵，不利于初学者学习，接下来我们将利用AI元技能平台中的AI训练模型为大家介绍如何生成室内装修方案设计图。

制作装修效果图有两种方式，一是设计师通过现场勘察后手绘出装修线稿图，利用AI工具将线稿图进行渲染。二是在现场拍摄照片，直接利用AI工具将照片进行渲染。下面介绍详细操作过程。

【例8-6】上机操作——AI辅助室内装修方案设计

**01** 在AI元技能平台首页中，单击顶部的【行业大模型】分类标签，然后选择【AARG_Siteplan_Render彩色真实总图】LoRA模型，如图8-39所示。

◎提示·•

这个模型其实就是前面生成彩色总平图时的AI模型。

**02** 进入LibLib Ai网站。选择示例中的左图，如图8-40所示。

**03** 在示例中单击左图（渲染效果图），弹出该示例的参数信息面板，单击【一键生图】按钮，如图8-41所示。

图8-39

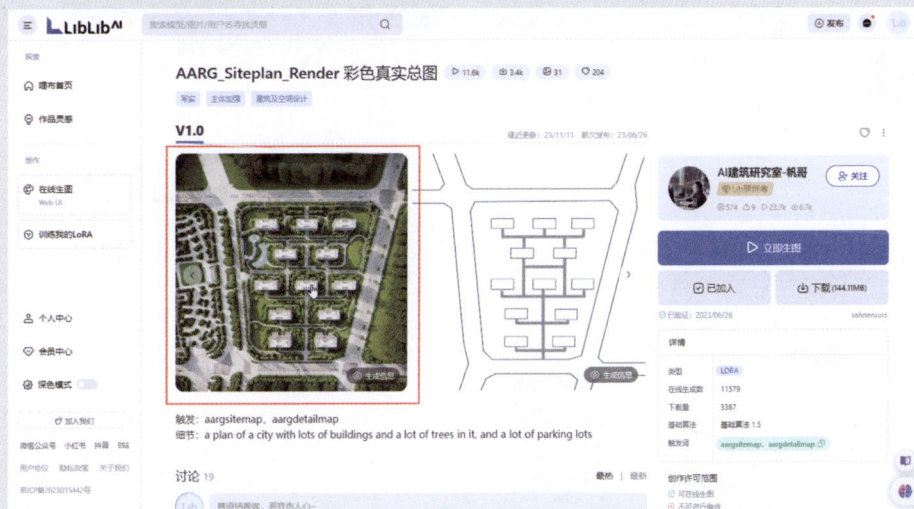

图8-40

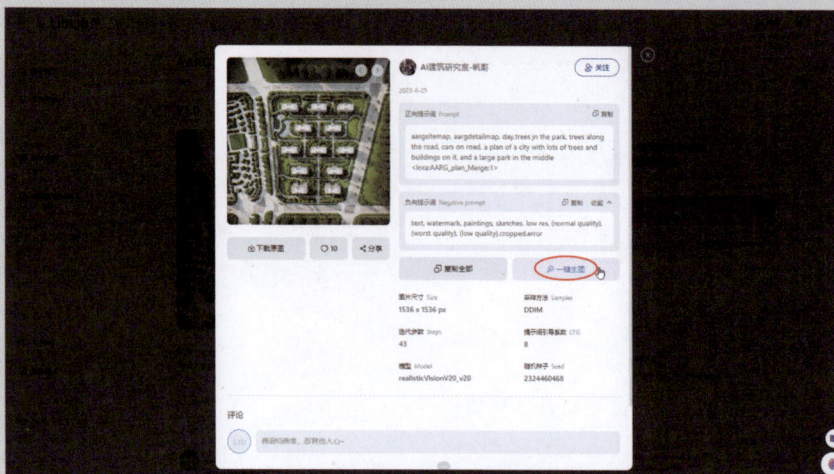

图8-41

**04** 在弹出的【一键填充生成信息】面板中单击【一键填充】按钮，会将面板中的设置信息全部复制，并自动应用到新的渲染项目中，如图8-42

所示。

**05** 一键填充信息后，自动切换到Stable Diffusion大模型UI界面中，如图8-43所示。

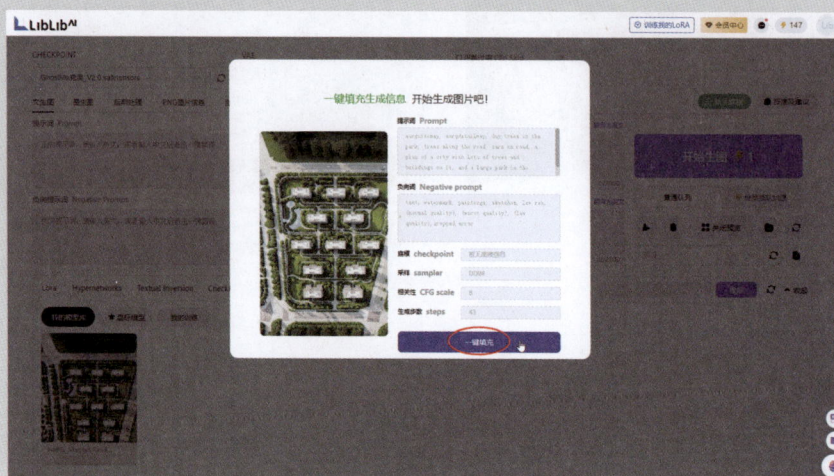

图8-42

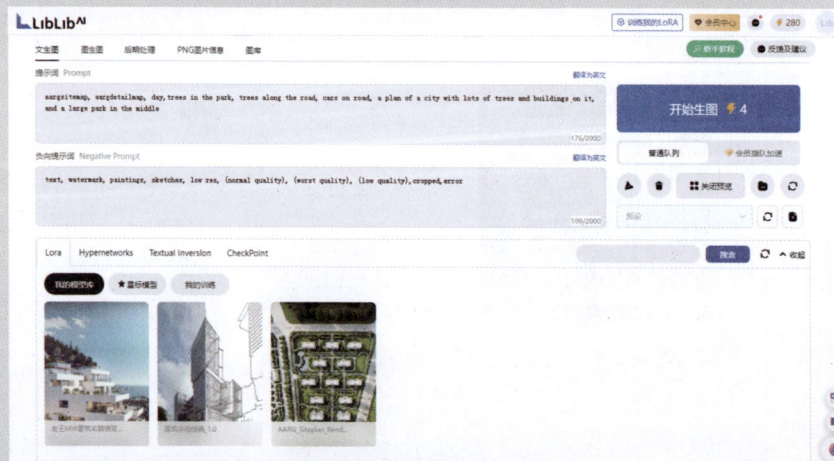

图8-43

06 首先要在【我的模型库】列表中选中【AARG_Siteplan_Render 彩色真实总图】模型，然后将提示词全部删除，并重新输入一个触发词"Interior"，紧接着根据要装修的房间类型来输入文本，例如"现代，简约风格，客厅，白天，轻奢"等，然后单击提示词文本框右上角的【翻译为英文】按钮，将中文翻译为英文，如图8-44所示。

07 在【采样方法】下拉列表中选择【DPM++SDE Karras】选项，其他参数保持不变。在底部展开【ControlNet】选项组，在本例源文件夹中导入"Interior-1.jpg"图像文件，再在下方勾选【启用】复选框，保留ControlNet的参数不变，如图8-45所示。

08 单击【开始生图】按钮，自动生成装修效果图。图8-46所示为原图和效果图的对比。

图8-44

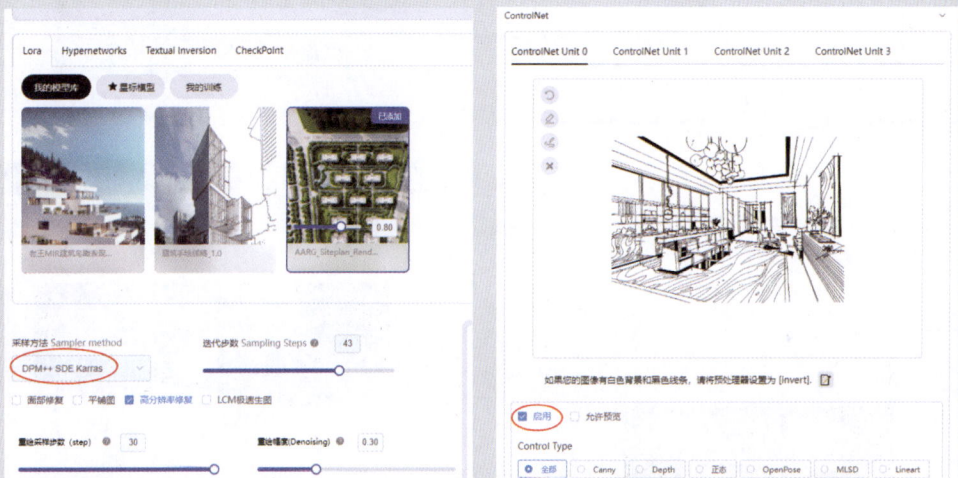

图8-45

图8-46

第8章 AI辅助建筑方案设计

155

**09** 若要生成其他装修风格，可在提示词中仅修改现代简约风格为地中海装修风格，再增加两个关键词"蓝色海洋，白色地砖"，装修结果如图8-47所示。

**10** 同理，继续输入其他室内装修风格，直到生成满意的装修方案为止。这里不再一一赘述。

**11** 接下来使用手机或相机拍摄的毛坯房图片进行装修效果图生成操作。删除之前的线稿图片，上传本例源文件夹中的"Interior-2.jpg"图像文件，如图8-48所示。

**12** 其他选项和参数暂不做任何更改，单击【开始生成】按钮进行AI图像生成，结果如图8-49所示。

**13** 但是原图中有一条装修工人用的板凳，这会影响最终AI图像生成效果，所以需要利用AI工具进行清除。这里使用Photoshop中Alpaca插件的【AI填充】功能来消除板凳，如图8-50所示。

> ◎注意·◦
>
> 无须输入提示词。另外，如果需要得到客厅全景的图像，可用AI填充功能进行图像扩展。

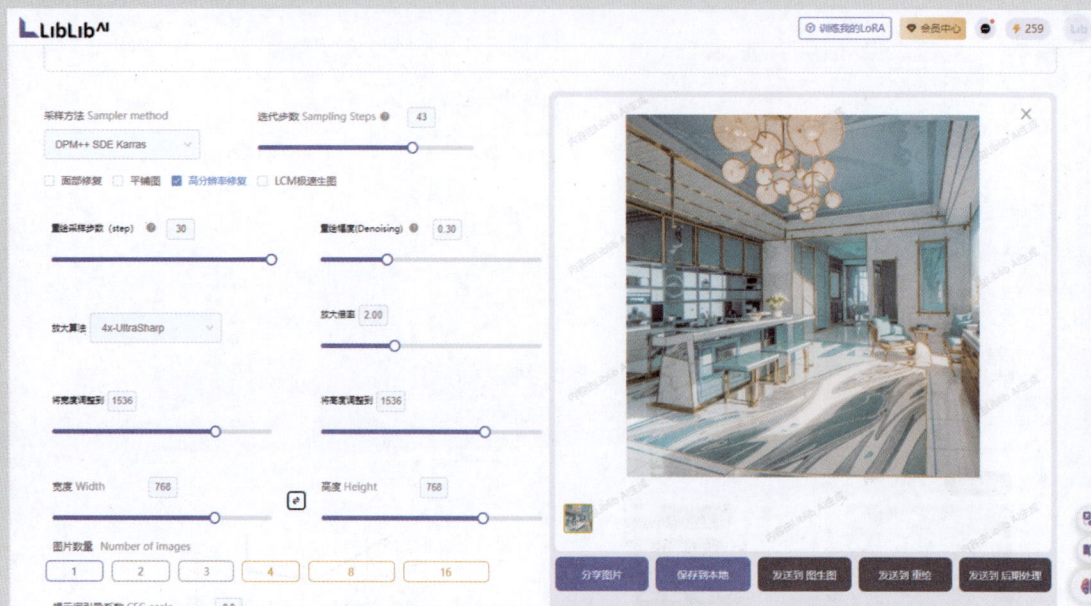

图8-47

图8-48

图8-49

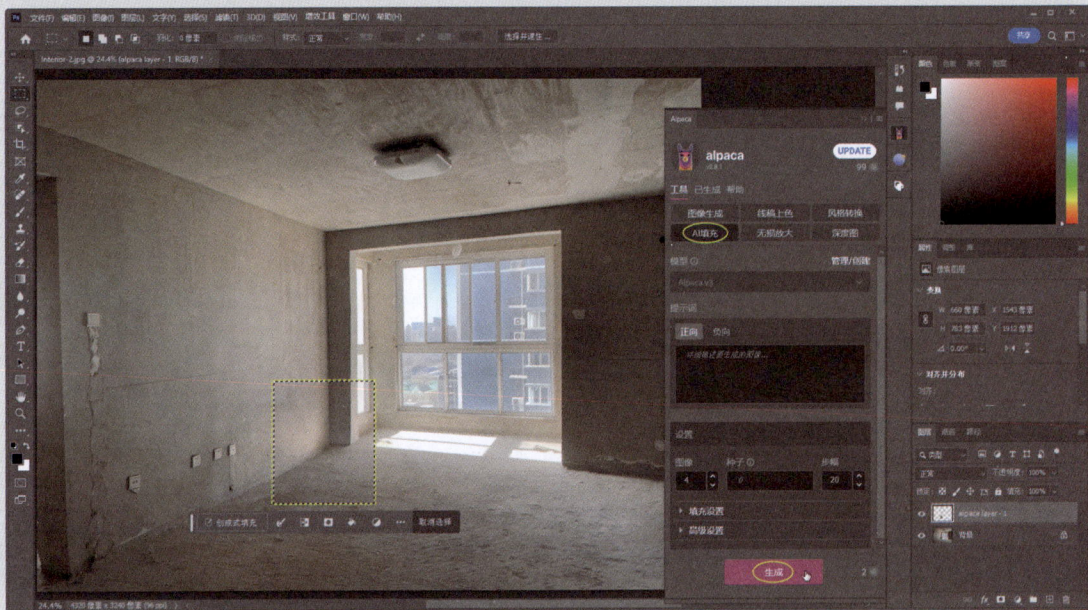

图8-50

⑭ 消除的结果如图8-51所示。

图8-51

⑮ 将图像文件保存到本地。然后在LibLib AI中重新上传修改后的图像文件，再修改提示词，增加一些家居摆设的提示词，反向提示词也要更改，如图8-52所示。

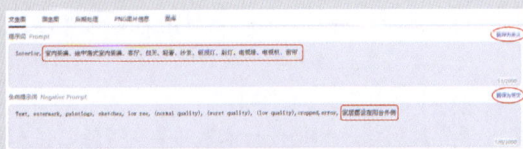

图8-52

⑯ 重新生成效果图，如图8-53所示。从结果看，效果还是很不错的，如果需要其他风格的装修效果，大家可以尝试去微调一些参数。

图8-53

# 第9章
# AI辅助BIM建筑设计

本章我们将深入探讨人工智能（AI）在BIM建筑设计中的辅助作用。我们将研究如何利用AI技术改进和优化建筑设计流程，以及这些技术如何帮助建筑师和设计师提高效率和创新性。此外，我们也将讨论AI如何改变建筑行业的未来，并且通过实例探讨AI在BIM建筑项目中的应用。

## 9.1 AI辅助SketchUp建筑设计概述

将AI整合到SketchUp中，用于建筑和设计项目，可以显著提高生产力、创造力和效率。下面介绍如何在SketchUp中应用AI，包括一些将AI能力引入SketchUp环境的工具和插件。

### 1. 使用AI增强SketchUp

结合SketchUp软件，AI有以下辅助设计作用。

（1）AI辅助设计。

- 生成式设计：AI算法可以根据用户设定的特定参数（如尺寸、朝向和材料）生成多种设计变体。这对于快速探索不同设计选项特别有用。

- 自动化3D建模：诸如ChatGPT、DALL-E、Midjourney或SD（Stable Diffusion）这样的AI工具，虽然不直接集成到SketchUp中，但可以通过云平台生成概念视觉效果，这些视觉效果可以激发灵感或被转换成SketchUp模型。

（2）性能分析。

- 能源分析：AI可以预测和分析SketchUp中建筑设计的能源性能。像Sefaira这样的插件使用AI提供有关能源使用、热舒适度和日光分析的见解，帮助设计师做出更明智的决策。

- 结构分析：AI启用的工具可以分析在SketchUp中创建的模型的结构完整性，提供有关材料效率和潜在结构问题的反馈。

（3）工作流优化。

- 模型优化：AI可以建议对3D模型进行优化，以减少复杂性，同时保持视觉保真度，改善渲染和仿真的性能，诸如ArkoAI、VERAS等插件可以集成到SketchUp中。

- 自动化文档生成：AI插件可以帮助用户自动从SketchUp模型生成详细的报告、材料清单和成本估算，节省大量时间。此类AI工具需使用

SketchUp的Ruby API进行编程，可以开发自定义的脚本和工具，从模型中提取几何数据、计算量和生成报告。

### 2. AI工具和插件

以下是一些使用人工智能技术的工具和插件，这些工具和插件可以帮助设计师提高设计效率和质量，包括实时能源和日光分析、3D城市和景观设计自动生成以及跨平台协作工具。

- Sefaira：在SketchUp中提供实时能源和日光分析，使用AI提供可操作的反馈。

- Hypar：从2D地图自动生成详细的3D城市和景观设计，利用AI解释地图数据并将其转换为3D模型。

- Trimble Connect：虽然不是纯粹的AI工具，但Trimble Connect促进了不同平台之间的协作，并可以集成由AI驱动的分析，用于项目管理。

### 3. SketchUp AI插件的未来展望

在未来，我们将看到更多针对特定设计任务的AI插件出现，这些插件将进一步提高设计师的工作效率，并提供更高质量的设计结果。

- AI生成的纹理和材料：高级AI可以根据描述或参考图像生成真实的纹理和材料，直接用于SketchUp模型。

- 语音控制设计AI插件：未来的集成可能包括AI驱动的语音识别，使设计师能够通过语音命令创建和修改模型。

- 预测性设计AI插件：AI可能会预测用户需求并实时自动调整模型，基于大量建筑设计数据集提供设计改进建议。

- 结构优化AI插件：这种插件可以自动优化建筑的结构设计，以提高其稳定性和效率。它可以

模拟各种可能的结构方案，然后选择出最优的方案。这样，设计师就可以确保他们的设计不仅美观，而且结构稳定和可靠。

- 能源效率AI插件：这种插件可以自动模拟和优化建筑的能源使用效率。它可以考虑到各种因素，如建筑的绝缘效果、设备的能源效率、使用的能源类型等，然后提供最节能的解决方案。这样，设计师就可以设计出更加环保和节能的建筑。
- 环境影响AI插件：这种插件可以自动评估建筑设计对环境的影响。它可以考虑到各种因素，如材料的生产和处置过程、建筑的能源使用、

建筑的生命周期等，然后提供对环境影响最小的设计方案。这样，设计师就可以确保他们的设计既美观又对环境友好。

虽然SketchUp中的直接AI集成仍在发展中，但AI革新建筑师和设计师使用SketchUp的方式的潜力是巨大的。利用AI驱动的工具和插件，用户可以增强他们的设计过程，从初始概念到详细的性能分析，使设计更加可持续、高效，并符合客户需求。随着AI技术的持续进步，我们可以期待更多创新工具的出现，进一步将AI能力整合到SketchUp生态系统中。

## 9.2　基于Hypar AI的BIM建筑设计

Hypar是一个云端AI平台，致力于推动建筑、工程、建设（AEC）行业的设计自动化和合作工作。该平台提供了一个环境，用户可以在其中执行设计逻辑、分享及进行协作。Hypar的基本服务是免费的，用户只需创建一个账户即可开始使用。它的某些功能与Architechtures平台类似，支持建筑规划和设计工作。不同之处在于，Hypar拥有强大且智能的BIM（建筑信息模型）设计功能，能够通过与ChatGPT类似的语言交互，进行生成式设计。

### 9.2.1　Hypar云平台介绍

Hypar目前与Revit、Sketch、AutoCAD、Rhino等软件相互结合使用。Hypar可导出这些软件格式的文件，同样也可以将这些软件生成的文件导入进来进行参考设计。

#### 1. 软件应用介绍

以下是Hypar的功能及其应用内容。

（1）设计自动化。

Hypar允许设计流程自动化，能够根据指定的逻辑和标准快速生成多个设计迭代，这一过程通常称为"选项优化"。

该平台支持使用Python和C#语言执行用户代码，以快速创建可在桌面或移动平台上以3D形式预览的设计以及分析数据。

自动化设计的例子如塔式发电机，它可以将模型创建和分析时间从几周缩短到几分钟。

（2）实时协作。

Hypar旨在通过在设计工作流程中实现实时协

作来改进设计流程，使设计人员能够更有效地协同工作，而不是孤立地工作。

它促进了协作环境，可以对生成的设计进行修改，并且这些修改持续存在，从而形成增强设计。

（3）生成式设计。

该平台支持生成式设计，通过基于一组变量测试"假设"场景来帮助早期概念开发阶段。

它可以使用人工智能功能将有关建筑物的描述性文本转化为可量化的建筑模型。

（4）集成和互操作性。

Hypar正在探索与Autodesk Forge Revit Design Automation API集成，以将设计无缝导入Revit中以实现详细的工作流程，该功能目前处于原型阶段，一旦推出，预计将成为一项非常受欢迎的功能。

（5）社区与分享。

Hypar具有社区功能，可以共享或出售第三方算法，随着时间的推移，它有望成为访问生成工具的中心资源。

（6）易于使用。

该平台旨在使发布、分发和维护建筑设计逻辑变得容易，而无需Web开发技能，并且其云特性允许通过Web从任何地方进行访问。

#### 2. Hypar注册与使用

在Hypar官网（https://hypar.io/signin）中注册账号，网页语言为英文，也可以使用网页翻译器将英文翻译为中文（下面介绍的Hypar是经过汉化翻译的结果），便于初学者学习。进入官网后会弹出账号注册页面，如果你有Hypar账号、Google账号或SSO账号可直接登录，没有账号可在注册对话框的

底部单击【Sign up（注册）】按钮进行邮箱及密码的注册，如图9-1所示。

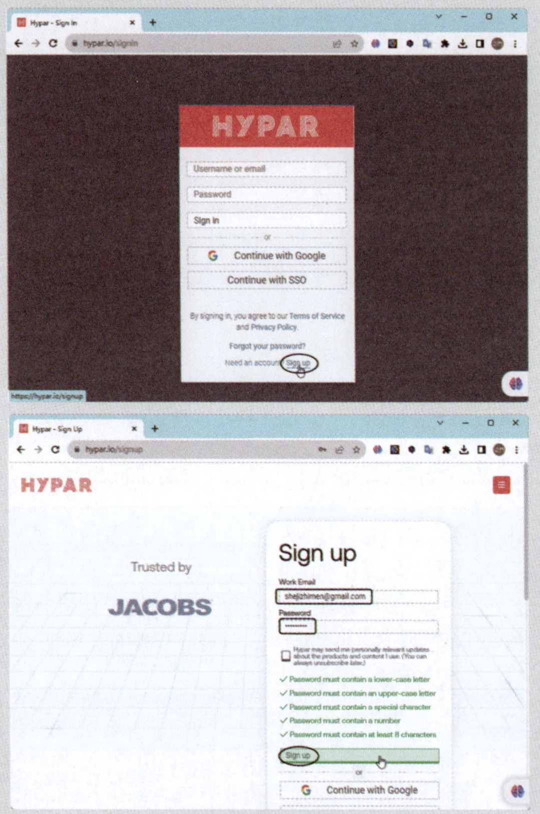


图9-1

◎提示·○

邮箱可用国内邮箱或国外邮箱，建议使用网易邮箱或QQ邮箱注册。注册后需要进入注册邮箱激活账号。顺便提示一下，在利用翻译器汉化软件的云平台网页之后，有些命令汉化得不准确，但我们会做相应的提示。

账号注册成功并登录后，会弹出【空间规划设置】对话框，按照Hypar的提示选择一个类型选项开始设计，这里选择【我想从头开始画】选项，单击【下一个】按钮后，提示创建单层建筑还是多层建筑，这里任意选择【多层】选项并单击【下一个】按钮，如图9-2所示。

◎提示·○

如果存在已有模型，可选择其他选项开始设计。

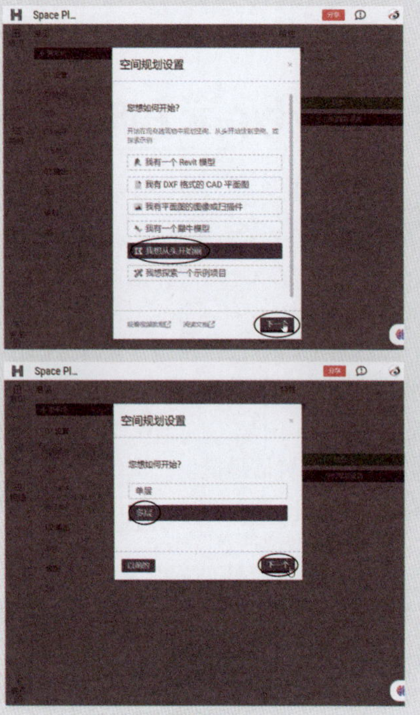


图9-2

Hypar工作界面如图9-3所示。

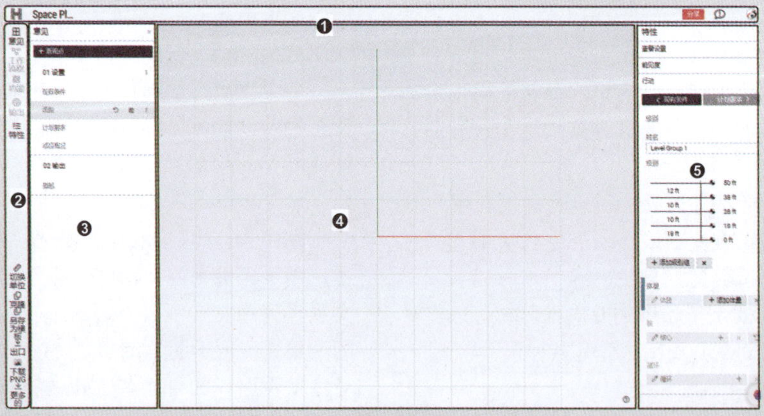


图9-3

### 3. 界面介绍

从图9-3中可以看出，整个工作界面包含5个职能区域。

- 标题栏：软件标题、账号、咨询管理及菜单栏存放区域。特别是当菜单栏自动隐藏了，需单击标题栏左侧的软件图标 **H** 才能展开。

- 左边栏：是软件功能菜单栏，等同于功能区选项卡。左边栏分上、下两部分，上为功能菜单，下为环境设置菜单。例如，选择【意见】功能命令后，会显示【意见】面板。图9-4所示为【意见】面板、【工作流程】面板、【函数库】面板、【输出】面板和【特性】面板的显示。

- 【意见】面板：被错误地翻译为"意见"，实译为"视图"面板。此面板显示视图管理功能。默认有【01设置】和【02输出】两个视图选项，可以根据设计需要单击【新观点】按钮来增加新视图选项。

- 图形区：预览模型结果。

- 【特性】面板：设置显示环境的特性设置和对象的属性。【特性】面板是左边栏中的【特性】功能命令来控制显示与关闭的。

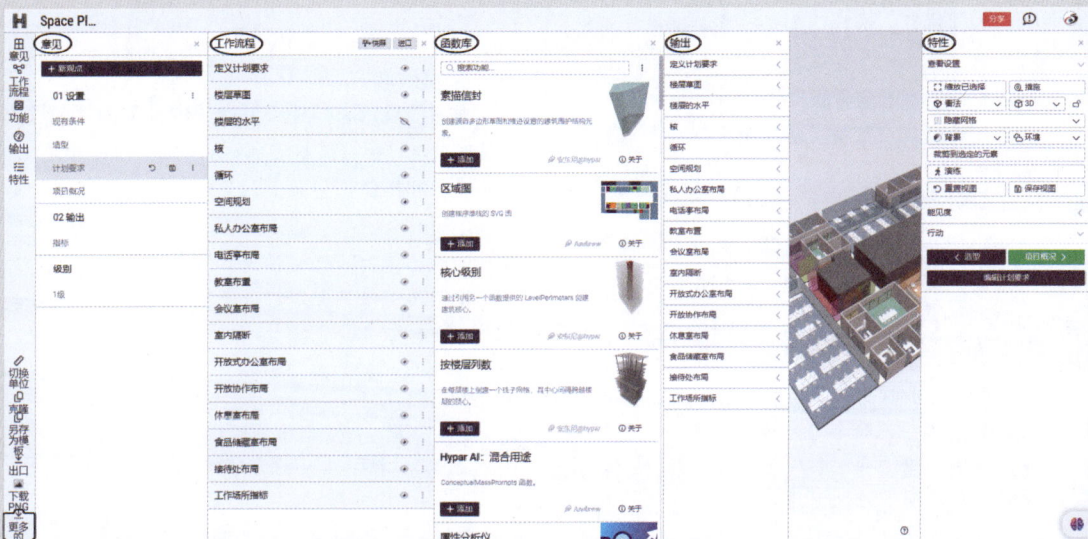

图9-4

## 9.2.2 Hypar软件基本操作

要想熟练掌握软件技能，就要熟悉属性软件的基本操作，包括视图操作、环境配置操作、流程操作和函数库操作等。

### 1. 文件管理

文件管理工具在标题栏左侧单击 **H** 图标展开，如图9-5所示。如果要查看工作流程，可在菜单栏中选择【查看所有工作流程】选项，在弹出的对话框中选择要查看的工作流程，如图9-6所示。选择一个流程（主要是软件自带的样例和用户创建的项目），即可进入该项目中浏览设计信息。

> **提示**
>
> 工作流程就是项目的设计流程和完整的模型信息，即BIM项目。

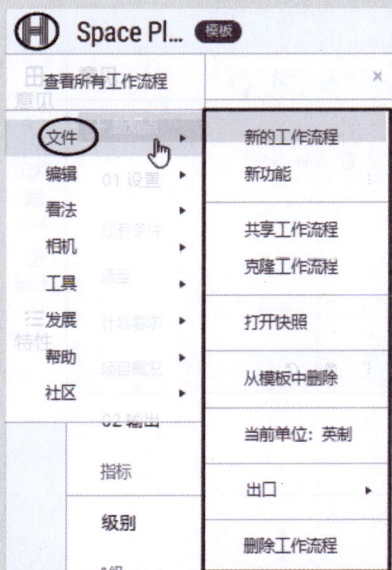

图9-5

图9-6

文件菜单中各菜单命令含义如下。

- 新的工作流程：选择此命令，将创建一个新的项目文件。
- 新功能：可查看最新版软件推出的新功能。
- 共享工作流程：可将当前项目分享给平台的其他用户。
- 克隆工作流程：将当前项目复制一份，然后进行新的任务，或者更改设计。此命令和左边栏下方的环境配置菜单中的【克隆】工具完全相同。
- 打开快照：应翻译为"管理快照"。执行此命令，可创建和预览快照，如图9-7所示。
- 另存为模板：此命令与左边栏下方的环境配置菜单中的【另存为模板】工具完全相同。将当前工作流程及相关模型信息保存为模板，供协同设计者作为通用模板使用。
- 当前单位：英制：可以执行命令来修改单位，只能修改为公制单位。
- 出口：正确翻译为"导出"。将当前项目导出为其他格式的文件，如图9-8所示。
- 删除工作流程：执行此命令将删除当前项目。

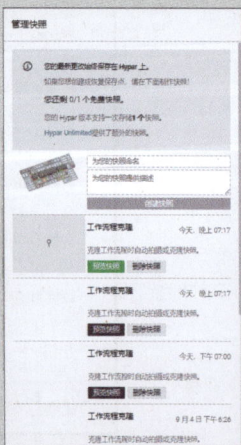

图9-7

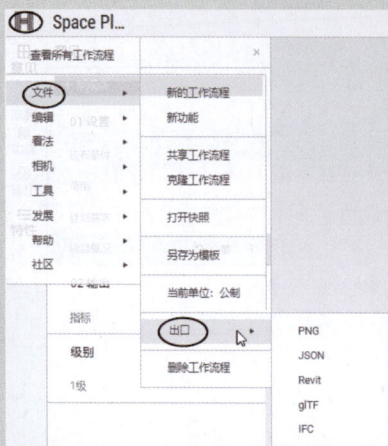

图9-8

### 2.视图操作

视图的显示和操控设置在【特性】面板的【查看设置】选项组（或称卷展栏）中，如图9-9所示。视图显示和操作，也可到H菜单栏中执行相关命令去执行。

- 缩放已选择：可翻译为"缩放以合适"，如果视图被无限放大或缩放至极小时，可单击此按钮来恢复最初的适应视图。
- 措施：可翻译为"测量"，用于测量元素之间的直线距离，如图9-10所示。

图9-9

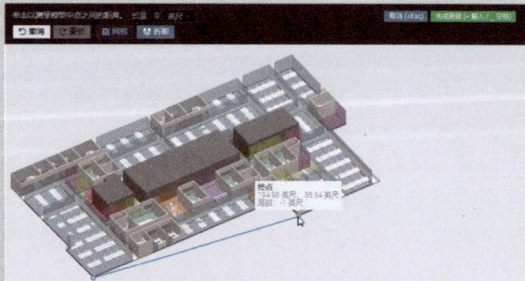

图9-10

- 正字法：在视图方法列表中有"正字法"和"看法"两种方式，"正字法"可翻译为"平行视图方式"或"两点视图方式"。
- 看法：可翻译为"透视图方式"。

- 标准视图列表：在该列表中有6种标准视图，包括顶部、北、南、东方、西方和3D视图。
- 【网格】下拉列表：包含隐藏网格和显示网格，用于绘图背景的网格显示控制。
- 【背景】下拉列表：包含白色背景、黑色背景和浅蓝色背景三种颜色背景。
- 【环境】下来列表：包含晴天环境☀环境和阴雨天环境☁环境。
- 裁剪到选定的元素：此功能可以将模型视图进行裁剪，保留部分视图方便查看，如图9-11所示。

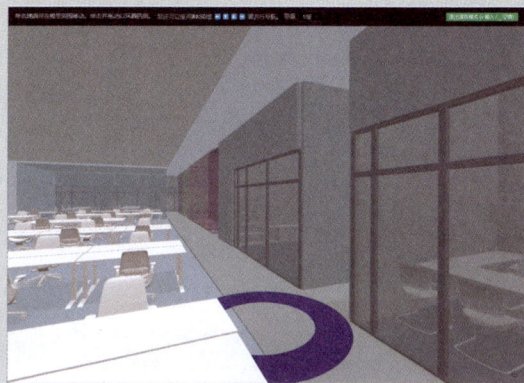

图9-11

- 演练：单击此按钮进入演练模式。此模式是设置室内观察者的位置或视角，便于查看模型内部（室内）的布局，如图9-12所示。

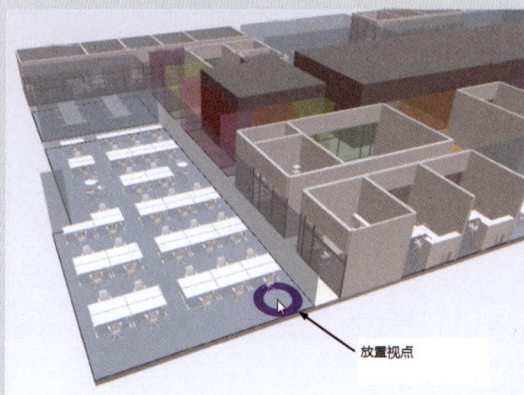
放置视点

图9-12

- 重置视图：单击此按钮可恢复3D视图到初始状态。
- 保存视图：用户可以自定义一个视图角度，然后单击此按钮保存自定义的视图。便于后续随时调用此视图。

当视图切换为3D视图时，可以用鼠标键来操控视图。

- 左键：按住鼠标左键旋转视图。
- 中建：滑动鼠标滚轮缩放视图。
- 右键：按住鼠标右键平移视图。

### 3.环境配置

前面介绍的背景、环境和视图设置等都属于软件环境配置。下面介绍左边栏下方的环境设置菜单中的设置。

- 切换单位：Hypar默认单位是英制单位，需要切换为公制单位。
- 克隆：制作重复的项目设计或者相同建模操作时，可以将工作流程进行备份，从而提高工作效率。
- 另存为模板：将整个工作流程、环境配置等保存为模板，为多人协同设计提供通用模板，提供工作效率。
- 出口：正确翻译为"导出"，将当前项目导出为JSON、GLTF、IFC等格式。
- 下载PNG：将当前工作流程中的视图图像导出为PNG文件，供用户下载。
- 更多的：单击此按钮将收拢环境配置菜单。反之，要展开环境配置菜单，再单击此按钮。

### 4.工作流程与函数库

工作流程和函数库是Hypar的核心功能。函数库是指Hypar核心建模功能，每添加一个函数（工具指令）系统会AI自动完成设计，创建过程无须人工干涉，自动完成设计后可以对BIM模型进行微调。添加的函数会自动显示在【工作流程】面板中。【工作流程】面板是显示函数库工具的操作面板，用户可以对创建的模型和场景进行微调操作。

Hypar的函数库有几百个之多，要想通过搜索引擎去寻找工具是相当困难的，除非用户对Hypar工作流程已经非常熟悉了，好在Hypar的函数库是自动按照层级或顺序关系进行排列的。

（1）按顺序关系排列。

在初始的函数库中，函数工具指令会按照一定的项目创建先后顺序进行排列，图9-13所示为【函数库】面板的中英文对照图，中文汉化的效果是网页翻译器的直译效果，不准确。部分工具的网页翻译和人工翻译对照表如表9-1所示。

表9-1 网页翻译和人工翻译对照表

| 原文 | 网页翻译 | 人工翻译 |
| --- | --- | --- |
| Envelope By Sketch | 素描信封 | 草图包络体 |
| Levels By Envelope | 按信封级别 | 按包络分楼层 |
| Façade By Envelope | 信封立面 | 包络外墙面 |
| Structure | 结构 | 结构 |
| Location | 地点 | 地理位置 |
| Private Office Layout | 私人办公室布局 | 布置个人办公室 |
| Workplace Metrics | 工作场所指标 | 工作场地指标 |
| Open Office Layout | 开放式办公室布局 | 布置开放式办公室 |
| Reception Layout | 接待处布局 | 布置接待室 |
| Pantry Layout | 食品储藏室布局 | 布置食物储藏室 |
| Lounge Layout | 休息室布局 | 布置休息室 |
| Classroom Layout | 教室布置 | 布置教室 |
| Phone Booth Layout | 电话亭布局 | 布置电话亭 |
| Meeting Room Layout | 会议室布局 | 布置会议室 |
| Open Collaboration Layout | 开放协作布局 | 布置室内摆设 |
| Floors By Levels | 楼层数 | 楼层地板 |
| Interior Partitions | 室内隔断 | 室内隔断 |
| Zone Diagram | 区域图 | 分区图 |
| Space Planning Zones | 空间规划区 | 空间规划分区 |
| Grid | 网格 | 轴网 |
| Circulation | 循环 | 单层走廊 |
| Define Program Requirements | 定义计划要求 | 定义项目要求 |
| Envelope By Site | 信封按站点 | 按站点边界包络 |
| Core | 核 | 核心筒 |
| Core By Levels | 核心级别 | 层级核心筒 |
| Bays | 海湾 | 托架 |
| Roof | 屋顶 | 屋顶 |
| Simple Levels By Envelope | 按信封划分的简单级别 | 按包络简分层 |
| Space Planning | 空间规划 | 单层空间功能布局 |
| Levels From Floors | 楼层的水平 | 层间板 |
| Conceptual Mass | 概念质量 | 概念体量 |
| View Radius | 观察半径 | 视野半径 |
| Floors By Sketch | 楼层草图 | 楼层草图 |

| 原文 | 网页翻译 | 人工翻译 |
|---|---|---|
| Floors | 楼层 | 楼层 |
| Space Planning | 空间规划 | 总体空间功能布局 |
| Columns By Floors | 按楼层列数 | 按楼层建柱 |
| Tower Developer | 塔楼开发商 | 塔楼开发 |
| JSON To Model | JSON到模型 | JSON到模型 |
| Envelope By Centerline | 按中心线的包络线 | 按中心线创建围护 |
| Schematic Cladding | 包层示意图 | 包络示意图 |
| Hypar AI:Minxed Use | Hypar AI：混合用途 | Hypar AI：混合使用 |
| Enclosure | 外壳 | 围护 |
| Vertical Circulation | 垂直循环 | 直升电梯 |
| Unit Layout | 单位布局 | 户型布置 |
| Circulation | 循环 | 总体走廊 |
| Façade Grid By Levels | 立面网格 | 按层级创建网格包络 |
| Edge Display | 边缘显示 | 边缘显示 |
| Levels | 级别 | 项目层级 |
| Hypar AI | 海帕人工智能 | Hypar人工智能 |
| Make Hypar | 使海帕 | 创建Hypar |
| Site by Sketch | 网站草图 | 场地草图 |
| Residential Units | 住宅单位 | 住宅单元 |

**◎提示·◦**

在下面的操作步骤中，仍然是按照网络翻译的工具名称进行演示。

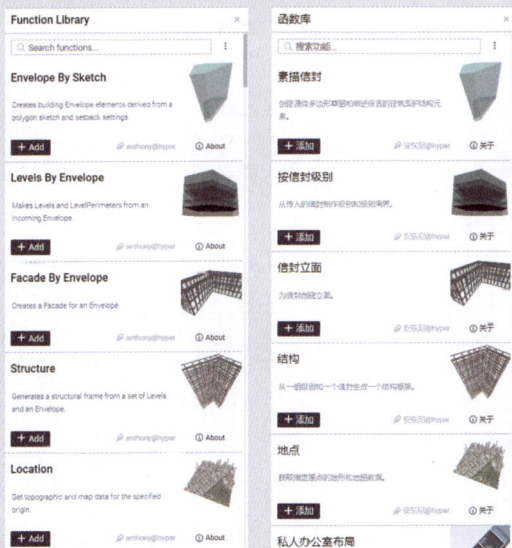

图9-13

（2）按层级关系排列。

函数库中默认的工具为顺序排列，用户任意选择了其中一种函数工具指令后，会自动添加到【工作流程】面板中。如果该函数工具指令为逻辑的第一层指令（也称父级指令），系统会自动执行该命令来创建对象。如果选择的函数工具指令不是第一层指令，那么在工作流程中会显示该指令缺少层级关系。例如添加【地点】指令，该指令就是父级指令，随意添加如图9-14所示。如果随意添加不是父级指令的指令，如【结构】指令，【工作流程】面板中会给出提示"执行函数时出现一些警告"，如图9-15所示。

**◎提示·◦**

出现警告的意思是此指令属于子级指令，需要添加父级指令才能执行该函数。

当用户对Hypar的函数库层级关系不是很了解时，极可能就添加了子级指令，若是添加了这种子级指令，可在【函数库】面板中单击搜索框右侧的按钮，会显示【建议功能】复选框，勾选此复选框，就可以在函数库中选择相应的工具指令，如图9-16所示。

第9章 AI辅助BIM建筑设计

图9-14

图9-15

◎提示‧◎

误操作了子级指令后，勾选【建议功能】复选框仅显示该指令的父级指令，而不会显示该指令的子级指令。只有第一次正确选择了父级指令后，才会显示该指令的子级指令。

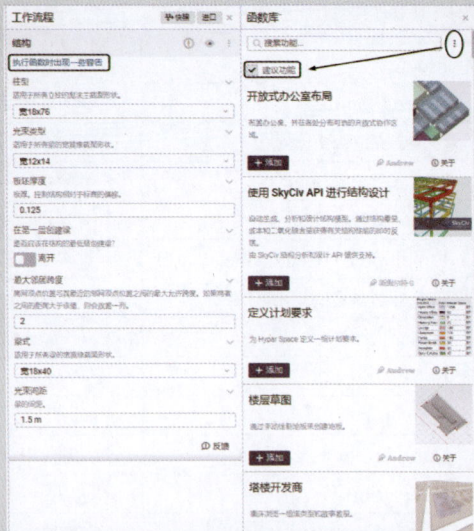

图9-16

用户按照正常流程选择父级指令后，【函数库】面板中会显示该父级指令的所有子级指令，如图9-17所示。

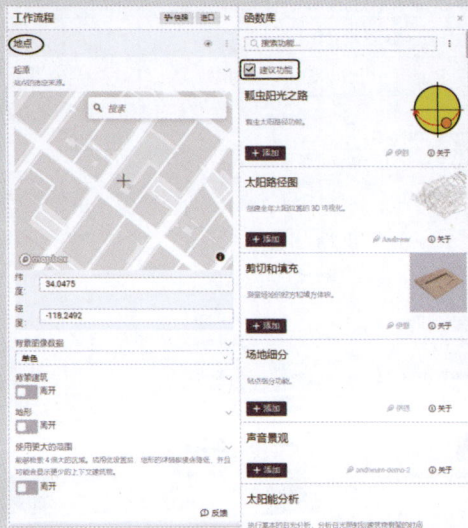

图9-17

◎提示‧◎

函数库工具的调用和创建的项目有关。例如从外部载入一个项目，那么就不需要创建模型了，只需利用AI技术对其进行编辑和更改，所调用的工具也是跟编辑和更改有关，例如可以调取【Hypar AI：混合用途】工具进行AI智能修改。如果新建一个项目，那么就要从头开始来创建模型，所需的函数库工具也要从项目地点开始，到草图绘制、楼层创建、楼层布局、信息模型创建……直到导出文件。

## 9.2.3 基于Hypar的BIM建筑设计案例

下面以实战案例来详解基于Hypar的AI建筑模型设计全流程。整个AI设计流程分4步：创建新的工作流程、创建建筑模型、Hypar AI混合设计和项目导出。

### 1.新建项目完成BIM设计

【例9-1】上机操作——新建项目完成BIM设计

**01** 首先登录Hypar官网。在弹出的对话框中选择【新的空白工作流程】项目进入Hypar工作界面，如图9-18所示。

**02** 默认显示的工作界面如图9-19所示。界面中会自动显示【函数库】面板。

**03** 在标题栏中设置项目名称，将默认项目名"Untitled Workflow"改为"办公高层建筑"，如图9-20所示。

**04** 在左边栏的环境配置菜单中单击【切换单位】按钮，将英制单位切换为公制单位。切换后需检查单位是否正确，不正确需再切换一次。

**05** 在函数库中添加【地点】指令到【工作流程】面板中，此时图形区载入一块预设地块，用于规划设计。在【地点】选项卡中设置选项，地理位置中将显示地块所在范围内的所有建筑模型，如图9-21所示。

图9-18

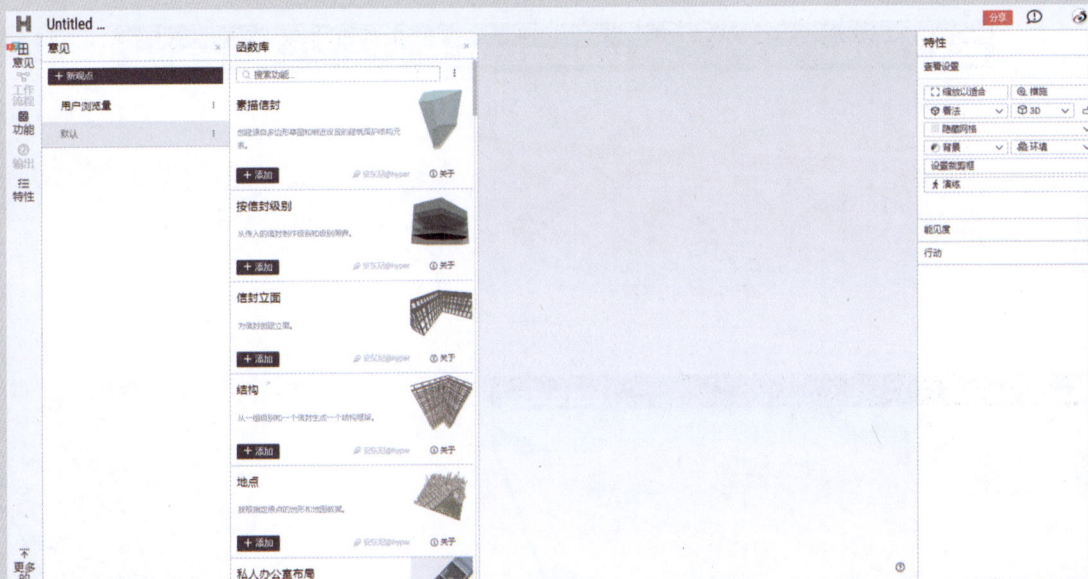

图9-19

图9-20

函数库中的工具指令比较多，而且每添加一个指令其函数库都会发生变化，很多指令都会隐藏起来，所以很多时候还需要搜索功能来查找所需指令，搜索的指令要英文输入，不能中文输入。输入指令的前面部分字符即可查找。

06 接着在区域地块中找一块没有建筑的空地（调整好视图），准备设计建筑物。如果所选的地块区域中没有空地，可在【地点】选项卡的【背景建筑】选项组单击【拆除区】下的【画】按钮（原文

为Draw，可译为"绘制"），接着画出要拆除区域，用于新的建筑物放置，如图9-22所示。

07 接下来创建体量模型。将【素描信封】工具指令（后续简述为"工具"或"指令"）添加到【工作流程】面板中（后续简述为"工作流程中"），然后单击【素描信封】选项卡中的【画】按钮，在弹出的【编辑周边几何图形】绘图环境中绘制建筑物的边界图形，完成后单击【节省】按钮（原文为Save，应译为"保存"），如图9-23所示。

08 返回【素描信封】选项卡中设置建筑高度和基础深度，系统自动更新模型，如图9-24所示。

图9-21

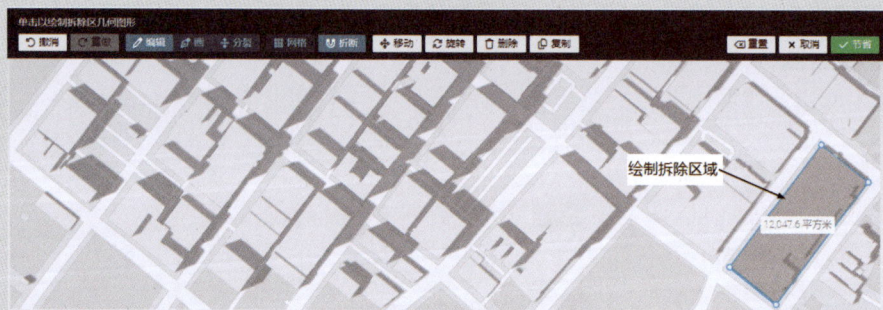

图9-22

图9-23

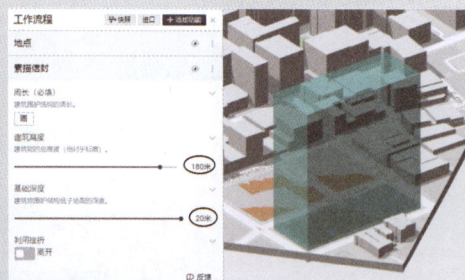

图9-24

09 有了体量模型，可以为其创建轴网。添加【网格】工具到工作流程中，系统会依据体量模型自动创建轴网，还可在【网格】选项卡中修改轴网参数，如图9-25所示。

◎提示·。

Hypar的建模思路是，先有建筑体量模型，其后才能创建出其他附件。这与Revit建模思路是截然不同的。

10 将【按信封级别】工具添加到工作流程中，然后在【按信封级别】选项卡中修改参数，如图9-26所示。

◎提示·。

【按信封级别】的意思是通过已有的包络（也是体量模型）来创建楼层，一般用于标准层的高层建筑。如果楼层高度不一致，可用【按信封划分的简单级别】工具。

11 如果是钢混结构的建筑，可添加【核】工具到工作流程中创建混凝土结构的核心筒，核心筒也是电梯部分的结构，如图9-27所示。也可以用【核心草图】工具来绘制核心筒横截面。

12 将【楼层数】工具和【按楼层列数】工具依次添加到工作流程中，系统自动创建楼层结构楼板和结构柱，如图9-28所示。

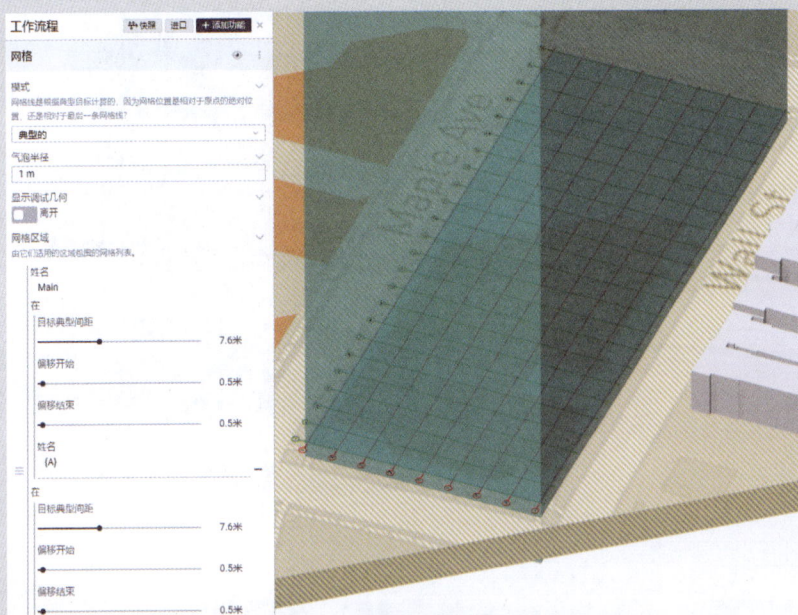

图9-25

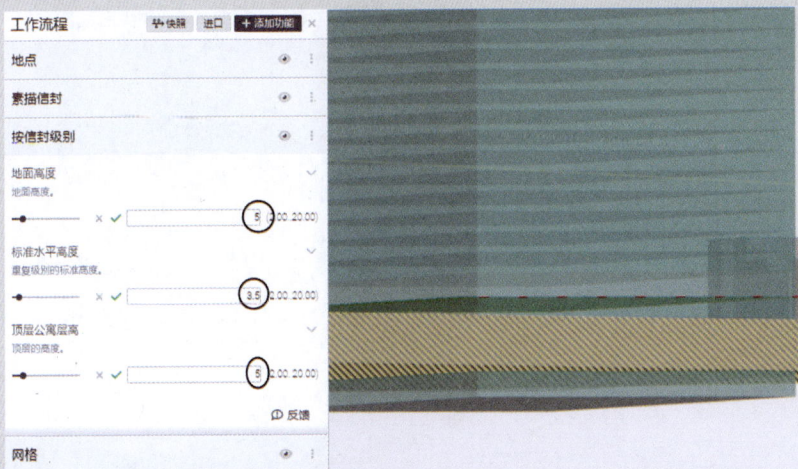

图9-26

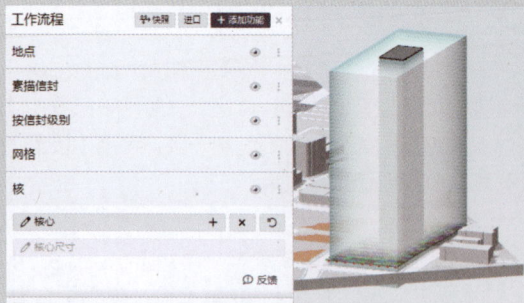

图9-27

⑬ 添加【信封立面】工具到工作流程中，创建外墙面的玻璃幕墙，如图9-29所示。

⑭ 添加【屋顶】工具到工作流程中，自动创建屋顶，如图9-30所示。

⑮ 还可以添加【垂直循环】工具来创建直升电梯。方法是放置电梯的定位点，结果如图9-31所示。

⑯ 鉴于篇幅及时间的限制，不再对楼层中的房间布局、室内摆设等进行操作。可将当前的项目另存为模板，便于重复使用。

⑰ 将结果导出Revit能载入的json格式文档。在菜单栏中执行【文件（File）】|【出口（Export）】|【gLTF】命令，将模型导出，如图9-32所示。

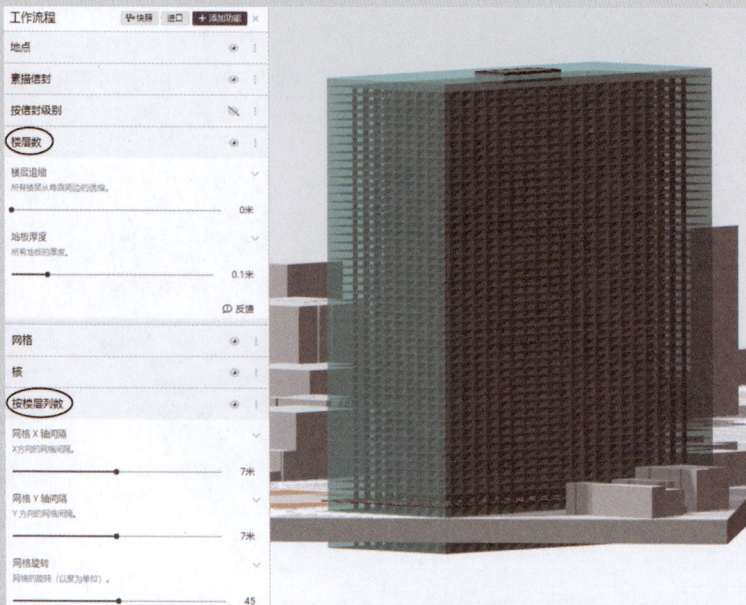

图9-28

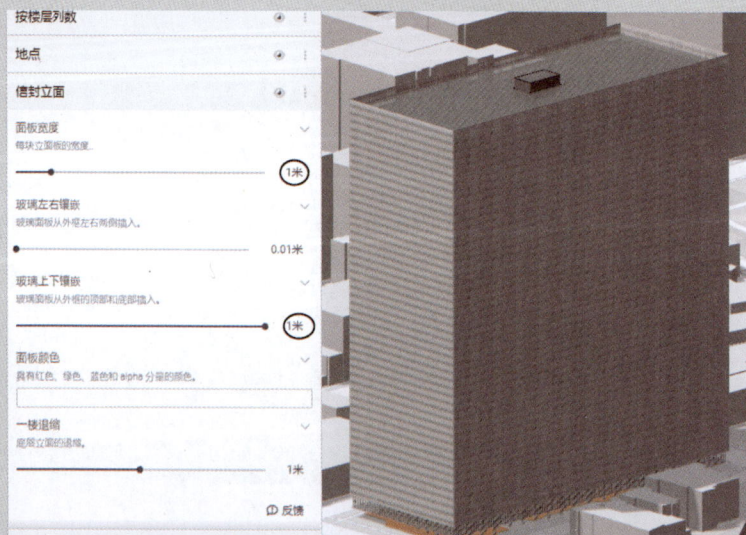

图9-29

图9-30

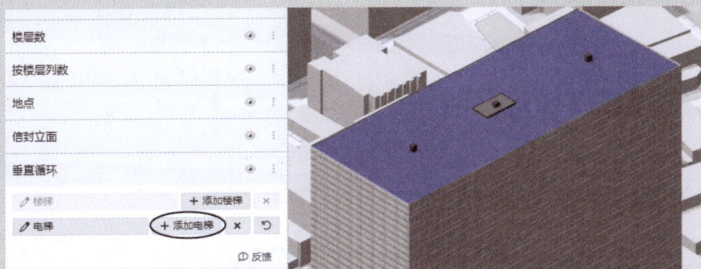

图9-31

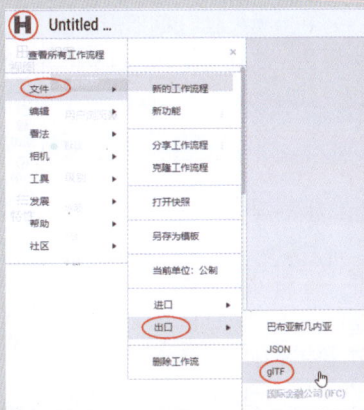

图9-32

⑱ SketchUp能够直接打开gLTF格式文件和IFC格式文件，在SketchUp打开的模型如图9-33所示。

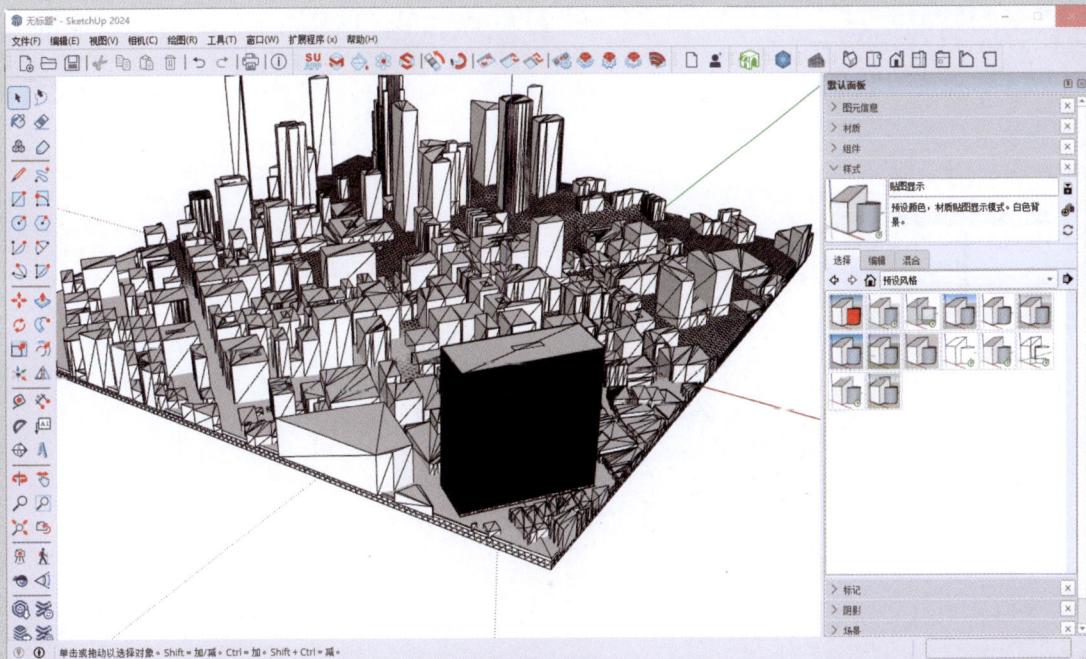

图9-33

⑲ 使用SUAPP AIP灵感渲染工具渲染整个模型，结果如图9-34所示。

图9-34

### 2. 利用模板进行设计

利用模板我们可以使用AI人工智能语言驱动模型设计。而且模板中的视图和工作流程是固定的，用户只需要按照工作流程来完成自己的模型设计。

**【例9-2】上机操作——利用模板进行设计**

① 进入Hypar，在【新的工作流程】对话框中选择【Hypar AI-混合用途】模板并进入到建模环境中，首先切换单位为公制。

② 此时可看见绘图区中已经有一个示例模型存在。有两种方法可操作人工智能：一是利用AI直接编辑这个示例模型；二是删除模型，按照模板中的工作流程重建模型。为了简化操作流程，接下来将采用第一种方法进行操作。

③ 在图形区悬挂于右边的【尝试下面的提示】指示对话框中，提示词文本框内显示有"A four story parking podium with retail on the ground floor.

There is a 5-story u-shaped residential tower above."字样，如图9-35所示。这是AI驱动模型的提示词，绘图原理叫"文生模型"，跟ChatGPT功能类似，ChatGPT是文生文、文生图。

④ 这个AI功能是函数库中的【Hypar AI-混合用途】工具指令来完成的。可以输入英文或者中文。在提示词文本框内输入新的提示词"地下层有四层停车场裙楼，地上一层和二层为商业门店。商业门店上面是10层高的L型公寓楼。"当然，也可在【特性】属性面板【行动】选项组中输入。

⑤ 输入新的提示词之后，光标在指示对话框外单击鼠标键，AI人工智能自动生成新的建筑BIM模型，如图9-36所示。

◎提示·○

除了利用人工智能AI进行模型驱动修改之外，还可以通过工作流程中的步骤来手动修改模型，方法跟前面案例中新建项目完成BIM设计的方法一样，这里不再赘述。

⑥ 如果要改变占地面积，需到工作流程的【网站草图】选项卡中，手动修改地点，系统也会自动修改模型，如图9-37所示。

⑦ 建筑模型最终修改结果如图9-38所示。将结果导出为gLTF文件。

⑧ 将模型导入SketchUp中，并使用SUAPP AIP灵感渲染工具渲染整个模型，结果如图9-39和图9-40所示。

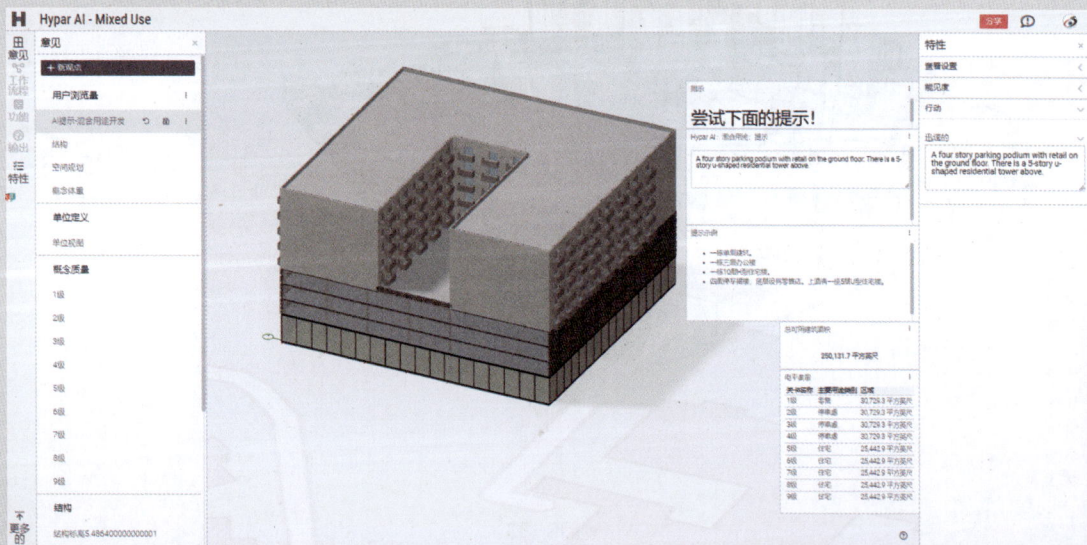

图9-35

AI+SketchUp 2024完全实训手册

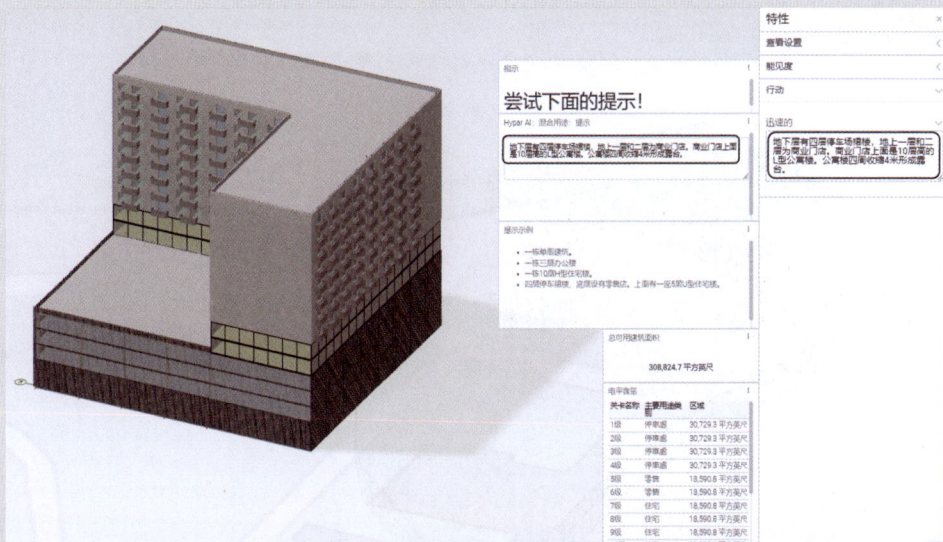

图9-36

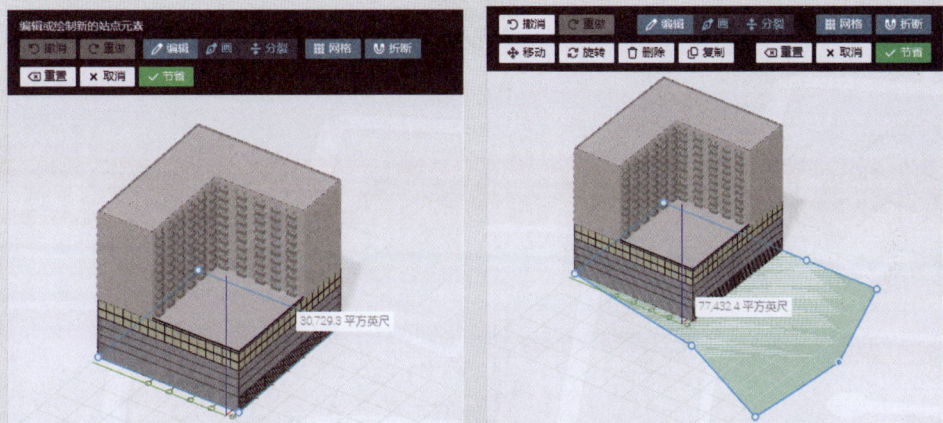

图9-37

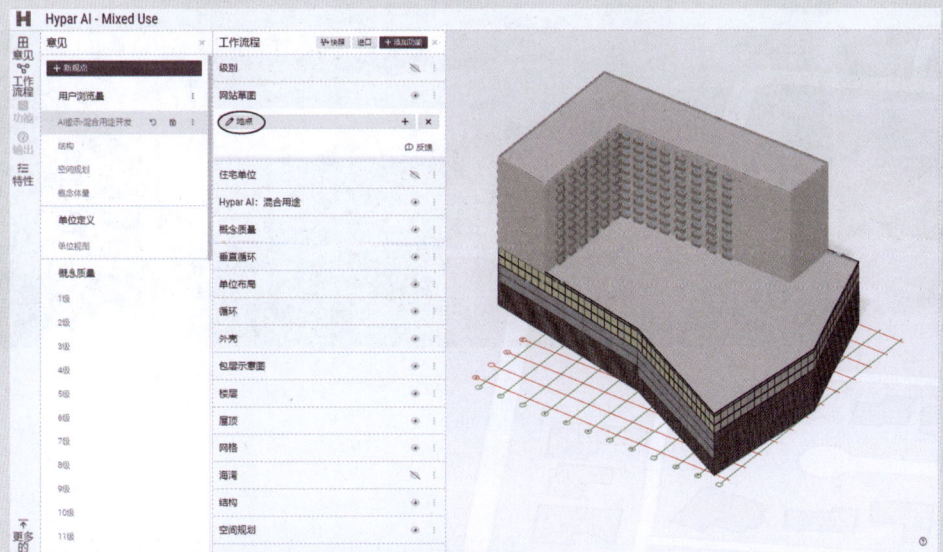

图9-38

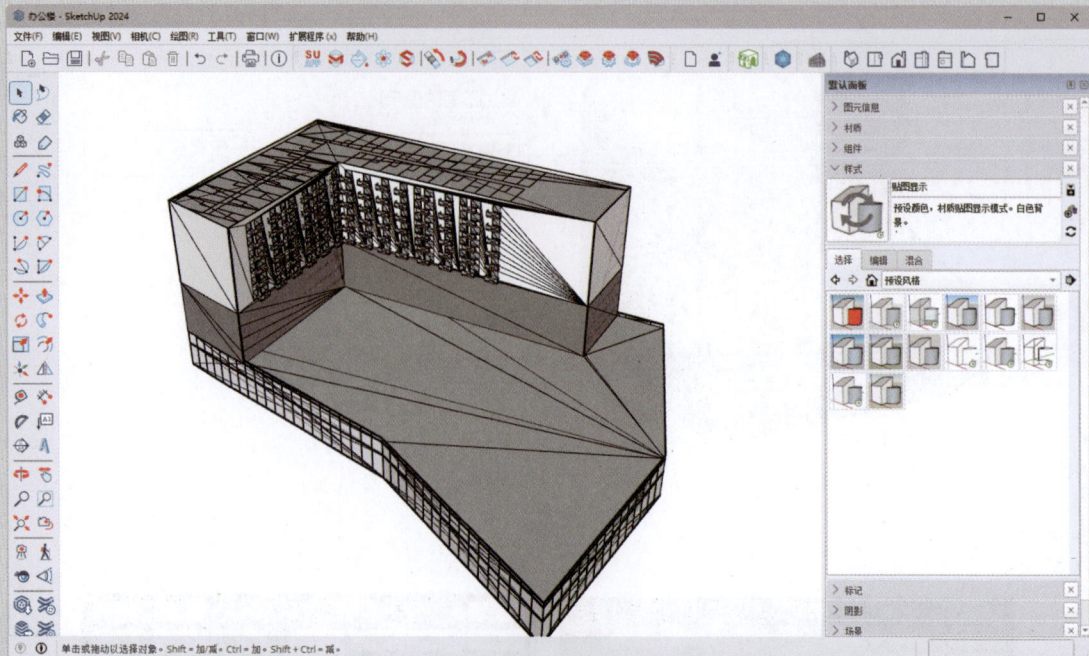

图9-39

图9-40